统计软件应用与方法系列丛书

非参数统计与 SPSS/R/SAS 软件应用

Nonparametric Statistics with Applications in SPSS/R/SAS

董寒青 编著　　易丹辉 主审

U0364346

中国统计出版社
China Statistics Press

图书在版编目(CIP)数据

非参数统计与 SPSS/R/SAS 软件应用 / 董寒青编著.
—— 北京：中国统计出版社，2018.1(2023.7 重印)
(统计软件应用与方法系列丛书)
ISBN 978－7－5037－8143－8

Ⅰ.①非… Ⅱ.①董… Ⅲ.①非参数统计－统计分析
－应用软件 Ⅳ.①O212.7－39

中国版本图书馆 CIP 数据核字(2017)第 121100 号

非参数统计与 SPSS/R/SAS 软件应用

作　　者/董寒青
责任编辑/姜　洋
装帧设计/黄　晨
出版发行/中国统计出版社
电　　话/邮购(010)63376909　书店(010)68783171
网　　址/http://www.zgtjcbs.com
印　　刷/河北鑫兆源印刷有限公司
经　　销/新华书店
开　　本/787×1092mm　1/16
字　　数/350 千字
印　　张/18.75
版　　别/2018 年 1 月第 1 版
版　　次/2023 年 7 月第 3 次印刷
定　　价/66.00 元

前 言

  非参数统计是统计学的一个重要分支。由于它对总体分布假定的要求条件很宽泛,且适用于低尺度测量的数据类型,因此在数据分析的研究与实践中有着广泛的应用。

  本书在介绍非参数统计各个方法原理的基础上,使用 SPSS、R、SAS 三种统计软件对其进行计算。以 SPSS 为主,配合 R、SAS 程序,各个软件各具特色,不同软件实现的结果有助于读者更加深入地理解原理。本书更加注重对 SPSS 新版本的操作与其结果的解释分析,除了输出形式的变化之外,还补充了旧版本所不具备的一些功能,如多个样本的非参数检验还增加了多重比较的内容,这为研究者对问题的深入研究提供了帮助。

  本书在内容上,主要包括:第一章绪论——作为全书的铺垫,第二章至第六章则按照 SPSS 的单个样本、两个相关样本、两个独立样本和多个相关样本、多个独立样本的非参数检验的顺序安排,第七章则是非参数的相关分析,第八章是列联分析与对数线性模型,第九章是非参数密度估计与非参数回归简介。

  本书能够出版,要衷心地感谢易丹辉教授的鼎力相助以及指导,感谢她提出的宝贵的修改意见,同时感谢中国统计出版社的支持。在非参数统计课程的教学中,本人曾得到吴喜之教授的帮助,在此也对吴老师深表谢意。另外还要谢谢我的学生叶霖、张丽影等同学所给予的协助。

  由于水平所限,书中难免会有不足,望读者不吝指正。

董寒青

二○一七年十一月于北京

目　录

第 1 章　绪　论

为了很好地掌握非参数统计的知识,首先就要搞清楚什么是变量与数据,了解数据类型。

§1.1　变量与数据

一、概念

变量即为说明现象某种特征的概念。如反映空气质量的 AQI(空气质量指数),反映受教育程度的学历,学生奖学金的等级,等等。

数据即为变量的具体表现,也称为变量值;或者说,数据即是观察到的变量的结果,所以也称其为观察值。

二、变量的类型

变量的类型从大的方面来说分为定性变量和定量变量。其中定性变量包括分类变量和顺序变量:分类变量是说明事物类别的一个名称,顺序变量是有序的类别变量。定量变量或称数值变量,它是说明事物数字特征的一个名称,可分为离散变量和连续变量。

三、数据的类型

数据按照测量尺度由低向高的不同层次分为:定类数据、定序数据、定距数据和定比数据。

(一)定类数据

定类数据即名义尺度测量的数据,表现为不同的类别,它只区分事物的特征,如性别、职业、民族、地区等。定类数据一般用文字表述,也可以用数字或符号表示某类事物,但这里的数字仅仅是一个标识而已,并非有大小之分,因此其运算也只能有"＝"或"≠"。譬如,男性取值为 1,女性取值为 0;或男性取值为 1,女性取值为 2。定类数据的描述性统计量有众数、频数等。

(二)定序数据

在分类的基础上,事物的某种特征按照一定的顺序或级别排列的数据称为定序数据。如学历分为文盲、小学、初中、中专或高中、大专或本科、硕士或博士研究生,其水平是按照从低至高的文化程度排列的。因此,定序数据除了有"＝"或"≠"的运算之外,还有"＞"或"＜"的运算。如学生的奖学金等级:一等奖学金高于二等奖学金,二等奖学金高于三等奖学金,而三等奖学金又高于未获奖。最适合描述定序数据集中趋势的统计量是中位数,反映其离散程度的是分位数。

(三)定距数据

定距数据即间隔尺度测量的数据,它不仅能将事物区分类别和等级,而且将等级测量的刻度加细,成为以数字表现的狭义理解的数据。例如成绩若以"优、良、中、及格、不及格"来区分水平档次则为定序数据,若以百分制来衡量,即为定距数据。例如,定距尺度在实际应用中较为普遍,如温度、智商等都是定距测量。定距尺度是一种定量的测量层次,它不仅能反映事物的类别和顺序,而且能反映事物的具体数量和数量之间的距离。它是比定序尺度又高一层次的测量,不仅能进行"＝""≠""＞""＜"的运算,还能进行"＋""－"的运算。定距尺度中描述性统计量,除了反映集中趋势的众数、中位数、均值外,还有反映离散程度的方差、标准差等,一般的定量统计方法都可以在这一测量层次应用。

(四)定比数据

定比尺度是在定距尺度上增加绝对零点的一种测量层次,也称作等比尺度、比率尺度。是否具有实际意义的零点存在,是定比尺度与定距尺度的唯一区别。定比尺度由于有一绝对零点存在,因而比定距尺度更利于反映事物之间的比例或比率关系,它是所有测量层次中最高一层的测量,不仅能进行"＝""≠""＞""＜""＋""－"的运算,而且能进行"×""÷"的运算。在定比测量中,描述性统计量不仅有算术平均值,还有几何平均值,不仅有方差、均方差,还有变异系数等。

以上四种数据类型是由低尺度测量向高尺度测量的结果。高尺度测量的数据可以向低尺度测量的数据转化,但反之不然。由于不同测量层次的数据具有不同的数学性质,因而对于不同类型的数据往往采用不同的统计方法进行分析。

另外,一般问题研究时,有时对于定距数据和定比数据不加区分,而是将其均作为数值型数据进行处理,除非有特别情况严格区分。

§1.2   统计检验回顾

在统计推断中涉及这样的问题:如何利用部分事件的观察作出大量事件的结论。例如,要确定几种牌号的彩色电视机在我国居民中哪种最受欢迎,可以这样去搜集资料:到一家最大的商场站在柜台边,计数一天中每种牌号彩电的销售数量,几乎可以肯定哪几种牌号彩电销量不同。但能否推断:那一天在这家商场销量最多的彩电是最受我国居民欢迎的呢?这取决于那种彩电的销售地域,也取决于那家商场的代表性,还取决于所观察的那些买主的代表性。统计检验正是要解决这一问题:如何根据样本观察值判断所得出的结论是否正确。传统的方法是利用样本资料计算检验的统计量的值。若其值落在否定域,则拒绝 H_0;若落在否定域之外,则在所选择的显著性水平上,不能拒绝 H_0。但使用统计软件计算的检验结果,直接输出了在该统计量的值下相应的观察到的显著性概率 P 值(SPSS 将其记为 Sig.),因此决策时只要将它与给定的显著性水平 α 进行比较即可。统计检验的步骤如下:

第一,提出原假设 H_0 和备择假设 H_1;

第二,确定在原假设 H_0 成立的情况下的检验统计量的抽样分布;

第三,给定显著性水平 α;

第四,根据样本数据计算统计量的实现值;

第五,根据这个实现值计算 P 值(SPSS 将其记为 Sig.);

第六,决策。若 P 值小于或等于 α,则拒绝原假设,这时犯错误的概率最多为 α;若 P 值大于 α,则不拒绝原假设,因为证据不足。

作为传统的查临界值方法的步骤,替代第五和第六步即是确定否定域(或称拒绝域),然后进

行决策:

若根据样本计算统计量的值落入否定域,则拒绝原假设 H_0;若落入否定域之外,则在所选择的显著性水平上,不能拒绝原假设 H_0。

更加细致地使用 P 值进行决策:

对于双侧检验,若 SPSS 输出的也是双尾显著性概率 Sig.(2-tailed),则将其与给定的显著性水平 α 直接比较:当它小于或等于 α 时,有理由拒绝原假设;当它大于 α 时,就不拒绝原假设。但若 SPSS 输出的是单尾显著性概率 Sig.(1-tailed),则将其乘以 2 再与给定的显著性水平 α 进行比较,决策。

而对于单侧检验问题,若 SPSS 输出的也是单尾显著性概率 Sig.(1-tailed),则将其与给定的显著性水平 α 直接比较,决策的原则仍然是:当它小于或等于 α 时,有理由拒绝原假设;当它大于 α 时,不拒绝原假设。但若 SPSS 输出的是双尾显著性概率 Sig.(2-tailed),则将其除以 2 再与给定的显著性水平 α 进行比较,决策。

§1.3 非参数统计方法

一、参数统计与非参数统计

在数理统计学中,统计检验的种类很多,而每一种统计检验都与一种模型和一种测量要求相联系,只有在一定的条件下,某种统计检验才是有效的,而模型和测量要求则具体规定了那些条件。对那些其总体分布族或称统计模型只依赖于有限个实参数的问题,通称为"参数统计问题",也就是说,总体分布服从正态分布或总体分布已知条件下的统计检验称为参数检验,研究这一问题的统计分支均属于参数统计。参数统计的大部分方法要求所分析的数据至少是定距尺度测量的结果。

当总体分布不能由有限个实参数所刻划时的统计检验,称为非参数检验,也就是说,统计检验的正确、有效并不依赖于总体的一个特定的统计模型即并不取决于总体分布时,称为非参数检验。非参数检验通常认为是总体分布不要求遵从正态分布或总体分布未知(distribution free)条件下的统计检验,研究这一问题的分支称为非参数统计。非参数统计方法可以适用低于定距尺度测量的数据。

以上是对参数统计和非参数统计在传统意义上的认识。事实上,以正态分布为基础的模型包括线性回归模型以及扩展到指数分布族的广义线性模型等,其参数估计与检验的问题也属于参数统计问题。但当变量间的关系无法确定为线性或广义线性时,就无法建立线性回归模型或广义线性模型,因此探寻变量间的关系只能考虑用现代非参数统计方法,如非参数回归模型。

二、非参数统计的优点

非参数统计是相对于参数统计而出现的,其优点也应在与参数统计的对比中考察。

1. 适用面广。非参数统计方法不仅可以用于定距、定比尺度的数据,进行定量资料的分析研究,还可以用于定类、定序尺度的数据,对定性资料进行统计分析研究。

2. 假定条件较少。经典的参数统计要求被分析的数据的总体遵从正态分布,或至少要遵从某一特定分布且为已知。而非参数统计并不要求总体分布遵从什么具体形式,有时其至不需要分布假定,因此更适合一般的情况,因而应用的领域更广泛。

3. 具有稳健性。稳健性(Robustness)反映这样一种性质:当真实模型与假定的理论模型有不大的偏离时,统计方法仍能维持较为良好的性质,至少不会变得很坏。参数统计方法是建立在严格假设条件基础上,一旦假定条件不符合,其推断的正确性就会受到影响。非参数统计方法由于对模型的限制很少,因而天然地具有稳健性。这是非参数统计方法常被使用的一个原因。

三、非参数统计的不足

当定距或定比尺度测量的数据能够满足参数统计的所有假设时,非参数统计方法虽然也可以使用,但效果远不如参数统计方法。这时,如果要采用非参数统计方法,唯一可以补救的办法就是增大样本容量,用大样本弥补由于采用非参数统计方法而带来的损失。

由于参数统计方法对数据有较强的假定条件,因而当数据满足这些条件时,参数统计方法能够从其中广泛地、充分地提取有关信息。非参数统计方法对数据的限制较为宽松,因而只能从其中提取一般的信息。当数据资料允许使用参数统计方法时,采用非参数统计方法会浪费信息。

四、非参数检验与参数检验的方法对照

非参数统计的最经典的内容为非参数检验,以下用表 1-1 给出非参数检验与参数检验的方法对照表。

表 1-1　非参数检验与参数检验的方法对照表

数据类型 / 检验样本类型	非参数检验方法		参数检验方法
	定类数据	定序数据	定距或定比数据
单个样本	拟合优度 χ^2 卡方检验	符号检验(Sign)	Z 检验或 t 检验
两个独立样本	独立样本的 χ^2 卡方检验	Wilcoxon 秩和检验(Mann-Whitney U 检验)	t 检验 或 Z 检验
		两个独立样本的 K-S 检验 Wald-Wolfowitz 游程检验 Moses 极端反应检验	—
两个相关样本	McNemar 检验 M-H 检验	符号检验(Sign) Wilcoxon 符号秩检验	t 检验 或 Z 检验
多个独立样本	χ^2 卡方检验	Kruskal-Wallis H 检验	单因素方差分析 ANOVA
		中位数检验 Jonckheere-Terpstra 检验	
多个相关样本	Cochran 检验	Friedman 检验 Kendall 协和系数检验	多因素方差分析
相关分析	基于卡方 χ^2 的列联相关	Spearman 秩相关 Kendall 秩相关	Pearson 相关系数
分布检验	—	Kolmogorov-Smirnov 检验	—
随机性检验	随机性 Runs 检验		—

由表 1-1 可以看出,针对不同的数据类型将有不同的检验方法进行推断分析。

§1.4 统计软件

本书要求读者已经初步掌握各种统计软件基本操作。

目前,有许多统计软件可以进行非参数统计方法的计算,考虑到操作的简便性,以及与本书方法体系的一致性,本书首选 IBM SPSS 22.0,并且配合 SAS 和 R 软件计算。

一、SPSS

本书主要以非参数检验内容为主,如图 1-1 所示,SPSS 可以通过旧版本(IBM SPSS Statistics 22.0 以下的版本)都有的 legacy Dialogs 过程来完成计算,即依次点选 Analyze→Nonparametric Tests→legacy Dialogs 的下拉菜单,完成非参数检验方法的计算。其中包括单样本的非参数检验——χ^2 检验(Chi-Square)、二项检验(Binominal)、游程检验(Runs)、单样本的柯尔莫哥洛夫-斯米尔诺夫(1-Sample K-S)检验;两个独立样本(2 Independent Samples) 的非参数检验、多个独立样本(K Independent Samples)的非参数检验;两个相关样本(2 Related Samples)的非参数检验、多个相关样本(K Telated Samples)的非参数检验。

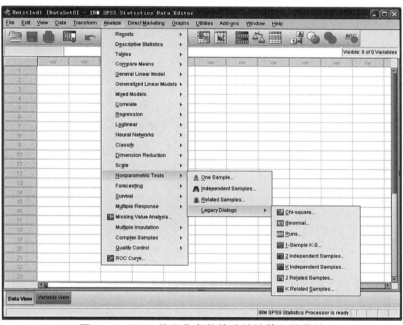

图 1-1 SPSS 关于非参数检验的计算下拉菜单

另外,新版本这里指 IBM SPSS Statistics 20.0 及其以上的版本,也可以通过 Analyze→Nonparametric Tests→直接下拉的 One Sample、Independent Sample、Related Sample 来完成计算,如图 1-2 所示。本书将主要采用这个新的版本撰写。

本书列联分析与对数线性模型以及秩相关等内容的计算也需要从菜单上选择 Analyze 下拉菜单中其他过程完成,将分布在各章详细叙述。

本书是通过非参数统计原理的讲解,分步骤计算,这里称为"手算",然后用 SPSS 软件操作实现计算。之后并用 SAS、R 程序配合方法的计算,可对结果与前者进行比较,目的是通过"手算"理解原理;通过软件方便应用,且对方法本身会有更深入的认识。

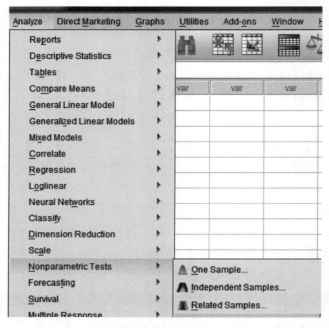

图 1-2　SPSS 关于非参数检验计算的新菜单过程

二、SAS

SAS 运行界面称为 SAS 工作空间（SAS Application WorkSpace），包括三个最重要的子窗口：程序窗口（PROGRAM EDITOR）、运行记录窗口（LOG）和输出窗口（OUTPUT）。其中 SAS log（日志）窗口只提供输入输出数据信息，而程序窗口则用于编写 SAS 程序，运行之后到输出窗口给出结果。如图 1-3 所示。

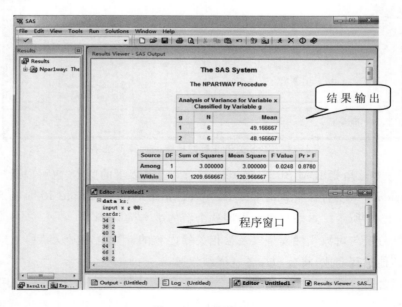

图 1-3　SAS 窗口

SAS 程序一般由数据步(data step)和过程步(proc step)组成,分别以 data 语句和 proc 语句开始,由若干个语句组成,以 run 语句结束。最后点击图标 $\mathcal{K}$,执行即可运行输出结果。如图 1-3 所示。

三、R 软件

对于 R 软件,本书选择了最简单的操作方式:即在 R 界面中,在提示符">"下键入命令,编写程序之后回车即可运行输出结果。如图 1-4 所示。

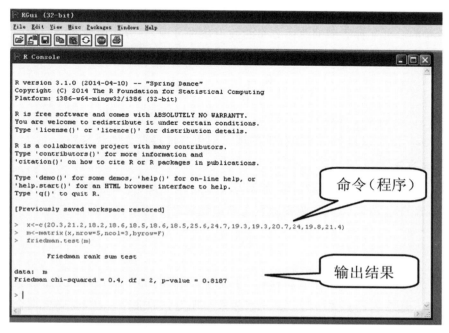

图 1-4　R 界面

第 2 章　单样本非参数检验

单样本非参数统计方法是用来检验只需抽取一个样本的假设。通常能解决下面的问题：观察频数和某种原则下的期望频数是否有显著差异；观察的比例与所期望的比例是否有显著差异；样本取自某种类型的总体分布的假定是否合理，等等。单样本非参数检验通常属于拟合优度检验。

§2.1　χ^2 检验

χ^2 检验(Chi-Square Goodness-of-Fit Test)属于拟合优度检验，它可以用来检验样本内每一类别的实际观察数目与某种条件下的理论期望数目是否有显著差异。

一、基本方法

若样本分为 k 类，每类实际观察频数为 $f_1, f_2, \cdots, f_k$，与其相对应的期望频数为 $e_1, e_2, \cdots, e_k$，则统计量 Q 可以测度观察频数与期望频数之间的差异。其计算公式为：

$$Q = \sum_{i=1}^{k} \frac{(f_i - e_i)^2}{e_i} \tag{2.1}$$

很显然，观察频数与期望频数越接近，Q 值就越小，若 $Q=0$，则(2.1)式中分子的每一项都必须是 0，这意味着 k 类中每一类观察频数与期望频数完全一样，即完全拟合。Q 统计量可以用来测度实际观察频数与理论期望频数之间的紧密程度即拟合程度。

若零假设为观察频数充分地接近期望频数，即对于 $i=1,2,\cdots,k$，f_i 与 e_i 无显著差异，则由于样本容量 n 充分大时，Q 统计量近似地服从自由度 $df=k-1$ 的 χ^2 分布，因而，可以根据给定的显著性水平 α，在附表 I 中查到相应的临界值 $\chi^2_\alpha(k-1)$。若 $Q \geqslant \chi^2_\alpha(k-1)$，则拒绝 H_0，否则不能拒绝 H_0。

二、应用

χ^2 检验运用的领域很多，在单样本问题中可以用来解决检验某种已知比例的假设：例如对同一种疾病，不同药物治愈的比率，不同类型贷款的偿还比率，等等，为了检验某种预期的比例是否成立，可以采用 χ^2 检验。

【例 2.1】　某金融机构的贷款偿还类型有 A、B、C、D 四种，各种的预期偿还率为 80%、12%、7% 和 1%。在一段时间的观察记录中，A 型按时偿还的有 380 笔，B 型有 69 笔，C 型有 43 笔，D 型有 8 笔。问在 5% 显著性水平上，这些结果与预期的是否一致。

分析：这个问题属于要检验每一类型的出现概率与预期概率是否相等，即

$$\begin{aligned} H_0 &: P_i = P_{i0} \\ H_1 &: P_i \neq P_{i0} \end{aligned} \quad 对于一切 \ i=1,2,\cdots,k$$

其中，$P_1 + P_2 + \cdots + P_k = 1$。

它仍可采用 χ^2 检验,通过实际观察频数与理论期望频数是否有显著差异作出判断。

H_0：A∶B∶C∶D 类型偿还贷款的标准比率为 80∶12∶7∶1

H_1：偿还贷款是一些其他比率

在观察的已偿还的 500 笔贷款中,A 的预期偿还数为 $500\times0.8=400$,其他的以此类推。表 2-1 给出了计算 Q 统计量的过程及结果。

表 2-1　Q 统计量计算表

类　型	f_i	e_i	f_i-e_i	$(f_i-e_i)^2$	$(f_i-e_i)^2/e_i$
A	380	400	-20	400	1.00
B	69	60	9	81	1.35
C	43	35	8	64	1.83
D	8	5	3	9	1.80
合　计	500	500	—	—	5.98

根据给定的显著性水平 $\alpha=0.05$,自由度 $df=k-1=4-1=3$,查 χ^2 分布表,得到 $\chi^2_{0.05}(3)=7.82$,由于 $Q=5.98<\chi^2_{0.05}(3)=7.82$,表明在 5％的显著性水平上不能拒绝 H_0,即观察比例与期望比例一致性显著。

以下使用软件计算：

（Ⅰ）SPSS 操作

1. 首先建立数据文件。在 Variable View 变量视图下先定义变量"还款笔数"为数值型(Numeric),变量"贷款类型"作为分类变量采用字符型(String),取值分别为 A、B、C、D。如图 2-1 所示。

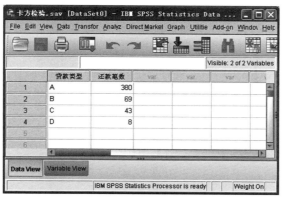

图 2-1

然后点击 Data View 数据视图按钮,录入数据,数据格式如图 2-2 所示。

图 2-2

2. 加权。在主菜单中依次点击 Data→Weight Cases，打开其对话框。点选 Weight cases by 项，将"还款笔数"变量移入 Frequecy Variable 下作为权重，之后点击 OK 按钮完成加权。如图 2—3 所示。

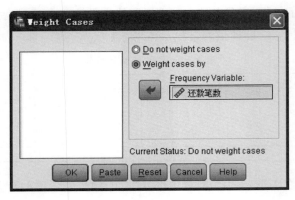

图 2—3

3. 进行卡方检验。

（Ⅱ）SPSS 新版本操作

1. 如图 2—4 所示：在主菜单上依次点击 Analyze→Nonparametric Tests→One Sample，通过新的 Nonparametric tests 过程，打开单样本非参数检验对话框，如图 2—5 所示。

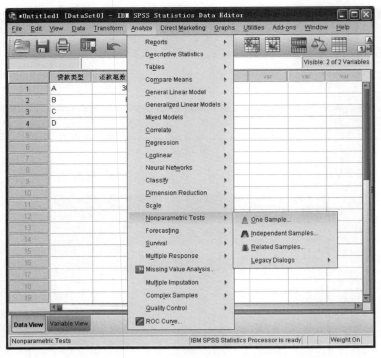

图 2—4

2. 先在左上角 Objective 目标框内点选自定义分析项 Customize analysis,如图 2－5 所示。

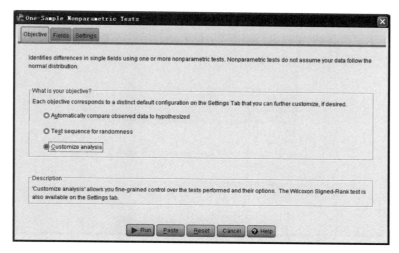

图 2－5

3. 然后再点左上角 Fields 按钮,打开其对话框,如图 2－6 所示,点选自定义项目 Use custom field assignments,再将变量"贷款类型"移入检验域框 Test Fields 之内。

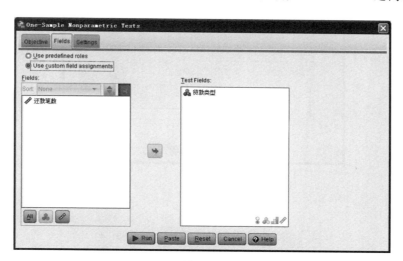

图 2－6

4. 再点左上角的 Settings 按钮,打开设置对话框,如图 2－7 所示。先点选自定义检验 Customize fields,勾选卡方检验 Compare observed probabilities to hypothesized(Chi-Square test)项,再点击其下方的 Options 按钮,打开对话框,如图 2－8 所示。

5. 在 Chi Square Test Options 对话框内,点选 Customize expected probability 自定义期望的概率,在 Category 内分别键入分类变量的值 A、B、C、D;在 Relative Frequency 内分别键入相应的比例值 0.8、0.12、0.07 和 0.01。之后点击 OK 按钮回到上一级对话框,最后点击 Run 执行。

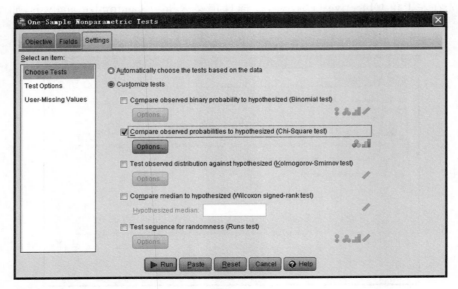

图 2—7

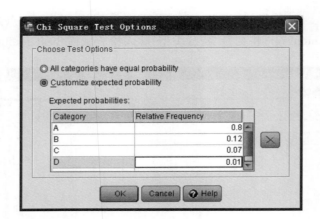

图 2—8

输出结果：

表 2—2　Hypothesis Test Summary

	Null Hypothesis	Test	Sig.	Decision
1	The categories of 贷款类型 occur with the specified probabilities.	One-Sample Chi-Square Test	.113	Retain the null hypothesis.

Asymptotic significances are displayed. The significance level is .05.

表 2—2 很精炼地说明：原假设是贷款类型发生的概率为指定的概率，单样本的卡方检验，P 值为 0.113＞α ＝0.05，在 0.05 的显著性水平下决策：没有理由拒绝原假设 H_0，认为贷款类型分别为 A、B、C、D 的还贷比例分别保持在 80%、12%、7%、1%。

在 Output 结果输出窗内双击可以进一步得到更加细致的结果，如图 2—9 所示。

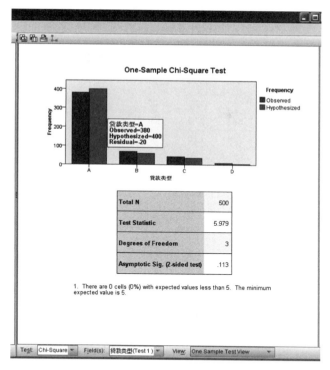

图 2—9

输出结果图 2—9 上方是一个条形图，即将观察值与期望值的大小可以进行直观对比。另外，图下方是细致的结果表：样本量为 500，卡方检验统计量为 5.979，自由度是 3，相应的双侧渐进的 P 值为 $0.113 > \alpha = 0.10$，因此，没有理由拒绝 H_0，认为贷款类型分别为 A、B、C、D 的还贷比例分别保持在 80%、12%、7%、1%。

（Ⅲ）SAS 操作

SAS 程序：

```
data bbb;
input w type;
cards;
380 1
69 2
43 3
8 4
;
proc freq data = bbb;
weight w;
tables type / chisq testp= (0.80 0.12 0.07 0.01);
run;
```

运行结果：

The SAS System

The FREQ Procedure

type	Frequency	Percent	Test Percent	Cumulative Frequency	Cumulative Percent
1	380	76.00	80.00	380	76.00
2	69	13.80	12.00	449	89.80
3	43	8.60	7.00	492	98.40
4	8	1.60	1.00	500	100.00

Chi-Square Test for Specified Proportions	
Chi-Square	5.9786
DF	3
Pr > ChiSq	0.1127

（Ⅳ）R 操作

如图 2—10 所示，键入 R 代码：

```
>   chisq.test(c(380,69,43,8), p=c(80,12,7,1)/100)
```

输出结果：

Chi-squared test for given probabilities

data: c(380, 69, 43, 8)

X-squared = 5.9786 , df = 3, p-value= 0.1127

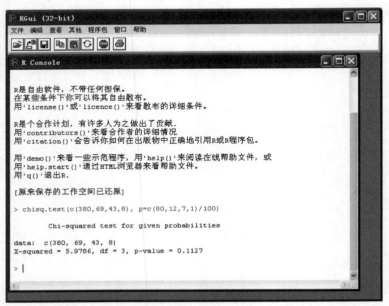

图 2—10

易见：三个软件 SPSS、SAS、R 计算的结果都与分步骤的手算结果相同。

【例 2.2】 某大街在一年内的交通事故按星期日、星期一、星期二、……、星期六分为七类进行统计,记录如表 2—3。

表 2—3　某大街在一年内的交通事故次数　　　　　　　　单位:次

星　期	日	一	二	三	四	五	六	合计
事 故 数	11	11	8	9	7	9	12	67

试问:事故的发生是否与星期几有关?(α =0.05)

分析:若事故的发生与星期几无关,说明一周之内每天发生交通事故的概率是相同的,即每天发生交通事故次数为均匀分布。提出假设组:

H_0:事故的发生次数与星期几无关,即 $P_i = \dfrac{1}{7}(i=1,2,\cdots,7)$

H_1:事故的发生次数与星期几有关,即 P_i 不全为 $\dfrac{1}{7}$

则根据题意有:

表 2—4　Q 统计量计算表

星期	日	一	二	三	四	五	六	合计
f_i	11	11	8	9	7	9	12	67
e_i	9.57	9.57	9.57	9.57	9.57	9.57	9.57	67
$(f_i-e_i)^2/e_i$	0.21	0.21	0.26	0.03	0.69	0.03	0.62	2.0597

$$Q=\sum_{i=1}^{7}\frac{(f_i-e_i)^2}{e_i}\sim\chi^2(k-1)$$

这里,自由度 $df=k-1=7-1=6$,$Q=2.0597<\chi^2_{0.05}(6)=12.59$,在 $\alpha=0.05$ 的显著性水平下,不能拒绝 H_0。因此不能拒绝原假设,即认为该街道上一星期内发生交通事故的次数与星期几无显著关联。

以下使用软件计算:

(Ⅰ)SPSS 操作

1. 首先建立数据文件,然后以"事故数"加权,如图 2—11 所示。

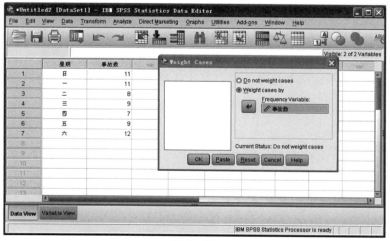

图 2—11

2. 同例 2.1:在主菜单上依次点击 Analyze→Nonparametric tests→One Sample,通过新的 Nonparametric tests 过程,打开单样本非参数检验对话框。

但这里在 Objective 目标框内只用系统隐含设置的比较观察值自动选择检验方法的选项 Automatically compare observed data to hypothesized 即可,如图 2—12 所示,之后点击 Run 按钮执行即可得到输出结果。

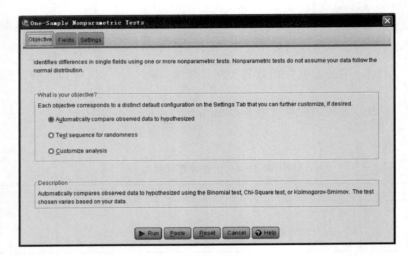

图 2—12

输出结果:

表 2—5　Hypothesis Test Summary

	Null Hypothesis	Test	Sig.	Decision
1	The categories of 星期 occur with equal probabilities.	One-Sample Chi-Square Test	.914	Retain the null hypothesis.

Asymptotic significances are displayed. The significance level is .05.

这里原假设是一周内的每一天发生事故的概率相等,使用卡方检验,P 值为 $0.914 > \alpha = 0.10$,所以决策的结论是不能拒绝原假设,认为发生事故与星期几无显著关联。

从输出结果图 2—13 看到:条形图中期望频数相同,高度一样,而观测值高低不一。从表中得到,$N = 67$,与手算结果相同。卡方统计量 $\chi^2 = 2.06$,自由度 $df = 6$,渐进的双尾 P 值为 0.914。

（Ⅱ)R 操作

此题最简便的是 R 计算。

R 代码:

```
> x= c(11,11,8,9,7,9,12)
> chisq.test(x)
```

输出结果:

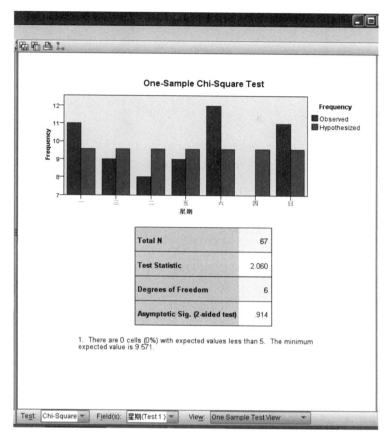

图 2—13

Chi-squared test for given probabilities

data:　x

X-squared = 2.0597 , df = 6, p-value = 0.9141

（Ⅲ）SAS 操作

因为 $\frac{1}{7}\approx 0.143$，所以 SAS 程序如下：

```
data ch2;
input w type;
cards;
11 0
11 1
8 2
9 3
7 4
9 5
```

```
12 6
;
proc freq data = ch2;
weight w;
tables type / chisq testp= (0.143 0.143 0.143 0.143 0.143 0.143 0.143);
run ;
```

运行结果：

The SAS System

The FREQ Procedure

type	Frequency	Percent	Test Percent	Cumulative Frequency	Cumulative Percent
0	11	16.42	14.30	11	16.42
1	11	16.42	14.30	22	32.84
2	8	11.94	14.30	30	44.78
3	9	13.43	14.30	39	58.21
4	7	10.45	14.30	46	68.66
5	9	13.43	14.30	55	82.09
6	12	17.91	14.30	67	100.00

Chi-Square Test for Specified Proportions	
Chi-Square	2.0577
DF	6
Pr > ChiSq	0.9143

§2.2　Kolmogorov-Smirnov 检验

Kolmogorov-Smirnov 检验是用两位前苏联数学家的名字命名的，为了纪念他们对这种非参数统计技术做出的贡献。一般简写为 K-S 检验，常译成柯尔莫哥洛夫－斯米尔诺夫检验。

K-S 检验也是一种拟合优度检验。它涉及一组样本数据的实际分布与某一指定的理论分布间相符合程度的问题，用来检验所获取的样本数据是否来自具有某一理论分布的总体。

一、基本方法

若 $S_n(x)$ 表示一个 n 次观察的随机样本观察值的累积概率分布函数——经验累积分布函数：

$S_n(x) = i/n$，i 是小于或等于 x 的所有观察结果的数目（$i = 1, \cdots, n$）。

$F_0(x)$ 表示一个特定的累积概率分布函数，也就是说，对于任一 x 值，$F_0(x)$ 值代表小于或等于 x 值的那些预期结果所占的比例。

于是，可以定义 $S_n(x)$ 与 $F_0(x)$ 之间差值的绝对值，即 $D = |S_n(x) - F_0(x)|$。

其中，$S_n(x)$ 为经验分布函数，$F_0(x)$ 为理论分布函数，若对每一个 X 值来说，$S_n(x)$ 与

$F_0(x)$ 十分接近,也就是差异很小,则表明经验分布函数与特定分布函数的拟合程度很高,有理由认为样本数据来自具有该理论分布的总体。

K-S 检验集中考察的是 $|S_n(x)-F_0(x)|$ 中那个最大的偏差,即利用统计量

$$D=\max|S_n(x)-F_0(x)| \tag{2.2}$$

作出判定。

或者更精确地:

设:$D_+=S_n(x)-F_0(x)$ 和 $D_-=F_0(x)-S_{n-1}(x)$

则定义 $D=\max(|S_n(x)-F_0(x)|,|F_0(x)-S_{n-1}(x)|)$

$$=\max(|D_+|,|D_-|) \tag{2.3}$$

二、K-S 检验步骤

建立假设:

$$H_0:S_n(x)=F_0(x) \qquad 对所有 x$$

$$H_1:S_n(x)\neq F_0(x) \qquad 对某些 x$$

计算 D 统计量:

$$D=\max|S_n(x)-F_0(x)|$$

$$D=\max(|S_n(x)-F_0(x)|,|F_0(x)-S_{n-1}(x)|)$$

查找临界值:根据给定的显著性水平 α,样本数据个数 n,查附表Ⅲ可以得到临界值 d_α(双尾检验)。

决策:若 $D<d_\alpha$,则在 α 的水平上,不能拒绝 H_0;若 $D\geq d_\alpha$,则在 α 水平上,拒绝 H_0。

SPSS 软件中,大样本正态近似统计量:

$$Z=\sqrt{n}\max(|S_n(x)-F_0(x)|,|F_0(x)-S_{n-1}(x)|) \tag{2.4}$$

三、应用

在许多实际问题中,检验确定某一组数据是否来自某一特定分布的总体,对于进一步研究其变化规律,作出推断、预测极为重要。

【例 2.3】 公共交通设施适合性的研究——公共汽车到达时间是否服从正态分布。

公共汽车按计划每 15 分钟通过一个商店旁。然而,由于交通条件,乘客数目等的影响,汽车实际到达的时间有很大不同。通过一天随机的观察,获得的数据如表 2-6。比计划提前到达的为负值,取大的整数,如提前 1 分 10 秒到达,记作 -1;比计划晚到的为正值,也取大的整数,如迟到 1 分 10 秒,记作 $+2$。试检验公共汽车到达时间是否服从 $\sigma=3$ 的正态分布。

表 2-6 汽车到达时间统计表

到达时间(x)	-5	-3	-1	0	1	2	4	7	8	合计
观测频数(f)	1	1	2	1	5	5	3	1	1	20

分析:正态分布是一个常用的概率模型,如果公共汽车到达时间被证明是服从正态分布,就为进一步的研究提供了一个方便使用的模型。这里 $F_0(x)$ 是累积的正态分布函数,因为其是连续的,因此使用 K-S 检验是合适的。

$$H_0:S_n(x)=F_0(x) \qquad 对所有 x$$
$$H_1:S_n(x)\neq F_0(x) \qquad 对某些 x$$

这里 $F_0(x)$ 是标准正态分布 $\Phi(Z)$。

为了得到 $F_0(x)=\Phi(Z)$,要计算总体均值 μ,它的最好估计是样本平均数 $\bar{x}$。

$\bar{x}=\sum xf/\sum f=1.6$。借助于 $Z=(x-\mu)/\sigma$ 将数据标准化,计算过程如表 2-7。表中 Z 的概率一列,是根据 Z 的绝对值查找附表Ⅳ得到的。

表 2-7 $F_0(x)$ 的计算表

x	$Z=(x-1.6)/3$	$F_0(x)=\Phi(Z)$
-5	-2.20	0.0139
-3	-1.53	0.0630
-1	-0.87	0.1922
0	-0.53	0.2981
1	-0.20	0.4207
2	0.13	0.5517
4	0.80	0.7881
7	1.80	0.9641
8	2.13	0.9834

$F_0(x)=\Phi(Z)$,$\Phi(Z)$ 的值可以利用附表Ⅴ,根据 Z 值查找得到,由于附表Ⅴ是 $\Phi(-Z)=1-\Phi(Z)$,故当 Z 为负值时,$\Phi(-Z)$ 的值应由 $1-\Phi(Z)$ 得到。$F_0(x)$ 是观察数据的理论分布函数,其实际分布函数可以由观察数据 x 的累积频率被 20 除得到。如相对于 $x=-5$ 的 $S_n(x)=1/20=0.05$,相对于 $x=-1$ 的 $S_n(x)=(1+1+2)/20=0.20$,如此可以得到 $S_n(x)$。再计算 $S_n(x)$ 与 $F_0(x)$ 的差值。得到最大差值 D,即可作出判定。计算过程如表2-8。

表 2-8 D 的计算表

x	$S_n(x)$	$F_0(x)$	$|S_n(x)-F_0(x)|$
-5	0.0500	0.0139	0.0361
-3	0.1000	0.0630	0.0370
-1	0.2000	0.1922	0.0078
0	0.2500	0.2981	0.0481

续表

x	$S_n(x)$	$F_0(x)$	$\|S_n(x)-F_0(x)\|$
1	0.5000	0.4207	0.0793
2	0.7500	0.5517	0.1983
4	0.9000	0.7881	0.1119
7	0.9500	0.9641	0.0141
8	1.0000	0.9843	0.0157

$$D = \max |S_n(x) - F_0(x)| = 0.1983$$

根据显著性水平 $a=0.05$，$n=20$，查附表Ⅲ，得到 $d_a=0.294$ 因为 $D=0.1983 < d_a = 0.294$，所以不能拒绝 H_0。表明实际分布与理论分布是一致的，即可以认为公共汽车到达时间近似于正态分布。之所以是近似，是因为参数 μ 是利用观察数据估计的，并没有理论上的值。正态概率模型对这一问题是适用的，但也许会有更好的其他概率模型。

以下使用软件计算：

（Ⅰ）SPSS 操作

1. 首先建立数据文件，然后以"观察频数"加权，如图 2—14 所示。

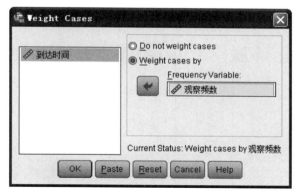

图 2—14

2. 在主菜单上依次点击 Analyze→Nonparametric Tests→One Sample，通过新的 Nonparametric tests 过程，打开 One-Sample Nonparametric Tests 单样本非参数检验对话框，如图 2—15 所示。在 Objective 内点选自定义分析项 Customize analysis。

3. 再点左上角 Fields 按钮，打开其对话框，点选自定义项目 Use custom field assignments，再将变量"到达时间"移入 Test Fields 检验域框之内，如图 2—16 所示。

4. 接下来点击左上角的 Settings 按钮，打开设置对话框，如图 2—17 所示。先点选自定义检验 Customize fields，然后勾选 Kolmogorov-Smirnov 检验，并点击其下的 Options 按钮，打开选择检验分布的对话框，如图 2—18 所示。

Options 给出 K-S 检验的四种分布选择：Normal 正态分布、Uniform 均匀分布、Exponential 指数分布和 Poisson 泊松分布。

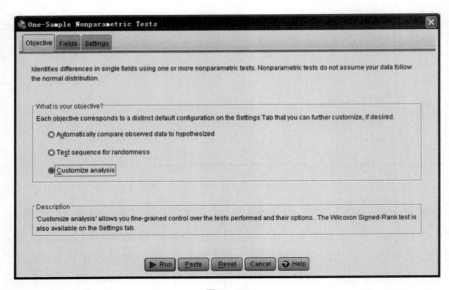

图 2—15

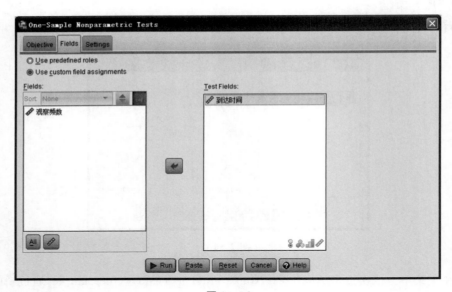

图 2—16

这里勾选 Normal 正态分布,且分布的参数均值、标准差都通过样本计算(Use sample data);如果已知参数均值(Mean)、标准差(Std.Dev),可以点选 Custom 自定义。

然后,点击 OK 按钮返回上一级对话框 Settings,最后点击 Run 执行。

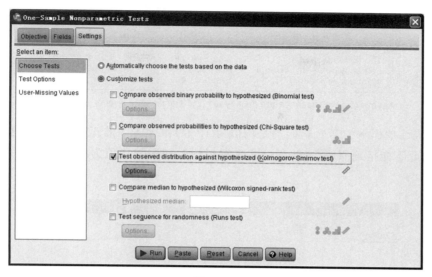

图 2-17

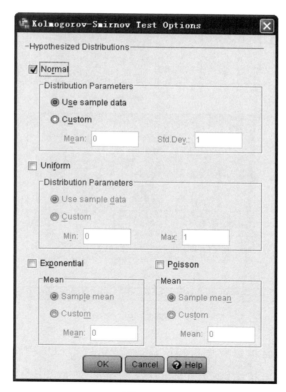

图 2-18

输出结果：

表 2-9　Hypothesis Test Summary

	Null Hypothesis	Test	Sig.	Decision
1	The distribution of 到达时间 is normal with mean 1.60 and standard deviation 3.00.	One-Sample Kolmogorov-Smirnov Test	.420	Retain the null hypothesis.

Asymptotic significances are displayed. The significance level is .05.

结果显示:单样本的 K-S 检验的是均值为 1.6,标准差为 3 的正态分布,P 值为 $0.420 > \alpha = 0.05$,因此不能拒绝原假设,认为公共汽车到达时间服从均值为 1.6,标准差为 3 的正态分布。

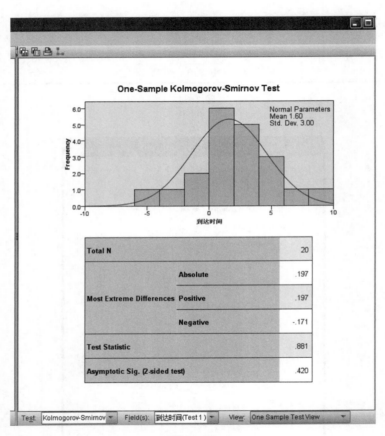

图 2-19

图 2-19 的输出表显示:$D_+ = 0.197$,$D_- = -0.171$,$|D| = \max(|D_+|, |D_-|) = 0.197$,转化成 Z 统计量为 $0.881 = \sqrt{20} \times 0.197$,渐进的 P 值为 $0.420 > \alpha = 0.05$,因此不能拒绝原假设,结论同前。

(Ⅱ)R 操作

R 代码:

```
>  x< -rep(-5:8,c(1,0,1,0,2,1,5,5,0,3,0,0,1,1))
>  m=mean(x)
```

```
>  m
[1]1.6
> ks.test(x,"pnorm",mean(x),sd(x))
```

或

```
>  ks.test(x,"pnorm",mean(x),3)
```

这里已知标准差为 3，可以看到 R 软件的选项更灵活。

输出结果：

> One-sample Kolmogorov-Smirnov test
>
> data:　x
> D =0.1969, p-value =0.4199
> alternative hypothesis: two-sided

Warning message: 警告信息

Inks.test(x, "pnorm", mean(x), sd(x)) :

　　ties should not be present for the Kolmogorov-Smirnov test

（Ⅲ）SAS 操作

SAS 程序：

```
data norm;
input x @ @ ;
cards;
-5 -3 -1 -1 0 1 1 1 1 1
2 2 2 2 2 4 4 4 7 8
;
proc univariate normaltest;
var x;
run ;
```

运行结果：

The SAS System

The UNIVARIATE Procedure
Variable: x

Moments			
N	20	Sum Weights	20
Mean	1.6	Sum Observations	32
Std Deviation	2.9982451	Variance	8.98947368
Skewness	0.07863044	Kurtosis	0.99437706
Uncorrected SS	222	Corrected SS	170.8
Coeff Variation	187.390319	Std Error Mean	0.67042799

Basic Statistical Measures			
Location		**Variability**	
Mean	1.600000	Std Deviation	2.99825
Median	1.500000	Variance	8.98947
Mode	1.000000	Range	13.00000
		Interquartile Range	2.50000

Note: The mode displayed is the smallest of 2 modes with a count of 5.

Tests for Location: Mu0=0			
Test		**Statistic**	**p Value**
Student's t	t	2.386535	Pr > |t|	0.0276
Sign	M	5.5	Pr >= |M|	0.0192
Signed Rank	S	57	Pr >= |S|	0.0192

Tests for Normality				
Test		**Statistic**	**p Value**	
Shapiro-Wilk	W	0.948533	Pr < W	0.3454
Kolmogorov-Smirnov	D	0.196934	Pr > D	0.0412
Cramer-von Mises	W-Sq	0.111501	Pr > W-Sq	0.0766
Anderson-Darling	A-Sq	0.577907	Pr > A-Sq	0.1201

Quantiles (Definition 5)	
Quantile	**Estimate**
100% Max	8.0
99%	8.0
95%	7.5
90%	5.5
75% Q3	3.0
50% Median	1.5
25% Q1	0.5
10%	-2.0
5%	-4.0
1%	-5.0
0% Min	-5.0

Extreme Observations			
Lowest		**Highest**	
Value	Obs	Value	Obs
-5	1	4	16
-3	2	4	17
-1	4	4	18
-1	3	7	19
0	5	8	20

【例 2.4】 为了检验某公司每天接到的维修产品数量是否服从泊松分布,公司统计了一个月 30 天的维修记录。[1]

---

① 参考文献:http://wenku.baidu.com/view/

表 2—10　一月内每天待修产品数量　　　　　　　　　　　　　　单位:件

日期	待修产品数	日期	待修产品数	日期	待修产品数
1	1	11	2	21	1
2	2	12	1	22	3
3	1	13	1	23	0
4	1	14	2	24	1
5	0	15	1	25	3
6	1	16	1	26	0
7	3	17	3	27	1
8	1	18	1	28	2
9	2	19	3	29	0
10	0	20	1	30	2

分析维修产品数量是否服从泊松分布,试用 K-S 检验。

解:提出假设检验组:

$$H_0:每天接收到的维修产品数服从泊松分布$$

$$H_1:每天接收到的维修产品数不服从泊松分布$$

以下为 K-S 检验分步骤计算过程:

由已知数据,可统计出有 k 件待修产品数及其天数如表 2—11 所示。

表 2—11　待修产品数及其天数

待修产品数	天数
0	5
1	14
2	6
3	5
合　计	30

利用数据对 λ 进行估计:$\hat{\lambda} = \bar{x} = (0 \times 5 + 1 \times 14 + 2 \times 6 + 3 \times 5) \div 30 = 1.37$

由泊松分布可知:$P(X = k) = \dfrac{e^{-\lambda} \lambda^k}{k!}$ $(k = 0, 1, 2, 3)$,其中参数 $\lambda = 1.37$

因此 $P(X = k) = \dfrac{e^{-1.37} 1.37^k}{k!}$ $(k = 0, 1, 2, 3)$

这里借助于 R 计算泊松分布的 $F_0(x)$:

```
> y<-c(5,14,6,5)
> x<-0:3
> F<-ppois(x,mean(rep(x,y)));n<-length(y)
```

```
> F
```
[1] 0.2549554 0.6033944 0.8414944 0.9499622
```
> mean(rep(x,y))
```
[1] 1.366667

将 $F_0(x)$ 的计算结果保留四位小数，另外计算 $S_n(x)$，$S_n(x)=\dfrac{\sum f}{30}$，以及 $S_{n-1}(x)$ 都整理到表 $2-12$ 中，然后计算 D_+ 和 D_-。

表 2—12   D 统计量的计算表

待修产品数 (k)	天数 (f)	$\sum f$	$S_n(x)$	$S_{n-1}(x)$	$F_0(x)$	$D_+ = \vert S_n(x)-F_0(x)\vert$	$D_- = \vert F_n(x)-S_{n-1}(x)\vert$
0	5	5	0.1667	0.000	0.2550	0.0883	0.2550
1	14	19	0.6333	0.1667	0.6034	0.0299	0.4367
2	6	25	0.8333	0.6333	0.8149	0.0184	0.1816
3	5	30	1	0.8333	0.9500	0.0500	0.1167
max						0.0883	0.4367

由表 $2-12$ 中的计算结果可以看出：其中 $D=\max(D_+,D_-)=0.4367$。根据显著性水平 $\alpha=0.05$，$n=30$，得到 $d_{0.05}(30)=0.242$，因为 $D=0.4367>d_{0.05}(30)=0.242$，所以拒绝原假设，表明实际分布与理论分布是不一致的，即该公司每天接到的维修产品数量不服从参数为 1.366667 的泊松分布。

以下使用 R 软件计算：

若用 R 的 ks.test 命令直接计算会更容易：

```
> x<-rep(0:3,c(5,14,6,5))
> mean(x)
```
[1] 1.366667
```
> ks.test(x, "ppois" ,mean(x))
```

输出结果：

One-sample Kolmogorov-Smirnov test

data: x
D=0.4367, p-value=2.143e-05
alternative hypothesis: two-sided

警告信息：

Inks.test(x, "ppois", mean(x)) : Kolmogorov-Smirnov 检验里不应该有连结

结果显示：统计量 $D=0.4367$，相应的 P 值为 2.143e-05 远远小于 $\alpha=0.01$，因此拒

绝原假设,即认为每天接收到的维修产品数不服从参数为 1.366667 的泊松分布。

§2.3　符号检验

符号检验(SignTest)是利用正、负号的数目对某种假设作出判定的非参数统计方法。

一、普通的符号检验

(一)基本方法

如果所研究的问题,可以看作是只有两种可能:"成功"或"失败",并且成功或失败的出现被假定遵从二项式分布,以+表示成功,一表示失败,那么随机抽取的样本就有两个参数:成功的概率 P_+,失败的概率 P_-。这样,就可以构造一个假设:

$$H_0 : P_+ = P_-$$
$$H_1 : P_+ \neq P_-$$

这是双侧检验,对备择假设 H_1 来说,不要求 P_+ 是否大于 P_-。如果所研究的问题,要求考虑是 P_+ 比较大还是 P_- 比较大,则需用单侧备择假设,即

$$H_0 : P_+ = P_- \qquad H_0 : P_+ = P_-$$
$$H_+ : P_+ > P_- \qquad H_- : P_+ < P_-$$

这里 H_+ 表示 P_+ 是比较大的, H_- 被用来说明 P_- 是比较大的。

为了检验上面的假设,普通的符号检验所定义的检验统计量为 S_+ 和 S_-。 S_+ 表示为正符号的数目, S_- 表示为负符号的数目, $S_+ + S_- = n$, n 是符号的总数目。

要对假设作出判定,需要找到一个 P 值。因为对于 S_+ 和 S_- 来说,抽样分布是一个带有 $\theta = 0.5$(θ 表示成功的概率)的二项式分布:

设 $R.V.Z$ 表示成功次数,则:

$$P(Z = i) = C_n^i (0.5)^i (1 - 0.5)^{n-i} \quad (i = 0, 1, 2, \cdots, n)$$
$$= \frac{1}{2^n} C_n^i \tag{2.5}$$

P 值为:

左尾概率 $P(Z \leqslant S_-) = P(Z = 0) + P(Z = 1) + \cdots + P(Z = S_-)$
$$= \frac{1}{2^n} \sum_{i=1}^{S_-} C_n^i \tag{2.6}$$

或

右尾概率 $P(Z \geqslant S_+) = P(Z = S_+) + P(Z = S_+ + 1) + \cdots + P(Z = n)$
$$= \frac{1}{2^n} \sum_{i=S_+}^{n} C_n^i \tag{2.7}$$

这里左尾概率与右尾的概率相等,即: $P(Z \leqslant S_-) = P(Z \geqslant S_+)$。

决策:若 P 值很小,当 P 值 $< \alpha$ 时,则表明 H_0 为真的可能性很小,因此拒绝原假设 H_0,即数据不支持 H_0,而支持备择假设 H_1。

当样本的观察数据 $n \leqslant 20$ 时，可以利用上面方法找到 P 值作出判定。若样本的观察数据 $n > 20$，可以用正态近似办法，根据（2.8）式计算 Z 值，查找附表Ⅳ得到相应的 P 值。

$$Z_{+,R} = \frac{S_+ - 0.5 - 0.5n}{0.5\sqrt{n}}$$

$$Z_{-,R} = \frac{S_- - 0.5 - 0.5n}{0.5\sqrt{n}} \tag{2.8}$$

普通的符号检验其判定可以归纳如表 2-13。

表 2-13　普通的符号检验判定指导表

备择假设	P 值　（附表Ⅵ）	
$H_+ : P_+ > P_-$	S_+ 的右尾概率	S_- 的左尾概率
$H_- : P_+ < P_-$	S_- 的右尾概率	S_+ 的左尾概率
$H_1 : P_+ \neq P_-$	S_+ 和 S_- 中大者右尾概率的 2 倍	S_+ 和 S_- 中小者左尾概率的 2 倍
$H_+ : P_+ > P_-$	$Z_{+,R}$ 的右尾概率	
$H_- : P_+ < P_-$	$Z_{-,R}$ 的右尾概率	
$H_1 : P_+ \neq P_-$	$Z_{+,R}$ 和 $Z_{-,R}$ 中大者的右尾概率 2 倍	

（二）应用

在实际问题的研究中，常常会遇到难以用数值确切表达的问题，而采用符号检验可以帮助解决这类问题的研究。

【例 2.5】　女性在对事物的看法上是否倾向于比男性保守。

一些社会科学家对这样的事实很感兴趣，当夫妇两人有一个类似的观点时，妻子可能比丈夫要保守。为了验证这一事实是否成立，随机选取了 50 对夫妇进行调查。按预先制定的问题每人分别被询问，结果只有 10 对夫妇的看法倾向性差异较大，而其中 9 对夫妇的妻子确实比丈夫保守。

分析：研究这一问题，可以看作是"成功"与"失败"的问题，妻子比丈夫保守为"成功"，妻子不如丈夫保守为"失败"。因为希望得出妻子比丈夫较为保守的结论，故而备择假设是单侧的，即 $P_+ > P_-$。这样建立的假设为

$$H_0 : P_+ = P_-$$
$$H_+ : P_+ > P_-$$

由于在 10 对符合条件的夫妇中，有 9 对妻子比丈夫保守，因而 $S_+ = 9, S_- = 1, n = 10$。

P 值为：$P(Z \geqslant 9) = P(Z = 9) + P(Z = 10)$

$$= \frac{1}{2^{10}}C_{10}^9 + \frac{1}{2^{10}}C_{10}^{10}$$

$$= \frac{10+1}{2^{10}}$$

$$= 0.01074219$$

即对于成功概率 $\theta=0.5$ 的二项分布来说,在 10 次试验中,有 9 次或 9 次以上成功的概率, P 值为 $0.01074<\alpha=0.05$,这是个极小的概率。因此,可以得出结论:这批调查的数据不支持 H_0,而支持备择假设,即认为妻子确实比丈夫要保守些。

因为 $P(Z\geqslant9)=P(Z\leqslant1)$,所以可方便地使用 R 计算;一般地,pbinom(i,n,θ),这里:

> pbinom(1,10,0.5)

[1]0.01074219

【例 2.6】　广告对商品促销是否起作用。

人们一般认为广告对商品促销起作用,但是否对某种商品的促销起作用并无把握。为了证实这一结论,随机对 15 个均销售该种商品的商店进行调查,得到的数据如表 2—14。

表 2—14　广告前后销售情况表

单位:件

商　店	1	2	3	4	5	6	7	8	9	10	11	12	13	14	15
未作广告每日销量	2	2	2	2	2	3	3	3	2	3	2	3	2	3	3
广告后每日销量	2	3	3	4	4	2	3	4	3	3	4	2	3	4	4
差值的符号		+	+	+	+	−		+	+		+	−	+	+	+

分析:由于假定随机抽取的 15 个商店在广告前后其他条件均没有变化,仅仅是考察广告的作用,因此符合普通符号检验的条件。由于想得出广告起作用的结论,因而是单侧检验,即广告后销量增加。建立的假设为

$$H_0:P_+=P_-$$
$$H_+:P_+>P_-$$

这里,$S_+=10,S_-=2,n=12$。

P 值为:$P(Z\geqslant10)=P(Z=10)+P(Z=11)+P(Z=12)$

$$=\frac{1}{2^{12}}(C_{12}^{10}+C_{12}^{11}+C_{12}^{12})$$

$$=0.0192871$$

即 $S_+=10$ 的右尾概率为 $0.0192871<\alpha=0.05$,对于显著性水平 $\alpha=0.05$ 来说这也是一个很小的概率,因此拒绝 H_0,表示调查结果不支持 H_0,而支持 H_+,即广告确实对该种商品的促销作用显著。

以下使用软件计算:

(Ⅰ)SPSS 操作

本例运用 SPSS 计算,可以使用 Nonparametric Tests 的 2 Related Samples 子过程进行符号检验(Sign),也可以使用二项分布检验(Binomial)。

方法 1.使用符号检验(Sign)

建立数据文件,其格式如图 2—20 所示。定义两个并列的变量"广告前"和"广告后"分别表示未作广告每日销量和广告后每日销量。

使用符号检验操作如下:

1.如图 2—21 所示:依次点击 Analyze→Nonparametric Tests→Related Samples,打开

	广告前	广告后	var
1	2	2	
2	2	3	
3	2	3	
4	2	4	
5	2	4	
6	3	2	
7	3	3	
8	3	4	
9	2	3	
10	3	3	
11	2	4	
12	3	2	
13	2	3	
14	3	4	
15	3	4	
16			

图 2—20 定义两个并列的变量

相关样本非参数检验对话框,如图 2—21 所示。

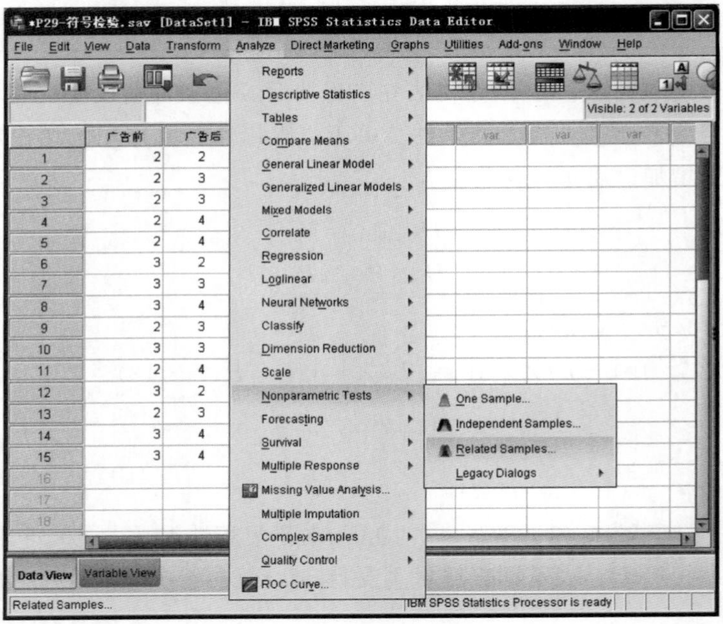

图 2—21

2. 先在左上角 Objective 目标框内点选自定义分析项 Customize analysis,如图 2—22 所示。

3. 然后再点击左上角 Fields 按钮,打开其对话框,如图 2—23 所示。点选自定义项目 Use custom field assignments,再将 Fields 框内的两个变量"广告前"和"广告后"移入检验域框 Test Fields 内。

4. 再点左上角的 Settings 按钮,打开设置对话框,如图 2—24 所示。先点选自定义检验 Customize fields,勾选符号检验 Sign test(2 samples)项。

5. 最后点击 Run 执行。

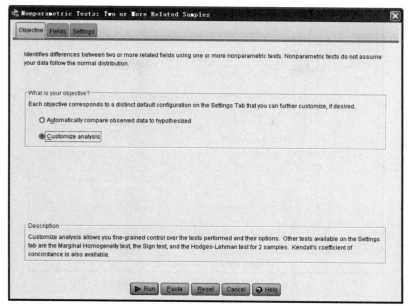

图 2—22

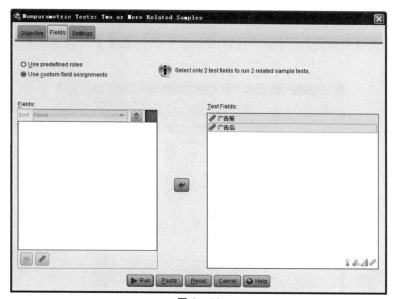

图 2—23

输出结果：

表 2—15　**Hypothesis Test Summary**

	Null Hypothesis	**Test**	**Sig.**	**Decision**
1	The median of differences between 广告后 and 广告前 equals 0.	Related-Samples Sign Test	.039[1]	Reject the null hypothesis.

Asymptotic significances are displayed. The significance level is .05.

[1]Exact significance is displayed for this test.

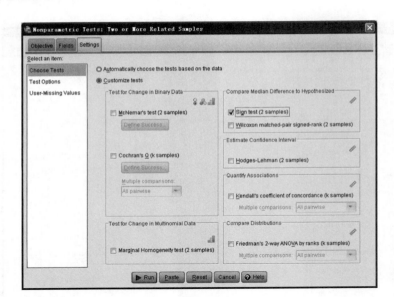

图 2—24

表 2—15 为假设检验的小结表,输出了广告前与广告后的均值是否为 0 的双侧检验的 P 值为 0.039,决策结果是拒绝零假设。但若进行单侧检验,其 P 值应为 $0.039/2 = 0.0195 < \alpha = 0.05$,则拒绝原假设,而支持广告后的销量中位置数大于广告前的中位数,即认为广告作用显著。

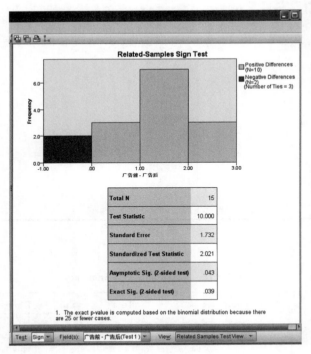

图 2—25

从图 2—25 的上方来看,广告后—广告前差的正值数目为 10,而负值数目为 2,结点有 3 个,即表明有 3 个广告后与广告前的销量相等。

图 2—25 的下方事实上为一个表,结果显示:样本量 $N=15$,统计量为 10,精确的双尾 P 值为 0.039,因此单侧检验的 P 值即为 $0.039/2=0.0195<\alpha=0.05$,所以拒绝 H_0。这里当为大样本时也输出了校准差,近似正态的 Z 统计是及其渐进的双尾 P 值。

方法 2. 使用二项分布检验(Binomial)

二项分布检验时,一般要求所检验的变量为二分变量,若是连续变量则需将其划分为二分变量:即确定一个分割点,小于等于该值的成为第一类,大于该值的成为第二类。可以将它们看作 Bernoulli 试验的"成功"与"失败"。

设未作广告每日销量为 X,广告后每日销量 Y,二者差为 D,则 $Di=Yi-Xi$;并设差值序列 $\{Di\}$ 的中位数为 M_D。根据题目,提出假设组:

$$H_0: M_D=0$$
$$H_+: M_D>0$$

这是一个单侧检验问题。

若将广告后每日销量比未作广告时的每日销量有明显的增加简记为"成功",反之记为"失败";记"成功"的概率为 P_+,"失败"的概率为 P_-,那么假设可以写为:

$$H_0: P_+ = P_-$$
$$H_+: P_+ > P_-$$

原假设中概率相等,意味着各自的概率为 0.5。

使用 SPSS 的二项分布检验(Binomial),需要先做变换,用 Compute 命令生成广告前后销量差的一个新变量"前后差",然后再删掉得 0 的值使之为缺失值,方可进行二项分布检验的基本操作。

首先依次点击 Transform→Compute Variable,打开对话框如图 2—26 所示。将目标变量定义为"前后差",其表达式在右栏下键入"广告后-广告前"。点击 OK 按钮,执行,生成新变量"前后差"。

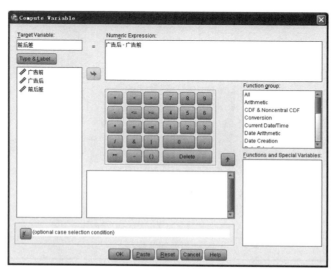

图 2—26

　　然后通过 Data→Select Cases，打开挑选样本的对话框，点选 Select 栏下的 If condition is satisfied 选项下的条件 If 按钮，再打开 Select Cases：If 对话框，如图 2－27 所示。

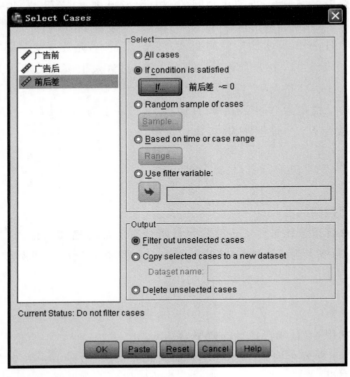

图 2－27

　　在 Select Cases：If 对话框中，将"前后头"变量移入右栏并点击下方的"不等于"钮，并键入 0。之后点击 Continue 按钮返回上一级对话框如图 2－28 所示。最后点击 OK 按钮执行，见数据编辑窗，如图 2－29 所示。

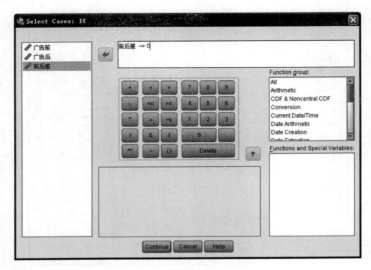

图 2－28

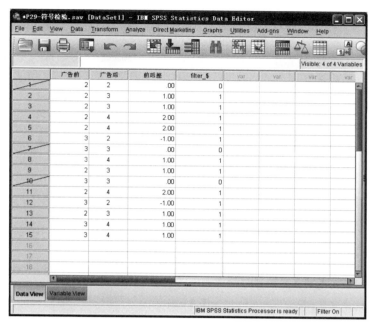

图 2—29

上述准备工作之后,接着进行非参数检验的实质性操作:

1. 依次点击 Analyze→Nonparametric Tests→One Sample…,自动打开 Objective 对话框,如图 2—30 所示。

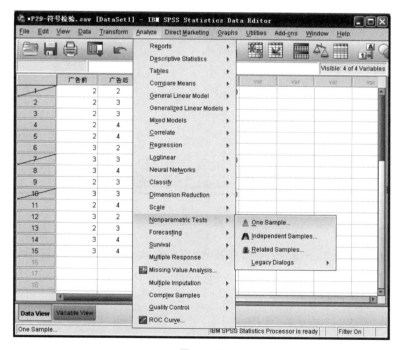

图 2—30

2. 在 Objective 对话框中,如图 2—31 所示:点选 Customize Analysis 自定义选项。然后,再点击 Objective 右侧的 Fields 对话框。

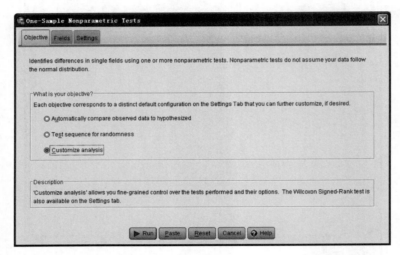

图 2—31

3. 在 Fields 对话框中,如图 2—32 所示:先点选 Use custom field assignments 使用自定义区域配置——将变量"前后差"移入 Test Fields 栏下。

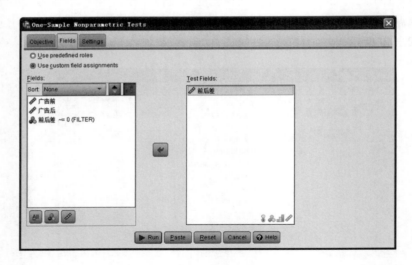

图 2—32

4. 再点击左上角的 Settings 按钮,打开其对话框,点选 Customize tests,勾选 Compare observed binary probability to hypothesized(Binomial test)检验方法,之后再点击其下的 Options 按钮,打开对话框如图 2—33 所示。

5. 在 Binomial Options 对话框内,如图 2—34 所示。定义连续变量对于成功的选项:点选自定义截点 Custom cut point,其值 Cut point 这里为 0。然后,点击 OK 按钮返回上一级对话框。最后点击 Run 按钮执行。

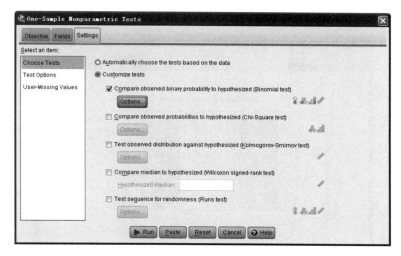

图 2—33

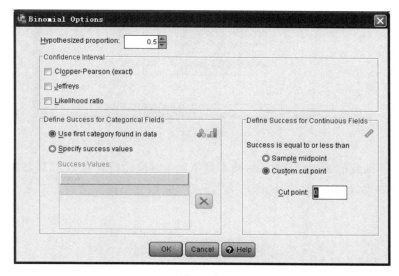

图 2—34

输出结果：

表 2—16　**Hypothesis Test Summary**

	Null Hypothesis	**Test**	**Sig.**	**Decision**
1	The categories defined by 前后差 <=0.00 and >0.00 occur with probabilities 0.5 and 0.5.	One-Sample Binomial Test	.039[1]	Reject the null hypothesis.

Asymptotic significances are displayed. The significance level is .05.

[1] Exact significance is displayed for this test.

从表 2－16 可知，P 值为 $0.039 < \alpha = 0.05$，拒绝原假设。

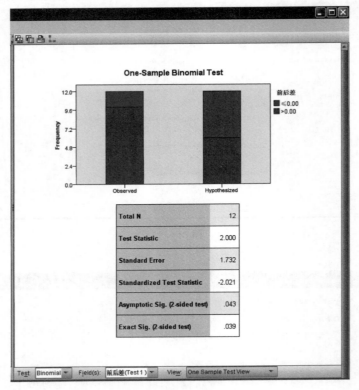

图 2－35

从图 2－35 细致的输出结果可知：样本量 $N = 12$，检验统计量为 2，精确的双侧 P 值为 0.039，单侧的 P 值为 $0.039/2 = 0.0195 < \alpha = 0.05$，因此拒绝原假设。

（Ⅱ）R 操作

R 代码：

```
> X=c(1,1,2,2,-1,1,1,2,-1,1,1,1)
> binom.test(sum(X>0), length(X), al="greater")
```

输出结果：

```
        Exact binomial test

data： sum(X >0) and length(X)
number of successes = 10, number of trials = 12, p-value = 0.01929
alternative hypothesis: true probability of success is greater than 0.5
95 percent confidence interval:
0.5618946 1.0000000
sample estimates:
probability of success
            0.8333333
```

结果显示：$S_+ =10, n=10$，单尾的 P 值为 0.01929。

（Ⅲ）SAS 操作

SAS 程序：

```
data ad ;
input id x y;
d= y- x;
cards;
1 2 2
2 2 3
3 2 3
4 2 4
5 2 4
6 3 2
7 3 3
8 3 4
9 2 3
10 3 3
11 2 4
12 3 2
13 2 3
14 3 4
15 3 4
;
run ;
proc univariate data= ad;
var d;
run ;
```

运行结果：

The SAS System

The UNIVARIATE Procedure
Variable: d

Moments			
N	15	Sum Weights	15
Mean	0.73333333	Sum Observations	11
Std Deviation	0.9611501	Variance	0.92380952
Skewness	-0.4983456	Kurtosis	-0.3339274
Uncorrected SS	21	Corrected SS	12.9333333
Coeff Variation	131.065923	Std Error Mean	0.24816789

Basic Statistical Measures			
Location		Variability	
Mean	0.733333	Std Deviation	0.96115
Median	1.000000	Variance	0.92381
Mode	1.000000	Range	3.00000
		Interquartile Range	1.00000

Tests for Location: Mu0=0				
Test		Statistic	p Value	
Student's t	t	2.954989	Pr > |t|	0.0104
Sign	M	4	Pr >= |M|	0.0386
Signed Rank	S	29	Pr >= |S|	0.0225

Quantiles (Definition 5)	
Quantile	Estimate
100% Max	2
99%	2
95%	2
90%	2
75% Q3	1
50% Median	1
25% Q1	0
10%	-1
5%	-1
1%	-1
0% Min	-1

Extreme Observations			
Lowest		Highest	
Value	Obs	Value	Obs
-1	12	1	14
-1	6	1	15
0	10	2	4
0	7	2	5
0	1	2	11

SAS 输出的结果中,符号检验(Sign)的 双侧 P 值 0.0386,将其除以 2 得到单侧的 P 值 0.0193,与其他方法结果一致。

§2.4　Wilcoxon 符号秩检验

Wilcoxon 符号秩检验(Wilcoxon Signed Rank Test)亦称威尔科克森带符号的等级检验。它是对符号检验的一种改进。符号检验只利用关于样本的差异方向上的信息,并未考虑差别的大小。Wilcoxon 符号秩检验弥补了符号检验的这点不足。

一、单个样本

与符号检验的条件类似,Wilcoxon 符号秩检验也要求总体的分布是连续的,但增加了一条:总体关于其真实的中位数 M 是对称的。若假定的中位数是一个特定的数 M_0,那么考察真实中位数 M 与特定的数 M_0 是否有差异,可以建立下面的假设组。

双侧备择假设

$$H_0 : M = M_0$$
$$H_1 : M \neq M_0$$

单侧备择假设

$$H_0 : M = M_0 \qquad H_0 : M = M_0$$
$$H_+ : M > M_0 \qquad H_- : M < M_0$$

为了对假设作出判定,需要从总体中随机抽取一个样本得到 n 个观察值。这 n 个数据至少是定距尺度测量,若是定序尺度测量,则检验所需的等级、符号都应能被得到。n 个观察值记作 $x_1, x_2, \cdots, x_n$,它们分别与 M_0 的差值为 $D_i, D_i = x_i - M_0 (i = 1, 2, \cdots, n)$。如果 H_0 为真,那么观察值围绕 M_0 分布,即 D_i 关于 0 对称分布。这时,对于 D_i 来说,正的差值和负的差值应近似地相等。为了借助等级大小作判定,先忽略 D_i 的符号,而取绝对值 $|D_i|$。对 $|D_i|$ 按大小顺序分等级,等级 1 是最小的 $|D_i|$,等级 2 是第二小的 $|D_i|$,以此类推,等级 n 是最大的 $|D_i|$。按 D_i 本身符号的正、负分别加总它们的等级即秩次,得到正等级的总和与负等级的总和。虽然等级本身都是正的,但这里是按 D_i 符号计算的等级和。为了区别,将 D_i 符号为正的,$|D_i|$ 的等级和称作正等级的总和,反之为负等级的总和。H_0 为真时,正等级的总和与负等级的总和应该近似相等。如果正等级的总和远远大于负等级的总和,表明大部分大的等级是正的差值,即 D_i 为正的等级大。这时,数据支持备择假设 H_+:$M > M_0$。否则,数据支持备择假设 H_-:$M < M_0$,因为正等级和负等级的总和是个恒定的值,即

$$1 + 2 + \cdots + n = n(n+1)/2$$

因此对于双侧备择 H_1 来说,两个总和中无论哪一个太大,都可以被支持。

检验统计量。Wilcoxon 符号秩检验所定义的检验统计量为 T_+ 和 T_-。

$$T_+ : 正等级的总和即正秩次总和$$
$$T_- : 负等级的总和即负秩次总和$$

这里,T_+ 和 T_- 都是非负的整数,并且

$$T_+ + T_- = n(n+1)/2$$

它们的取值范围是从 0 到 $n(n+1)/2$。

P 值的确定。由于 T_+ 和 T_- 的对称性,加上 $T_+ + T_- = n(n+1)/2$,因而,T_+ 和 T_- 的抽样分布完全一样,且关于 $n(n+1)/4$ 对称。

在原假设成立的情况下,以 $n=4$ 为例,看看统计量 T_+ 和 T_- 的抽样分布。当无结点时,绝对值的秩分别为 $1,2,3$ 和 4,而它们的 $+$、符号的组合将有 $2^4 = 16$ 种,如表 2—17 显示。

表 2—17　+、—符号的组合

秩	16 种 +、—符号的组合															
1	+	+	+	+	−	+	+	+	−	−	−	−	−	+	−	
2	+	+	+	−	+	−	−	+	−	+	−	+	−	−	−	
3	+	+	−	+	−	+	−	+	+	−	+	−	−	−	−	
4	+	−	+	+	−	−	+	−	+	+	−	−	−	−	−	
T_-	0	4	3	2	1	7	6	5	5	4	3	6	7	8	9	10
T_+	10	6	7	8	9	3	4	5	5	6	7	4	3	2	1	0
概率	$\frac{1}{16}$	$\frac{1}{16}$	$\frac{1}{16}$	$\frac{1}{16}$	$\frac{1}{16}$	$\frac{1}{16}$	$\frac{1}{16}$	$\frac{1}{16}$	$\frac{1}{16}$	$\frac{1}{16}$	$\frac{1}{16}$	$\frac{1}{16}$	$\frac{1}{16}$	$\frac{1}{16}$	$\frac{1}{16}$	$\frac{1}{16}$

因此:

$$P(T_- \leqslant 0) = \frac{1}{16} = 0.0625 \qquad P(T_+ \geqslant 10) = \frac{1}{16} = 0.0625$$

$$P(T_- \leqslant 1) = \frac{1}{16} + \frac{1}{16} = 0.125 \qquad P(T_+ \geqslant 9) = \frac{1}{16} + \frac{1}{16} = 0.125$$

$$P(T_- \leqslant 2) = \frac{1}{16} + \frac{1}{8} = 0.1875 \qquad P(T_+ \geqslant 8) = \frac{1}{16} + \frac{1}{8} = 0.1875$$

$$P(T_- \leqslant 3) = \frac{2}{16} + \frac{3}{16} = 0.3125 \qquad P(T_+ \geqslant 7) = \frac{2}{16} + \frac{3}{16} = 0.3125$$

$$P(T_- \leqslant 4) = \frac{2}{16} + \frac{5}{16} = 0.4375 \qquad P(T_+ \geqslant 6) = \frac{2}{16} + \frac{5}{16} = 0.4375$$

$$P(T_- \leqslant 5) = \frac{2}{16} + \frac{7}{16} = 0.5625 \qquad P(T_+ \geqslant 5) = \frac{2}{16} + \frac{7}{16} = 0.5625$$

详见 Wilcoxon 符号检验统计量表,即附表Ⅶ给出了一个累积的概率,根据 n,查 T_+ 的右尾概率或 T_- 的左尾概率,得到 P 值。依据 P 值与显著性水平 α 比较,可以对数据是否支持 H_0 作出判定。

当 n 很大时,T_+、T_- 的标准化值近似于正态分布。T_+、T_- 的标准化可以借助于减去均值 $n(n+1)/4$,除以标准差 $\sqrt{n(n+1)(2n+1)/24}$ 做到。按(2.9)式计算 $Z_{+,R}$,$Z_{-,R}$,查附表Ⅳ,可以得到相应的 P 值。表 2—18 是 $n > 15$ 时的判定指导表。

$$Z_{+,R} = \frac{T_+ - 0.5 - n(n+1)/4}{\sqrt{n(n+1)(2n+1)/24}}$$

$$Z_{-,R} = \frac{T_- - 0.5 - n(n+1)/4}{\sqrt{n(n+1)(2n+1)/24}} \qquad (2.9)$$

表 2—18　Wilcoxon 符号秩检验判定指导表

备择假设	P 值　　（附表 IV）
$H_+ : M > M_0$	$Z_{+,R}$ 的右尾概率
$H_- : M < M_0$	$Z_{-,R}$ 的右尾概率
$H_1 : M \neq M_0$	$Z_{+,R}$ 和 $Z_{-,R}$ 大者右尾概率的 2 倍

二、配对样本的应用

Wilcoxon 符号秩检验大量地应用于配对样本。若 M_D 表示两个随机变量差值总体的中位数，M_0 是某一特定的数，那么可以建立的假设组为

$$H_0 : M_D = M_0 \qquad H_0 : M_D = M_0 \qquad H_0 : M_D = M_0$$
$$H_1 : M_D \neq M_0 \qquad H_+ : M_D > M_0 \qquad H_- : M_D < M_0$$

应用 Wilcoxon 符号秩检验的数据应含有 n 对观察值 $(x_1, y_1), (x_2, y_2), \cdots, (x_n, y_n)$，或有一组 n 个差值 $d_1, d_2, \cdots, d_n$ 即 $d_i = x_i - y_i$，且假定差值 d_i 的总体是连续的，关于中位数 M_D 是对称的。差值 D_i 可以通过观察值 x_i, y_i 计算得到，也可以是直接被观察到，即每一单个 x_i, y_i 不一定知道，但它们的差值 $x_i - y_i = d_i$ 可以被观察到。一般来说，这些差值至少是定距尺度测量的。若是定序尺度，则为检验所需的等级，符号都应能确定。对假设作出判定的方法基本与单样本相同，只是 D 不再是 $x_i - M_0$，而应是 $x_i - y_i - M_0$，即 $d_i - M_0$。

【例 2.7】　在一项对记忆的研究中，给予 24 个试验者 20 个无意义的人造单词，在 1 小时后和 24 小时后看他们能回忆多少，实验结果如表 2—19。

表 2—19　实验结果　　　　　　　　　　　　　　单位：个

1 小时后	24 小时后	1 小时后	24 小时后	1 小时后	24 小时后
14	10	13	10	15	11
12	4	11	5	12	6
18	14	18	15	17	14
7	6	8	6	7	5
11	9	13	9	11	10
9	6	10	6	9	4
16	12	14	11	16	13
15	12	16	12	15	10

是否有足够证据表明 1 小时后比 24 小时后所能记忆的单词恰好多 3 个？

分析：一般来说，记忆是时间越长，记忆的越少，同时忘记的越多，要检验 1 小时后比 24 小时后记忆的单词恰好多 3 个，是两个相关样本的非参数检验的问题。

设 1 小时后能记忆的单词量为 x、24 小时后所能记忆的单词为 y，根据问题要求建立假设检验：

$$H_0 : 1 \text{ 小时后比 24 小时后所能记忆的单词恰好多 3 个}$$

$$H_1 : 1 \text{ 小时后比 24 小时后所能记忆的单词不是多 3 个}$$

若记差值 $D_i = x_i - y_i$，则其中位数为 3，上述假设检验组也可以表示成：

$$H_0 : D_i \text{ 的中位数} = 3$$

$$H_1 : D_i \text{ 的中位数} \neq 3$$

这是一个双侧假设检验问题。

以下使用软件计算：

（Ⅰ）SPSS 操作

首先建立 SPSS 数据文件，将 1 小时后能记忆的单词量 x 与 24 小时后所能记忆的单词量 y 的两个变量定义之后，将它们的值录入，如图 2—36 所示。

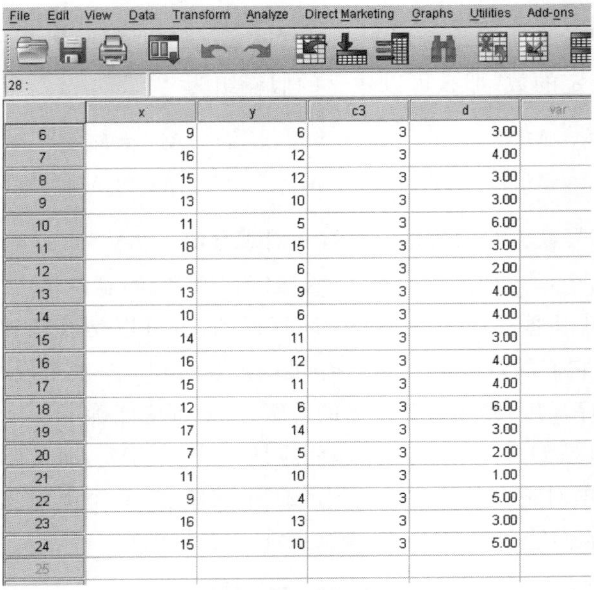

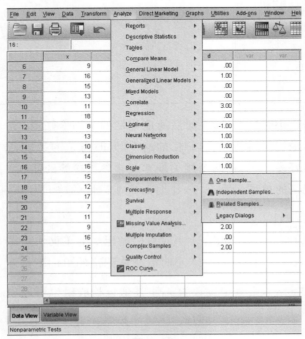

图 2—36　数据文件格式

SPSS 关于 Wilcoxon 符号秩检验操作如下。

图 2—37

1. 如图 2－37 所示：依次点击 Analyze→Nonparametric Tests→Related Samples，打开相关样本非参数检验对话框，如图 2－38 所示。

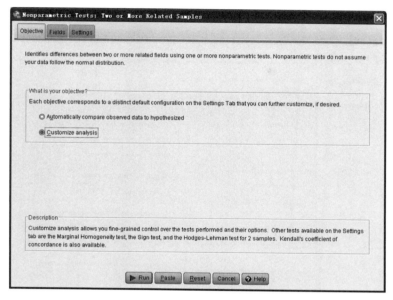

图 2－38

2. 先在左上角 Objective 目标框内点选自定义分析项 Customize analysis，如图 2－38 所示。

3. 然后再点击左上角 Fields 按钮，打开其对话框，如图 2－39 所示。点选自定义项目 Use custom field assignments，再将 Fields 框内的两个变量 d 和 c3 分别移入检验域框 Test Fields 内。

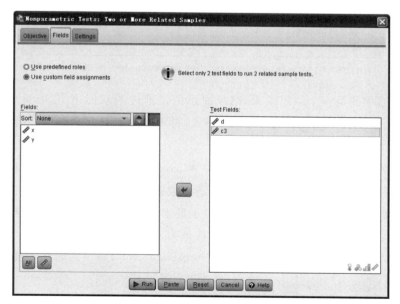

图 2－39

4. 再点左上角的 Settings 按钮,打开设置对话框,如图 2—40 所示。先点选自定义检验 Customize fields,勾选 Wilcoxon 符号秩检验:Wilcoxon matched-pair sign-rank(2 samples)项。最后点击 Run 执行。

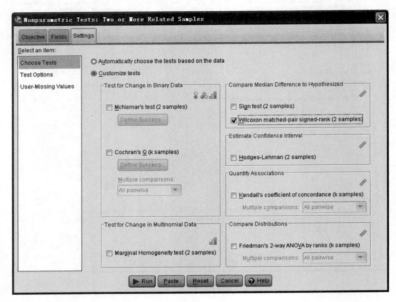

图 2—40

输出结果:

表 2—20　Hypothesis Test Summary

	Null Hypothesis	Test	Sig.	Decision
1	The median of differences between d and c3 equals 0.	Related-Samples Wilcoxon Signed Rank Test	.089	Retain the null hypothesis.

Asymptotic significances are displayed. The significance level is .05.

表 2—20 给出的是一个浓缩结果,结果显示的是渐进的双尾 P 值 0.089$>\alpha=0.05$,决策:不能拒绝原假设 H_0,因此认为 1 小时后比 24 小时后多记忆 3 个单词。而细致的结果如图 2—41 所示。

图 2—41 的上方以条形图反映相关样本 Wilcoxon 符号秩检验中差的正、负出现的频数,并标注出正的差有 5 个,负的差有 12 个,结果数目为 7 个。

图 2—41 的下方事实上为一个表,结果显示样本量 $N=24$,检验的统计差为 41.5,标准化的检验统计量即 $Z=-1.699$,渐进的双尾 P 值为 0.089。

另一方法,可通过单样本(One-Sample Nonparametric Test)的非参数检验过程计算,如图 2—42 所示。

如图 2—43 所示,在 Settings 中,勾选 Compare median to hyperthesized(Wilcoxon signed-rank test)一项,并在检验中位数 Hyperthesized median:内键入 3。最后点击 Run 按

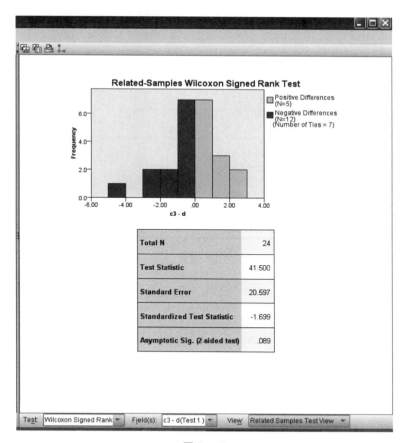

图 2—41

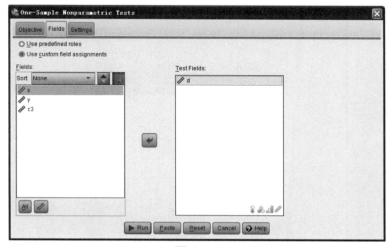

图 2—42

钮执行。

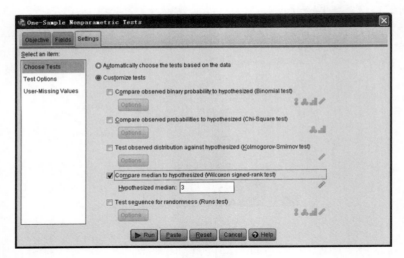

图 2—43

输出结果：

表 2—21　Hypothesis Test Summary

	Null Hypothesis	Test	Sig.	Decision
1	The median of d equals 3.00.	One-Sample Wilcoxon Signed Rank Test	.089	Retain the null hypothesis.

Asymptotic significances are displayed. The significance level is .05.

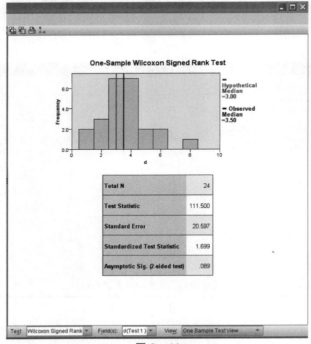

图 2—44

可以对照前一种方法的结果进行分析。

（Ⅱ）R 操作

R 代码：

```
> x=c(14,12,18,7,11,9,16,15,13,11,18,8,13,10,14,16,15,12,17,7,11,9,16,15)
> y=c(10,4,14,6,9,6,12,12,10,5,15,6,9,6,11,12,11,6,14,5,10,4,13,10)
> wilcox.test(x-y-3)
```

输出结果：

Wilcoxon signed rank test with continuity correction

data: x- y-3

V = 111.5, p-value = 0.09394

alternative hypothesis: true location is not equal to 0

Warning messages:

1: Inwilcox.test.default(x-y-3) :

cannot compute exact p-value with ties

2: Inwilcox.test.default(x-y-3) :

cannot compute exact p-value with zeroes

统计量的值为 111.5，相应的 P 值为 $0.09394 > \alpha = 0.05$，说明在 0.05 的显著性水平下，不能拒绝原假设 H_0，认为 1 小时后比 24 小时后所能记忆的单词恰好多 3 个。

但这里 R 的结果给出警告信息：在有结点的情况下，无法计算精确的 P 值。因此，与 SPSS 的结果以及 SAS 结果略有差异。

（Ⅲ）SAS 操作

SAS 程序：

```
data word;
input   x y;
d= x- y- 3;
cards;
14 10
12 4
18 14
7 6
11 9
9 6
16 12
15 12
13 10
11 5
18 15
8 6
```

```
13 9
10 6
14 11
16 12
15 11
12 6
17 14
7 5
11 10
9 4
16 13
15 10
;
proc univariate ;
var d;
run ;
```

运行结果：

The SAS System

The UNIVARIATE Procedure
Variable: d

Moments			
N	24	Sum Weights	24
Mean	0.625	Sum Observations	15
Std Deviation	1.61009046	Variance	2.5923913
Skewness	0.7425299	Kurtosis	1.22157067
Uncorrected SS	69	Corrected SS	59.625
Coeff Variation	257.614474	Std Error Mean	0.32865834

Basic Statistical Measures			
Location		Variability	
Mean	0.625000	Std Deviation	1.61009
Median	0.500000	Variance	2.59239
Mode	0.000000	Range	7.00000
		Interquartile Range	1.00000

Note: The mode displayed is the smallest of 2 modes with a count of 7.

Tests for Location: Mu0=0				
Test	Statistic		p Value	
Student's t	t	1.901671	Pr > |t|	0.0698
Sign	M	3.5	Pr >= |M|	0.1435
Signed Rank	S	35	Pr >= |S|	0.0985

Quantiles (Definition 5)	
Quantile	Estimate
100% Max	5.0
99%	5.0
95%	3.0
90%	3.0
75% Q3	1.0
50% Median	0.5
25% Q1	0.0
10%	−1.0
5%	−2.0
1%	−2.0
0% Min	−2.0

Extreme Observations			
Lowest		Highest	
Value	Obs	Value	Obs
−2	21	2	22
−2	4	2	24
−1	20	3	10
−1	12	3	18
−1	5	5	2

SAS结果给出了 Wilcoxon 符号秩双侧检验的精确的 P 值为 $0.0985 > \alpha = 0.05$，在 0.05 的显著性水平下，也是不能拒绝原假设 H_0。

§2.5　游程检验

游程检验亦称连贯检验或串检验，是一种随机性检验方法，应用范围很广。例如生产过程是否需要调整，即不合格产品是否随机产生；奖券的购买是否随机；期货价格的变化是否随机，等等。若事物的发生并非随机，即有某种规律，则往往可寻找规律，建立相应模型，进行分析，作出适宜的决策。

一、普通的游程检验(Ordinary Runs Test)

(一) 游程的含义

一个可以两分的总体，如按性别区分的人群，按产品是否有毛病区分的总体等，随机从中抽取一个样本，样本也可以分为两类：类型Ⅰ和类型Ⅱ。若凡属类型Ⅰ的给以符号 A，类型Ⅱ的给以符号 B，则当样本按某种顺序排列(如按抽取时间先后排列)时，一个或者一个以上相同符号连续出现的段，就被称作游程，也就是说，游程是在一个两种类型的符号的有序排列中，相同符号连续出现的段。例如，将某售票处排队等候购票的人按性别区分，男以 A 表示，女以 B 表示。按到来的时间先后观察序列为：AABABB。在这个序列中，AA 为一个游程，连续出现两个 A；B 是一个游程，领先它的是符号 A，跟随它的也是符号 A；显然，A 也是一个游程,BB 也是一个游程。于是,在这个序列中,A 的游程有 2 个,B 的游程也有 2 个,序列共有 4 个游程。每一个游程所包含的符号的个数,称为游程的长度。如上面的序列中,有一个长度为 2 的 A 游程、一个长度为 2 的 B 游程,长度为 1 的 A 游程、B 游程也各有 1 个。

(二)基本方法

随机抽取的一个样本,其观察值按某种顺序排列,如果研究所关心的问题是:被有序排列的两种类型符号是否随机排列,则可以建立双侧备择,假设组为

$$H_0:序列是随机的$$
$$H_1:序列不是随机的$$

如果关心的是序列是否具有某种倾向,则应建立单侧备择,假设组为

$$H_0:序列是随机的$$
$$H_+:序列具有混合的倾向$$

或

$$H_0:序列是随机的$$
$$H_-:序列具有成群的倾向$$

为了对假设作出判定,被收集的样本数据仅需定类尺度测量,但要求进行有意义的排序,按一定次序排列的样本观察值能够被变换为两种类型的符号。如某售票处按到来的先后顺序排队购票的人,按性别分别记作 A、B 两种类型的符号,可以得到一个序列:AABABB。第一种类型的符号数目记作 m,第二种记作 n,则 $N=m+n$。

检验统计量。在 H_0 为真的情况下,两种类型符号出现的可能性相等,其在序列中是交互的。相对于一定的 m、n,序列游程的总数应在一个范围内。若游程的总数过少,表明某一游程的长度过长,意味着有较多的同一符号相连,序列存在成群的倾向;若游程总数过多,表明游程长度很短,意味着两个符号频繁交替,序列具有混合的倾向。因此,无论游程的总数过多或过少,都表明序列不是随机的。根据两种类型符号的变化,选择的检验统计量为 U,

$$U=游程的总数目$$

在原假设 H_0 成立的情况下,游程总数目 U 的条件分布为:

当 U 为偶数时,不妨设 $U=2k$,则

$$P(U=2k)=\frac{2C_{m-1}^{k-1} \cdot C_{n-1}^{k-1}}{C_N^n} \tag{2.10}$$

当 U 为奇数时,不妨设 $U=2k+1$,则

$$P(U=2k+1)=\frac{C_{m-1}^{k-1}C_{n-1}^{k}+C_{m-1}^{k}C_{n-1}^{k-1}}{C_N^n} \tag{2.11}$$

确定 P 值。游程总数目 U 的抽样分布在附表Ⅷ中给出。序列中数目比较少的符号记

作类型Ⅰ,数目多的符号为类型Ⅱ。对于 $m \leqslant n$,且 $m+n \leqslant 20$,或 $m \leqslant n \leqslant 12$ 时,可以在附表Ⅷ中查找到相应的 P 值。若 P 相对于给定的显著性水平 α 很小,则数据不支持 H_0;若足够大,则不拒绝 H_0。表 2—22 是判定的指导表。

表 2—22　游程检验判定指导表

备择假设	P 值(附表Ⅷ)
H_+:序列具有混合的倾向	U 的右尾概率
H_-:序列具有成群的倾向	U 的左尾概率
H_1:序列是非随机	U 的较小尾巴概率的 2 倍

当 $m+n=N>20$ 或 $m>12, n>12$ 时,检验统计量 U 近似均值为 $1+2mn/N$,标准差为 $\sqrt{2mn(2mn-N)/N^2(N-1)}$,正态分布通过连续性修正,计算 Z_L 或 Z_R,查附表Ⅳ,可以得到相应的 P 值。Z_L, Z_R 计算如(2.12)式。表 2—23 是判定指导表。

$$Z_L = \frac{U+0.5-1-2mn/N}{\sqrt{2mn(2mn-N)/N^2(N-1)}}$$
$$Z_R = \frac{U-0.5-1-2mn/N}{\sqrt{2mn(2mn-N)/N^2(N-1)}}$$
(2.12)

表 2—23　游程检验判定指导表

备择假设	P 值(附表Ⅳ)
H_+:序列具有混合的倾向	Z_R 的右尾概率
H_-:序列具有成群的倾向	Z_L 的左尾概率
H_1:序列是随机	Z 的右尾概率的 2 倍

表 2—23 中,Z 的取值如下:

$$Z = \begin{cases} -Z_L & \text{若 } U < 1+2mn/N \\ Z_R & \text{若 } U > 1+2mn/N \end{cases}$$
(2.13)

二、应用

【例 2.8】　考察某股票价格序列变化是否具有随机性。只考虑某股票价格的涨跌,价格不降包括上升和平盘用"＋"号表示,价格下降用"－"号表示。观察 30 个交易日,其涨跌情况如下:

＋＋＋＋－－＋－－－＋＋－－－＋＋－＋＋＋－－＋＋＋＋＋－－

以 1 表示"＋",以 0 表示"－",则序列

1 1 1 1 0 0 1 0 0 0 1 1 0 0 0 1 1 0 1 1 1 0 0 1 1 1 1 1 0 0

表示 30 个交易日的涨跌结果。

$$H_0:股票价格涨跌是随机的$$
$$H_1:股票价格涨跌是非随机的$$

以下使用软件计算:

(Ⅰ)SPSS 操作

建立数据文件,定义变量,并将 30 个交易日的涨跌结果键入。

方法 1

在主菜单上依次点击 Analyze→Nonparametric Tests→One Sample,通过新的 Nonparametric tests 过程,打开单样本非参数检验对话框,如图 2—45 所示。点选序列的游程检验 Test sequence for randomness 一项,直接点击 Run 按钮执行。

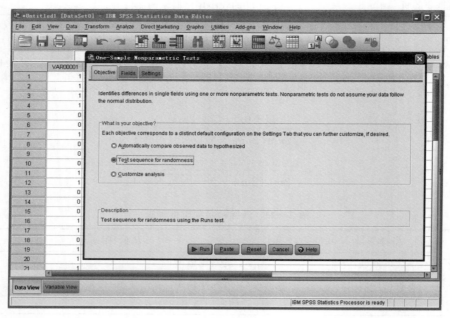

图 2—45

输出结果:

表 2—24　**Hypothesis Test Summary**

	Null Hypothesis	**Test**	**Sig.**	**Decision**
1	The sequence of values defined by VAR00001<=1.00 and >1.00 is random.	One-Sample Runs Test	.221	Retain the null hypothesis.

Asymptotic significances are displayed.　The significance level is .05.

表 2—24 的 P 值为 $0.221 > \alpha = 0.05$,因此不能拒绝 H_0,决策:支持 H_0,认为该股票在 30 个交易日内的涨跌是随机的。

图 2—46 上方的游程检验图显示:该股票 30 个涨跌组成的序列共有 12 个游程,其低于正态的均值,靠近较少的游程一边。再看图 2—46 下方的表,可知:样本呈 $N = 30$,游程数目 $U = 12$,近似正态标准化的值 $Z = -1.224$,渐进的双尾 P 值为 $0.221 > \alpha = 0.05$,因此数据支持 H_0。

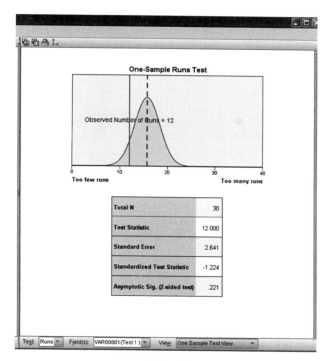

图 2—46

方法 2

在主菜单上依次点击 Analyze→Nonparametric Tests→One Sample，通过新的 Non-parametric tests 过程，打开单样本非参数检验对话框，如图 2—45 所示。点击左上角的 Settings 按钮，打开对话框，如图 2—47 所示。

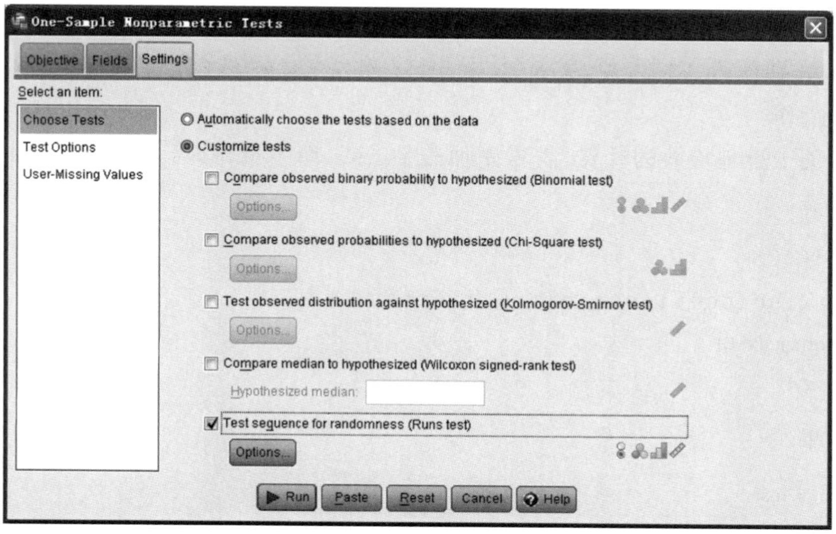

图 2—47

点选 Customize tests 自定义选项中的"Test sequence for randomness（Runs test）"序

列的随机性检验——游程检验。然后点击其下的 Options 按钮,打开游程选项的对话框,如图 2—48 所示。

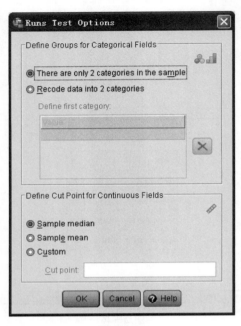

图 2—48

在 Runs test options 对话框中,系统隐含设置的是样本中只有两个分类项目,如本例。若遇到稍复杂的情况:如果是连续变量的观测数,可以某一点"切割"作为分界然后将原序列分成二分类数据,此时就点选"Recode data into 2 categories";若检验的是样本中位数,则定义分割点"Sample median"。若检验的是样本均值则点选"Sample mean"。或者其他任意分割点,点"Custtom",激活 Cut point 键入具体数字。之后点 OK 按钮返回上一级对话框,最后点 Run 按钮执行。

(Ⅱ)R 操作

R 软件关于游程检验的计算,需要先加载 tseries 程序包,然后才能调用 runs.test( ) 函数进行计算。

R 代码:

```
> x=c(1,1,1,1,0,0,1,0,0,0,1,1,0,0,0,1,1,0,1,1,1,0,0,1,1,1,1,1,0,0)
> y=factor(sign(x-1))
> runs.test(y)
```

输出结果:

```
        Runs Test

data:   y
StandardNormal=-1.4134, p-value=0.1575
alternative hypothesis:two.sided
```

由以上输出结果可以看到：由 runs.test 函数进行游程检验的计算结果是正态近似的。若要计算精确的 P 值请见参考文献[2]，吴喜之教授编写的程序。

另外，可以看到 R 的结果与 SPSS 的结果略有差异，这是因为 R 的计算中未加连续性修正，采用如下公式：

$$Z = \frac{U - 1 - 2mn/N}{\sqrt{2mn(2mn - N)/N^2(N-1)}}$$
$$= \frac{12 - 1 - 2 \times 13 \times 17/30}{\sqrt{2 \times 13 \times 17 \times (2 \times 13 \times 17 - 30)/30^2 \times 29}}$$
$$= -1.41$$

渐进的双尾 P 值为 $0.1575 > \alpha = 0.10$，因此数据支持 H_0。

第 3 章　　两相关样本的非参数检验

　　某种统计检验方法应用时,不仅与数据的测量层次有关,还与抽样的特点有关。在抽取样本时有两种形式:相关的和独立的。若第一次抽样的所有样本某一属性的测量结果不影响第二次抽样的所有样本同一属性的测量结果,则这种抽样是独立的;若一次抽样的测量结果影响另一次抽样测量结果,则这种抽样是相关的。

　　在实际生活问题研究中,常常需要对成对数据进行比较:如比较某种处理前后的区别,如新药对疾病的治疗是否有效;上辅导班对提高成绩有没有作用;某种促销手段是否有助于增加销量,等等。当研究者希望知道两种处理结果是否相同,或哪种更好时,往往需要采用两个样本的统计检验。经常使用经过处理的一组和未经处理的一组进行比较,或者让每一研究对象作为自身的对照者将处理前后配对观察,注意尽量避免和减小其他因素的影响,而显现处理的作用。本章介绍两个相关(配对)样本的非参数检验方法,有两相关(配对)样本的符号检验和 Wilcoxon 符号秩检验,另外还包括 McNemar 检验和 Marginal Homogeneity 检验方法。

§3.1　　符号检验和 Wilcoxon 符号秩检验

　　事实上,上一章已经介绍了符号检验和 Wilcoxon 符号秩检验的原理。我们知道:二者都是非参数检验方法,都能通过单一观察的数据或配对观察数据的差的处理,对总体中位数或差值总体中位数进行推断。

　　符号检验和 Wilcoxon 符号秩检验的共同点是对总体要求的假定都是较少的;对符号秩检验来说,要求总体连续再增加一个关于中位数对称。这两种检验方法对数据测量层次的要求都不高。普通的符号检验被使用于二分类总体,类似于回答"是"或"不是"的问题,可用于定类尺度测量,但要求差异的方向能够被表示出;Wilcoxon 符号秩检验至少要求定序尺度测量,仅当等级和符号能够被表示出时。由于两个检验都与符号有关,因而处理 0 差值的方法是共同的,均被忽略不计。

　　符号检验和 Wilcoxon 符号秩检验的不同点是,后者不仅考虑两个样本观察值差的符号,而且利用了差值的大小,应该说信息利用得更多,因此 Wilcoxon 符号秩检验比符号检验的功效更强。下面的例题可以让我们领悟这一点。

　　但应该注意的是 Wilcoxon 符号秩检验比符号检验的条件要求多,既有总体分布的连续性又有对称性的假定,当条件不被满足时,则选择符号检验更可靠。

一、符号检验

　　设有两个连续总体 X、Y,累积的分布函数分别为 $F(x)$,$F(y)$。随机地分别从两个总体中抽取数目为 n 的样本数据 $(x_1, x_2, \cdots, x_n)$ 和 $(y_1, y_2, \cdots, y_n)$,将它们配对得到 (x_1, y_1),(x_2, y_2),$\cdots$,(x_n, y_n)。若研究的问题是它们是否具有相同的分布,即 $F(x) = F(y)$ 是

否成立。由于 X、Y 的总体分布未知,而研究也并不关心它们的具体分布形式,只是关心分布是否相同。因而,可以采用位置参数进行判断。若两个样本的总体具有相同分布,则中位数应相同,即在 n 个数对中,x_i 大于 y_i 的个数与 x_i 小于 y_i 的个数应相差不多。

若记 $P(x_i>y_i)=P_+$,$P(x_i<y_i)=P_-$,则建立的假设检验组为:

$$H_0:P_+=P_-$$
$$H_1:P_+\neq P_-$$

如果关心的是某一总体中位数是否大于另一总体中位数,则可建立单侧备择,假设组为

$$H_0:P_+=P_- \qquad H_0:P_+=P_-$$
$$H_+:P_+>P_- \qquad H_-:P_+<P_-$$

或者设两个总体的中位数分别为 M_x 和 M_y,则假设检验组为

$$H_0:M_x=M_y \qquad H_0:M_x=M_y \qquad H_0:M_x=M_y$$
$$H_1:M_x\neq M_y \qquad H_+:M_x>M_y \qquad H_-:M_x<M_y$$

在 H_+ 下,x_i 有大于 y_i 的趋向,在 H_- 下,y_i 有大于 x_i 的趋向。

为对假设作出判定,所需的数据至少是定序尺度测量。与单样本的符号检验相同,两个相关样本的符号检验也定义 S_+、S_- 为检验统计量。S_+ 为 x_i、y_i 差值符号是正的数目,S_- 为差值符号是负的数目,$S_++S_-=n$。若 H_0 为真,则 $P_+=P_-=0.5$,并且 $x_i>y_i$ 的配对数目与 $x_i<y_i$ 的配对数目相等,也就是 S_+ 与 S_- 的数值相等。由于 S_+、S_- 的抽样分布是二项分布 $B(n,\frac{1}{2})$,n 是配对数目,$\frac{1}{2}$ 是各自出现的概率,因而合适的 P 值能够在附表Ⅵ中查找到。若 P 值相对于显著性水平 α 很小,则数据不支持 H_0。判定指导表可参见表 2—13。当 $n\leqslant 20$ 时,查找附表Ⅵ,而当 $n>20$ 时,应采用(2.8)式的计算公式,得到 $Z_{+,R}$,$Z_{-,R}$,利用正态近似,查附表Ⅳ,找到合适的 P 值,最终决策。

二、Wilcoxon 符号秩检验

Wilcoxon 符号秩检验比符号检验多个对称性的假定,其目的二者相同。

两个相关样本的 Wilcoxon 符号秩检验也是用来检验配对样本是否有差异的方法。它不仅借助于两个样本差值的符号,而且利用了差值的大小,因此,它比符号检验有更精确的判断。

设 X、Y 是两个连续总体,且均具有对称的分布,随机地分别从两个总体中抽取 n 个观察值,组成 n 个数对 (x_1,y_1),(x_2,y_2),$\cdots$,(x_n,y_n)。记 $D_i=x_i-y_i(i=1,2,\cdots,n)$,$M_D$ 为其中位数。若 X 与 Y 具有相同的分布,则等式

$$P(M_D>0)=P(M_D<0)$$

成立,即 x_i 大于 y_i 的概率与 x_i 小于 y_i 的概率相等。这也意味着全部差值 D_i 的中位数等于零。因此,零假设也可以是

$$H_0:M_D=0$$

当研究的问题仅关心两个总体的分布是否相同,或说两个总体中位数是否相同时,采用双侧备择;若 X、Y 之间的相互关系中,存在某种趋势,则应建立单侧备择。如果认为 x_i 的大多数值大于相应的值 y_i,那么单侧备择为

$$H_+ : P(M_D > 0) > P(M_D < 0)$$

或

$$H_+ : M_D > 0$$

如果认为 y_i 的值大多数大于相应的 x_i 的值,则单侧备择为

$$H_- : P(M_D > 0) < P(M_D < 0)$$

或

$$H_- : M_D < 0$$

若将差值 D_i 的总体中位数记作 M_D,那么,两个相关样本的 Wilcoxon 符号秩检验与 §2.4 中配对样本位置的符号秩检验基本方法相同,判定假设是否成立的原则也一样。

Wilcoxon 符号秩检验的步骤:

1. 计算各观察值对的差 $d_i = x_i - y_i (i = 1, 2, \cdots, n)$;
2. 求差的绝对值 $|d_i| = |x_i - y_i|$;
3. 除了 0 之外,按差绝对值的大小排序,并配以秩;
4. 再考虑各个差的符号,分别计算正、负符号秩的和 T_+、T_- ;
5. 确定检验统计量 $k = \min(T_+, T_-)$ 及其 P 值,
6. 决策,得出结论。

另外,需要说明的是 Wilcoxon 符号秩检验当出现同分现象,打结(tie)情况,即差值的绝对值中有相同的数字,往往采用平均秩。如果结点较多时,就要对正态近似公式进行修正:

$$z = \frac{T - n(n+1)/4}{\sqrt{n(n+1)(2n+1)/24 - (\sum t^3 - \sum t)}}$$

其中 t 表示观察值同分或结的数目。

三、应用

【例 3.1】　有 12 个工人,每个工人都分别使用两种生产方式完成一项生产任务,而首先使用哪种生产方式是随机挑选的。表 3-1 是每个工人提供的一对完工时间(单位:分钟)的数据,以及每一对时间的差值。

根据这些数据能否推断工人使用这两种生产方式在完工时间上有差异?

表 3—1　符号检验计算表

工人序号	方式1 x	方式2 y	差值 d	差值的绝对值 $\mid d \mid$	$\mid d \mid$ 的秩	d 的符号
1	20.3	18.0	2.3	2.3	10	+
2	23.5	21.7	1.8	1.8	7	+
3	22.0	22.5	−0.5	0.5	3	−
4	19.1	17.0	2.1	2.1	9	+
5	21.0	21.2	−0.2	0.2	2	−
6	24.7	24.8	−0.1	0.1	1	−
7	16.1	17.2	−1.1	1.1	5	−
8	18.5	14.9	3.6	3.6	12	+
9	21.9	20.0	1.9	1.9	8	+
10	24.2	21.1	3.1	3.1	11	+
11	23.4	22.7	0.7	0.7	4	+
12	25.0	23.7	1.3	1.3	6	+

解:设工人使用这两种生产方式的完工时间的中位数分别是 M_x 和 M_y,提出假设检验组:

$$H_0:M_x=M_y$$
$$H_1:M_x\neq M_y$$

1. 符号检验

根据表 3—1,可以得到:

正的符号有 8 个、负的符号有 4 个,即 $S_+=8$、$S_-=4$,查附表Ⅵ,可知 P 值为 0.1938,双侧检验的 P 值应为 $2\times0.1938\approx0.3876>\alpha=0.05$,不能拒绝原假设 H_0,从而认为工人使用的这两种生产方式在完工时间上没有显著性差异。

2. Wilcoxon 符号秩检验

根据表 3—1,可以得到:

$T_-=3+2+1+5=11$,$T_+=10+7+9+12+8+11+4+6=67$,查附表Ⅶ,可知 P 值为 0.013,双侧检验的 P 值应为 $2\times0.013\approx0.026<\alpha=0.05$,拒绝原假设 H_0,从而认为工人使用的这两种生产方式在完工时间上有显著性差异。

值得指出的是:这里尽管正、负符号的数目有差距,但正的秩和与负的秩和的差距更大,说明所利用的数值本身大小包含的信息起到了决定性的作用。因此 Wilcoxon 符号秩检验与符号检验的结果不同。

以下使用软件计算:

(Ⅰ)SPSS 操作

如上一章操作:依次点击 Analyze→Nonparametric Tests→Related Samples,打开两个或多个相关样本非参数检验对话框。并且在设置(Settings)中自定义检验 Customize test:

同时勾选两个相关样本的总体中位数差的检验(Compare Median Difference to Hypothesized)栏下的两样本的符号检验[Sign test (2-sample)]和两样本的 Wilcoxon 符号秩检验[Wilcoxon matched-pair signed-rank (2-sample)]两个方法选项。如图 3-1 所示,最后点击 Run 执行。

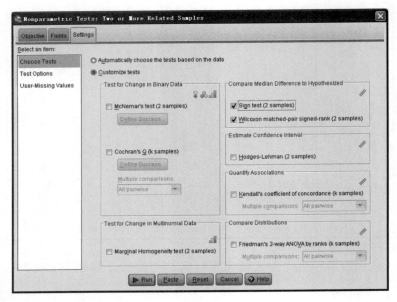

图 3-1

输出结果:

表 3-2　Hypothesis Test Summary

	Null Hypothesis	Test	Sig.	Decision
1	The median of differences between 方式2 and 方式1 equals 0.	Related-Samples Sign Test	.388[1]	Retain the null hypothesis.
2	The median of differences between 方式1 and 方式2 equals 0.	Related-Samples Wilcoxon Signed Rank Test	.028	Reject the null hypothesis.

Asymptotic significances are displayed. The significance level is .05.

[1]Exact significance is displayed for this test.

表 3-2 显示:符号检验的 P 值为 $0.388 > \alpha = 0.05$,说明在 0.05 的显著性水平下,不能拒绝原假设 H_0,认为工人使用这两种生产方式在完工时间上没有显著性差异。但 Wilcoxon 符号秩检验的 P 值却低至 $0.028 < \alpha = 0.05$,说明在 0.05 的显著性水平下,拒绝原假设 H_0,认为工人使用生产方式 1 和方式 2 在完工时间上差异显著。

两个方法之所以出现这样相悖的结论,完全是因为 Wilcoxon 符号秩检验不仅看两个配对样本观察值差的正、负号,而且考虑了差值的绝对值大小。

从符号检验和 Wilcoxon 符号秩检验的细致结果图 3-2-a 和图 3-2-b 可以看出:各

自上半部分的条形图是相同的。但下半部分的统计量与其相应的 P 值各不同。

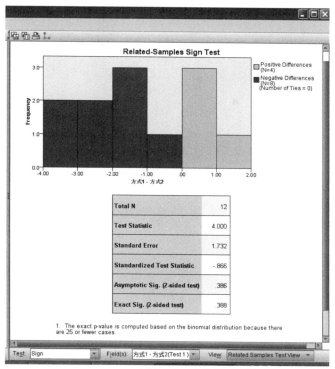

图 3－2－a

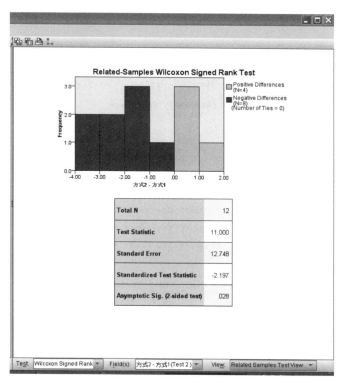

图 3－2－b

（Ⅱ）SAS 操作

使用 UNIVARIATE 过程做检验，SAS 程序如下：

```
data SW;
  input id x y;
  d= x- y;
  cards;
1 20.3 18
2 23.5 21.7
3 22 22.5
4 19.1 17
5 21 21.2
6 24.7 24.8
7 16.1 17.2
8 18.5 14.9
9 21.9 20
10 24.2 21.1
11 23.4 22.7
12 25 23.7
;
proc univariate data= SW;
var d;
run ;
```

运行结果：

The SAS System

The UNIVARIATE Procedure
Variable: d

Moments			
N	12	Sum Weights	12
Mean	1.24166667	Sum Observations	14.9
Std Deviation	1.48658139	Variance	2.20992424
Skewness	-0.0625116	Kurtosis	-1.0695601
Uncorrected SS	42.81	Corrected SS	24.3091667
Coeff Variation	119.724676	Std Error Mean	0.42913908

Basic Statistical Measures			
Location		Variability	
Mean	1.241667	Std Deviation	1.48658
Median	1.550000	Variance	2.20992
Mode	.	Range	4.70000
		Interquartile Range	2.35000

Tests for Location: Mu0=0			
Test	Statistic	p Value	
Student's t	t	2.89339	Pr > |t|	0.0146
Sign	M	2	Pr >= |M|	0.3877
Signed Rank	S	28	Pr >= |S|	0.0269

Quantiles (Definition 5)	
Quantile	Estimate
100% Max	3.60
99%	3.60
95%	3.60
90%	3.10
75% Q3	2.20
50% Median	1.55
25% Q1	-0.15
10%	-0.50
5%	-1.10
1%	-1.10
0% Min	-1.10

Extreme Observations			
Lowest		Highest	
Value	Obs	Value	Obs
-1.1	7	1.9	9
-0.5	3	2.1	4
-0.2	5	2.3	1
-0.1	6	3.1	10
0.7	11	3.6	8

SAS 结果 Tests for Location：Mu0＝0 显示双侧 P 值为 0.0269，小于显著性水平 0.05，拒绝原假设，因此认为工人使用的这两种生产方式在完工时间上有显著差异。

（Ⅲ）R 操作

R 代码：

```
> x=c(20.3,23.5,22,19.1,21,24.7,16.1,18.5,21.9,24.2,23.4,25)
> y=c(18,21.7,22.5,17,21.2,24.8,17.2,14.9,20,21.1,22.7,23.7)
> wilcox.test(x-y)
```

输出结果：

```
        Wilcoxon signed rank test

data:   x-y
V=67, p-value=0.02686
alternative hypothesis: true location is not equal to 0
```

可以看出，P 值为 $0.02686 < \alpha = 0.05$，拒绝原假设 H_0，从而认为工人使用的这两种生产方式在完工时间上有显著性差异。该结果与 SPSS、SAS 结果相同。

§3.2　McNemar 检验

McNemar 检验是对名义尺度数据使用的非参数方法，英文全称为 McNemar's test for correlated proportions，主要用于配对样本比例的检验，相当于配对 χ^2 检验。它适用于二分类变量 2×2 四格表，与配对的主体，来确定行和列的边际频率是否相等——即边际同质性的检验。

McNemar 检验中对照组和处理组的实验结果是二分类结果，如"是"或"否"，"阳性"或"阴性"，"成功"或"失败"等。在实际的问题研究中经常可以使用 McNemar 检验：如在医学研究中，需要判断治疗对某症状是否有显著改善，因此常常将同一病人就治疗前和治疗后进行配对观测。在市场研究中，也可以检验广告的作用是否显著。在竞选中，竞争者演讲之后是否显著影响选民们的投票结果，等等。

一、方法

为了检验两个相关样本比例是否有差异，将两种处理分别施于条件相同的两个受试对象，或施于同一受试对象某种处理前后某指标的变化，对于二分类变量采用配对的 2×2 四格表进行观测。表的结构是：

条件 1 (x)	条件 2 (y)		
	是(1)	否(0)	合计
是(1)	a	b	$a+b$
否(0)	c	d	$c+d$
合计	$a+c$	$b+d$	n

这里 $n = a + b + c + d$。其中 a 表示当条件 1 回答"是"的前提下对条件 2 回答"是"的数目，b 表示当条件 1 回答"是"的前提下对条件 2 回答"否"的数目，c 表示当条件 1 回答"否"的前提下对条件 2 回答"是"的数目，d 当条件 1 回答"否"的前提下对条件 2 回答"否"的数目。

因此，样本的比例：

$$p_1 = \frac{a+b}{n} = 对条件 1 回答"是"的比例$$

$$p_2 = \frac{a+c}{n} = 对条件 2 回答"是"的比例$$

设 π_1、π_2 分别表示对条件 1、条件 2 回答"是"的总体比例，因此若是双侧检验，则提出的原假设、备择假设为：

$$H_0 : \pi_1 = \pi_2$$
$$H_1 : \pi_1 \neq \pi_2$$

或

$$H_0: P(x=1)=P(y=1)$$

$$H_1: P(x=1)\neq P(y=1)$$

这里 a,d 代表"结点"的个数,因此不考虑,McNemar 检验可以有两种形式的统计量:

一般地:

当 $b+c\geq 40$ 时, $\chi^2=\dfrac{(b-c)^2}{b+c}\sim\chi^2(1)$

当 $b+c<40$ 时,需作连续性校正, $\chi^2=\dfrac{(|b-c|-1)^2}{b+c}$

渐近服从自由度为 1 的 χ^2 分布。

决策:当 $\chi^2\geq\chi_{0.05}^2(1)$,拒绝原假设 H_0 ;当 $\chi^2\geq\chi_{0.05}^2(1)$,不能拒绝原假设 H_0 。

或者正态近似: $z=\dfrac{b-c}{\sqrt{b+c}}\sim N(0,1)$

当 $|z|\geq z_{\frac{0.05}{2}}$,拒绝原假设 H_0 ,否则不拒绝 H_0 。

二、应用

【例 3.2】 市场调查希望确定喜欢 A 牌子的咖啡的饮用者比例是否会随着广告增加。随机 200 名饮用者做样本。在广告前后对 A 或 B 牌子的偏好结果显示如下:

广告前的偏好	广告后的偏好		
	A	B	合 计
A	101	9	110
B	22	68	90
合 计	123	77	200

在 0.05 的显著性水平下,检验偏好 A 的饮用者在广告前的比例与广告后的比例是否有显著变化。

提出的原假设、备择假设为:

$$H_0: \pi_1=\pi_2$$

$$H_1: \pi_1\neq\pi_2$$

或

$$H_0: P(x=1)=P(y=1)$$

$$H_1: P(x=1)\neq P(y=1)$$

以下为分步骤手算过程:

$$\chi^2=\frac{(b-c)^2}{b+c}$$

$$=(9-22)^2/(9+22)=5.4516$$

与 SAS 结果一致。

$$\chi^2=\frac{(|b-c|-1)^2}{b+c}$$

$$= \frac{(|9-22|-1)^2}{9+22} = 4.64516$$

与 SPSS、R 的结果一致。

查附表 I，$\chi_{0.05}^2(1)=3.84$，因此 $\chi^2 > \chi_{0.05}^2(1)$，拒绝 H_0，说明在 0.05 的显著性水平下，偏好 A 的饮用者在广告前的比例与广告后的比例有显著性变化。

以下使用软件计算：

（I）R 操作

R 代码：

```
> S<-matrix(c(101,9,22,68),nrow=2,dimnames=list("1st Survey"=c("Like A","Like B"),"2nd Survey"=c("Like A","Like B")))
> mcnemar.test(S)
```

输出结果：

McNemar's Chi-squared test with continuity correction

data: S
McNemar's chi-squared=4.6452, df=1, p-value=0.03114

这里使用的 χ^2 统计量为：

$$\frac{(|b-c|-1)^2}{b+c}$$

（II）SPSS 操作

首先建立数据文件：设置三个变量（行变量—广告前的偏好，列变量—广告后的偏好，人数变量），如图 3-3 所示。

图 3—3

其中,广告前的偏好与广告后的偏好的取值含义为:1＝喜欢 A ,2＝喜欢 B 。在值标签内定义,如图 3－4 所示。

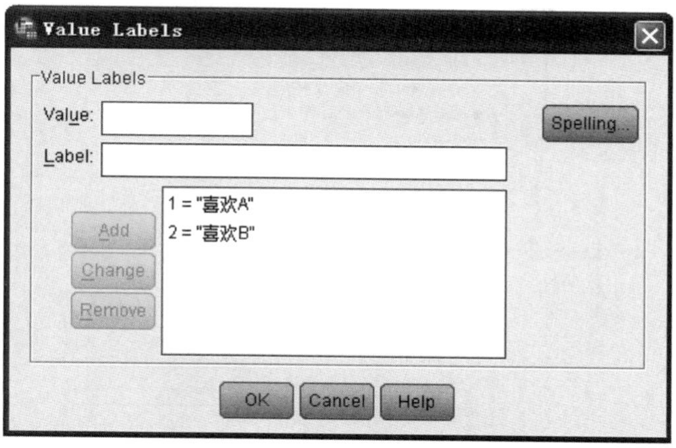

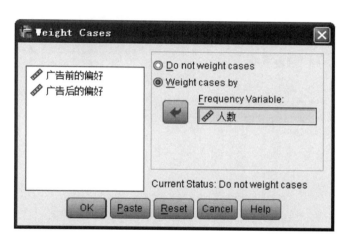

图 3－4

再以"人数"变量加权,通过菜单依次点击 Data → Weight Cases ,将变量"人数"移入 Freqency Variable 框内进行加权,点击 OK 按钮,如图 3－5 所示,返回主对话框。

图 3－5

以上准备工作完毕后,接着 SPSS 操作细节如下:

1. 新版本

(1)通过如图 3－6 所示:依次点击 Analyze→Nonparametric Tests→Related Samples,打开相关样本非参数检验对话框,如图 3－7 所示。

(2)先在左上角 Objective 目标框内点选自定义分析项 Customize analysis,如图 3－7 所示。

(3)然后再点击左上侧中间的 Fields 按钮,打开其对话框,如图 3－8 所示。点选自定义项目 Use custom field assignments,再将 Fields 框内的两个变量"广告前、后"移入检验域

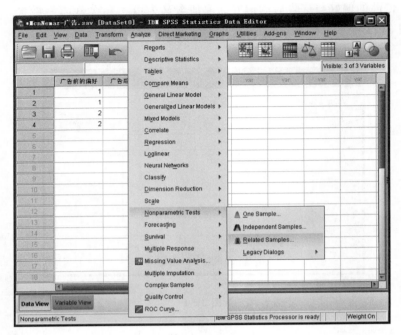

图 3—6

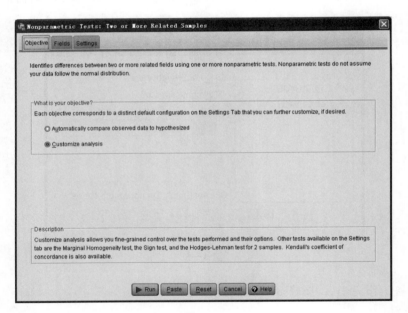

图 3—7

Test Fields 框内。

(4)再点左上侧右边的 Settings 按钮,打开设置对话框,如图 3—9 所示。先点选自定义检验 Customize fields,勾选 Test for change in Binary Data 栏下的 McNemar′s test (2 samples)选项;之后点击"Define Success"按钮定义所谓"成功"的取值,如图 3—10 所示。

(5)这里取值为 1,在 Value 下键入 1,然后点击 OK 按钮返回上一级主对话框,最后点

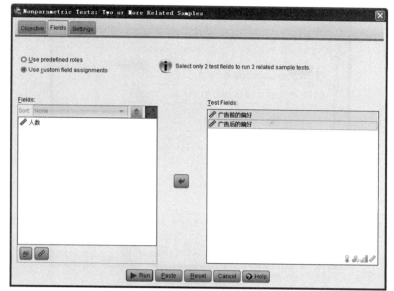

图 3—8

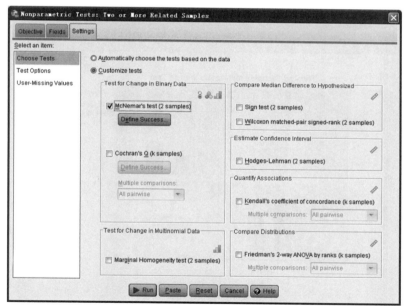

图 3—9

击 Run 执行。

输出结果：

表 3—3 **Hypothesis Test Summary**

	Null Hypothesis	Test	Sig.	Decision
1	The distributions of different values across 广告前的偏好 and 广告后的偏好 are equally likely for the specified categories.	Related-Samples McNemar Test	.031	Reject the null hypothesis.

Asymptotic significances are displayed. The significance level is .05.

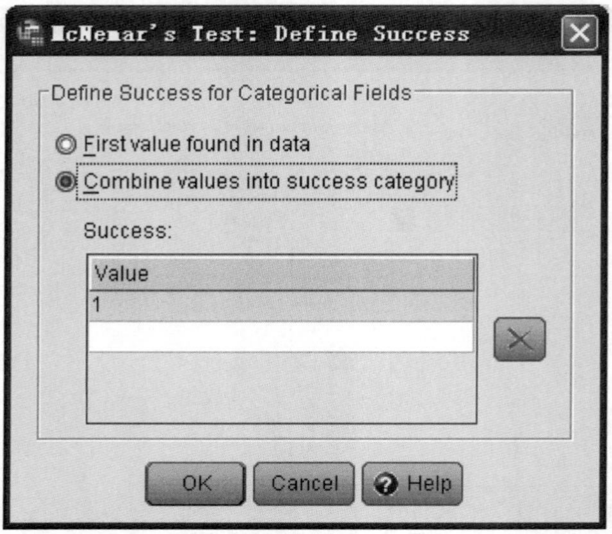

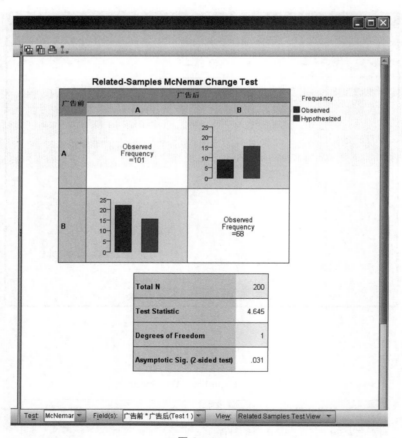

图 3-10

图 3-11

2. 旧版本

(1) 如图 3-12 所示:通过依次点击 Analyze→Nonparametric Tests→Legacy Diaglogs

→2 Related Samples,打开两相关样本非参数检验对话框,如图 3－13 所示。

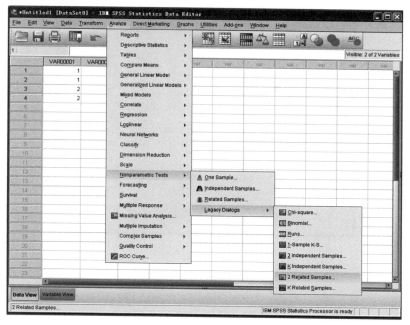

图 3—12

（2）在 Two Related Samples Test 两相关样本非参数检验对话框中,如图 3－13 所示:将两变量"广告前、后偏好"移入 Test Pairs 之下的第一组配对变量框内。

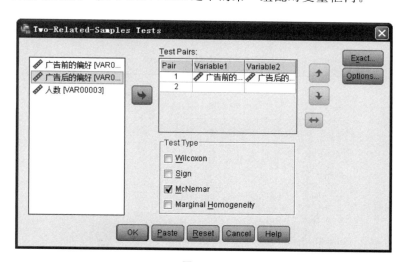

图 3—13

勾选 Test Type 检验方法中的 McNemar,再点击右上角的 Exact 按钮,打开其对话框,如图 3－14 所示。

（3）在 Exact Test 对话框中,点选 Exact 选项,再点击 Continue 按钮返回上一级主对话框,最后点击 OK 执行。

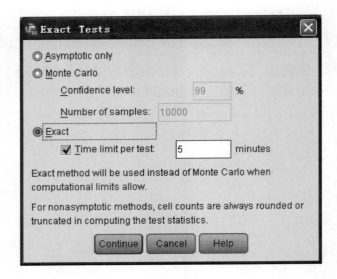

图 3—14

输出结果：

表 3—4 广告前的偏好 & 广告后的偏好

广告前的偏好	广告后的偏好	
	喜欢 A	喜欢 B
喜欢 A	101	9
喜欢 B	22	68

表 3—5 Test Statistics[a]

	广告前的偏好 & 广告后的偏好
N	200
Chi-Square[b]	4.645
Asymp. Sig.	.031
Exact Sig. (2-tailed)	.029
Exact Sig. (1-tailed)	.015
Point Probability	.009

a. McNemar Test

b. Continuity Corrected

也可以通过 Crosstabs 列联分析对话框（如图 3—15 所示）中的 Statistics 按钮打开的对话框（如图 3—16 所示）中勾选 McNemar，实现计算。

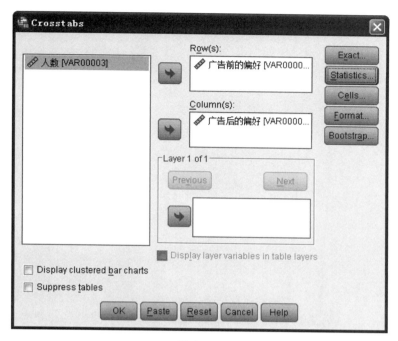

图 3—15

图 3—16

（Ⅲ）SAS 操作

SAS 程序：

```
data ;
input c r f;
datalines;
1 1 101
1 2 9
2 1 22
2 2 68
run ;
proc freq ;
table c* r ;
exact mcnem;
weight f;
run ;
```

运行结果：

The SAS System

The FREQ Procedure

Frequency Percent Row Pct Col Pct	Table of c by r		
	r		
c	1	2	Total
1	101 50.50 91.82 82.11	9 4.50 8.18 11.69	110 55.00
2	22 11.00 24.44 17.89	68 34.00 75.56 88.31	90 45.00
Total	123 61.50	77 38.50	200 100.00

Statistics for Table of c by r

McNemar's Test	
Statistic (S)	5.4516
DF	1
Asymptotic Pr > S	0.0196
Exact Pr >= S	0.0294

Simple Kappa Coefficient	
Kappa	0.6827
ASE	0.0519
95% Lower Conf Limit	0.5811
95% Upper Conf Limit	0.7843

Sample Size = 200

由结果看出,第一部分是四格表的内容,每一个格子内给出四项内容,分别为频数、百分比、行百分比以及列百分比。第二部分为卡方检验的结果,SAS 在默认状态下即给出此若干项统计量的结果及其相应的概率。其中,SAS 还给出 Fisher 精确概率的计算结果。最后还输出了简单 Kappa 系数表。

SAS 的输出结果与 SPSS 和 R 的统计量不一致,这是因为使用的统计量有所不同。但三个输出结果表明:P 值均小于 $\alpha = 0.05$,因此在 0.05 的显著性水平下,偏好 A 的饮用者在广告前的比例与广告后的比例是有显著变化的。

§ 3.3 Marginal Homogeneity 检验

上一节的 McNemar 检验是针对二分类数据资料,将 McNemar 检验推广即为 Marginal Homogeneity 检验,目的是对多分类结果中对照组和处理组的频数或频率差异进行比较,也称为边缘一致性或边际同质性检验。Marginal Homogeneity 检验也适用于有序数据的推断,特别适用于设计前后的对照研究。

一、方法

对于配对观测的同一批样本,施以两种不同手段检测,这里的分类数目 $k \geqslant 3$。因为配对,所以得到的是行数 r 与列数 c 相等的,均为 k,此时构成 $k \times k$ 的平方表,如表 3-6 所示。

表 3-6 $k \times k$ 的平方表

手段 1	手段 2							合计
	分类 1	...	分类 i	...	分类 j	...	分类 k	
分类 1	f_{11}	...	f_{1i}	...	f_{1j}	...	f_{1k}	$f_{1.}$
⋮	⋮		⋮		⋮		⋮	⋮
分类 i	f_{i1}	...	f_{ii}	...	f_{ij}	...	f_{ik}	$f_{i.}$
⋮	⋮		⋮		⋮		⋮	⋮
分类 j	f_{j1}	...	f_{ji}	...	f_{jj}	...	f_{jk}	$f_{j.}$
⋮	⋮		⋮		⋮		⋮	⋮
分类 k	f_{k1}	...	f_{ki}	...	f_{kj}	...	f_{kk}	$f_{k.}$
合计	$f_{.1}$	...	$f_{.i}$	...	$f_{.j}$	...	$f_{.k}$	n

表中的 $f_{i.}$ 与 $f_{.j}$ 分别表示第 i 行的和与第 j 列的和,$n = \sum_{i=1}^{k} \sum_{j=1}^{k} f_{ij}$。

与 McNemar 检验的思想类似,主要分析配对资料中对照组和处理组的频数或比例是否有差异,边际同质性是指一个或多个行边际比例和相应的列比例相等。因此提出原假设为:

$$H_0 : \pi_{ij} = \pi_{ji} \quad (i \neq j),\text{平方表对称格子中的频数或频率相同}$$

或者以边缘概率表示:

$$H_0: P_{i.} = P_{.j} \quad (i \neq j)$$

可以使用 χ^2 分布来进行判断,统计量也可以使用正态近似,如果 P 值小于给定的显著性水平 α,那么可以认为配对资料中对照组和处理组的频数或比例有显著差异。

二、应用

【例 3.3】 研究人员想调查竞选者的演讲对选民态度的影响。在这个研究中,调查了 200 名选民,竞选者演讲前后他们的态度是"选""不选""弃权"三类,其 3×3 平方表结果是:

演讲前	演讲后			合计
	选	不选	弃权	
选	46	22	5	73
不选	98	20	4	122
弃权	3	1	1	5
合计	147	43	10	200

提出原假设意为演讲前后对选民无影响,即:

$$H_0: \pi_{ij} = \pi_{ji} \quad (i \neq j), \text{平方表对称格子中的频数或频率相同}$$

或者以边缘概率相等:

$$H_0: P_{i.} = P_{.j} \quad (i \neq j)$$

备择假设均为不等:$H_1: P_{i.} \neq P_{.j}$

以下使用软件计算:

(Ⅰ)SPSS 操作

如同上一节的 McNemar 检验的操作,打开如图 3－17 所示的对话框,在自定义检验 Customize test 中勾选 Marginal Homogeneity test (2-sample)项,最后点击 Run 按钮执行。

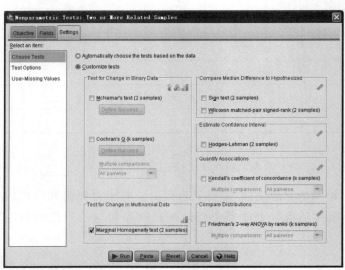

图 3－17

输出结果：

表 3－7　**Hypothesis Test Summary**

	Null Hypothesis	Test	Sig.	Decision
1	The distributions of different values across 演讲前的态度 and 演讲后的态度 are equally likely.	Related-Samples Marginal Homogeneity Test	.000	Reject the null hypothesis.

Asymptotic significances are displayed. The significance level is .05.

由于 P 值小于 $\alpha＝0.01$，因此结论是拒绝原假设，竞选者的演讲对选民态度的影响是显著的。

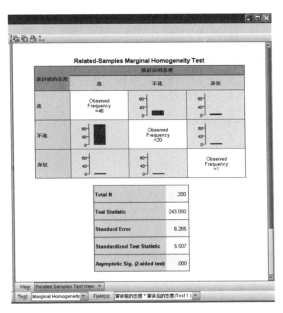

图 3－18

另外，也可通过旧版本的操作，在 Two Related Samples Test 两相关样本非参数检验对话框中，如图 3－19 所示：勾选 Marginal Homogeneity 项，最后点击 OK 按钮执行。

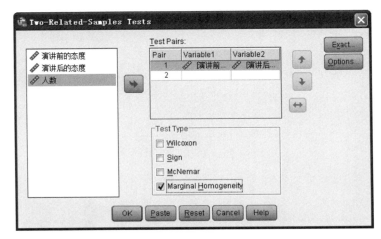

图 3－19

得到如下更加细致的结果：

表 3－8　Marginal Homogeneity Test

	演讲前的态度 & 演讲后的态度
Distinct Values 相异值	3
Off-Diagonal Cases 非对角线个案	133
Observed MH Statistic MH 观察统计量	243.000
Mean MH Statistic MH 统计量均值	208.500
Std. Deviation of MH Statistic MH 统计量的标准差	6.265
Std. MH Statistic 标准 MH 统计量	5.507
Asymp. Sig. (2-tailed) 渐近显著性（双侧）	.000
Exact Sig. (2-tailed) 精确显著性（双侧）	.000
Exact Sig. (1-tailed) 精确显著性（单侧）	.000
Point Probability 点概率	.000

（Ⅱ）SAS 操作

SAS 程序：

```
data speak;
input befor after count @ @ ;
cards;
1 1 46 1 2 22 1 3 5
2 1 98 2 2 20 2 3 4
3 1 3 3 2 1 3 3 1
;
run;
proc freq data= speak;
weight count;
tables befor* after / agree;
run;
```

运行结果：

The SAS System

The FREQ Procedure

Frequency Percent Row Pct Col Pct	Table of befor by after			
		after		
befor	1	2	3	Total
1	46 23.00 63.01 31.29	22 11.00 30.14 51.16	5 2.50 6.85 50.00	73 36.50
2	98 49.00 80.33 66.67	20 10.00 16.39 46.51	4 2.00 3.28 40.00	122 61.00
3	3 1.50 60.00 2.04	1 0.50 20.00 2.33	1 0.50 20.00 10.00	5 2.50
Total	147 73.50	43 21.50	10 5.00	200 100.00

Statistics for Table of befor by after

Test of Symmetry	
Statistic (S)	50.4333
DF	3
Pr > S	<.0001

Kappa Statistics				
Statistic	Value	ASE	95% Confidence Limits	
Simple Kappa	-0.1096	0.0503	-0.2082	-0.0109
Weighted Kappa	-0.1086	0.0535	-0.2135	-0.0037

Sample Size = 200

SAS 结果显示：P 值＜0.0001＜α，因此拒绝原假设。

第4章 两个独立样本的非参数检验

利用两个相关样本进行研究,对某些问题是很方便的。但现实中要做到很好配对并不容易。若由于配对不当或无法配对,第三章介绍的方法不能使用。这时可以运用两个独立样本的非参数检验方法。两个独立样本可以各自从两个总体中随机抽选获得,也可以对随机抽样的一个样本诸元素,随机分别实施两种处理而形成。两个样本的观察值数目不一定要求相同。

分析两个独立样本常用的参数方法是 t 检验,即对两总体均值是否相等的检验。t 检验要求分析的数据是来自方差相等的正态分布总体的独立观察结果,并至少是定距尺度测量。实际研究中,由于种种原因,往往不符合 t 检验的条件或并不在乎是否符合条件,t 检验无法使用。当研究所处理数据的测量低于定距尺度,或不愿做严格的假设而使结论更具普遍性,本章将介绍四个方法。或无从得知总体分布,或总体分布非正态等,选用非参数检验方法往往更为有效。

§4.1 Mann-Whitney-Wilcoxon 检验

Mann-Whitney-Wilcoxon 检验,常译为曼－惠特尼－维尔科克森检验,简写为 M-W-W 检验,亦称 Mann-Whitney U 检验。

一、基本方法

两个变量 X、Y,其累积分布函数分为 F_x 和 F_y,若考察两个总体 F_x 与 F_y 是否有差异,可建立零假设:

$$H_0 : F_x(u) = F_y(u) \qquad \text{对所有的 } u$$

在实际问题中,应用 U 检验常考察两个总体的中心是否相同。若 M_x、M_y 分别是 X、Y 总体的中位数,则零假设可为:

$$H_0 : M_x = M_y$$

若当 X、Y 都存在算术平均数时,也可以建立两个均值相等的零假设。当研究只关心两个总体中位数是否有差异时,采用双侧备择;若认为 X 的值可能大于 Y 的值这种趋势或倾向存在时,应建立单侧备择:

$$H_+ : M_x > M_y$$

若相反,X 的值可能平均地小于 Y 的值,则单侧备择为:

$$H_- : M_x < M_y$$

U 检验可建立的假设组为

$$H_0 : M_x = M_y$$
$$H_1 : M_x \neq M_y$$

$$H_0 : M_x = M_y \qquad H_0 : M_x = M_y$$
$$H_+ : M_x > M_y \qquad H_- : M_x < M_y$$

为了对假设作出判定,分析的数据应是两个相互独立的随机样本:$x_1, x_2, \cdots, x_m$ 和 $y_1,$ $y_2, \cdots, y_n$。它们分别从连续总体 F_x 和 F_y 中随机抽取出来。数据的测量层次至少是定距尺度,若是定序尺度测量,则每个观察值的相对大小应能被确定。

如果 H_0 为真,那么将 m 个 X、n 个 Y 的数据,按数值的相对大小从小到大排序,X、Y 的值应该期望被很好地混合,这 $m+n=N$ 个观察值能够被看作来自于共同总体的一个单一的随机样本。若大部分的 Y 大于 X,或大部分的 X 大于 Y,将不能证实这个有序的序列是一个随机的混合,将拒绝 X、Y 来自一个相同总体的零假设。在 X、Y 混合排列的序列中,X 占有的位置是相对于 Y 的相对位置,因此等级或称秩是表示位置的一个极为方便的方法。在 X、Y 的混合排列中,等级 1 是最小的观察值,等级 N 是最大的。若 X 的等级大部分大于 Y 的等级,那么数据将支持 H_+;而 X 的等级大部分小于 Y 的等级,则数据将支持 H_-。无论上面哪一种情况发生,双侧的备择假设 H_1,都将被支持。

检验统计量。根据上面的基本原理,U 检验定义的检验统计量为:

$$T_x = X \text{ 等级的和,即 } X \text{ 的秩和}$$
$$T_y = Y \text{ 等级的和,即 } Y \text{ 的秩和}$$

由于 X、Y 混合序列的等级和为:

$$1 + 2 + \cdots + N = N(N+1)/2$$

所以,$T_x + T_y = N(N+1)/2$。从而可得:

$$T_x = N(N+1)/2 - T_y$$

M-W-W 检验可以直接用 T_x 作为检验统计量,也可以用 U。U 被定义为:

$$U = T_x - m(m+1)/2$$

U 是 Y 的评分领先于 X 的总次数,这就是检验统计量 U。一般情况下,当两组样本数据数目不等时,较少数目的组记为 X,即 $m \leqslant n$。确定 P 值。在 M-W-W 检验中的统计量 T_x,当 $m \leqslant n$ 时,取值为整数,范围为 $m(m+1)/2$ 到 $(2N-m+1)/2$。这时,T_x 的抽样分布关于其均值 $m(N+1)/2$ 是对称的。在 $m \leqslant n \leqslant 10$ 的情况下,可以根据 m、n 以及 T_x 的值查附表 X,得到相应的 P 值。当 $T_x \leqslant m(N+1)/2$ 时,查左尾概率,若 $T_x \geqslant m(N+1)/2$ 则查右尾概率。表 4—1 是检验的判定指导表。当 m、n 均大于 10 时,T_x 近似于均值为 $m(N+1)/2$,标准差为 $\sqrt{mn(N+1)/12}$ 的正态分布。这时,通过连续性校正,利用 (4.1) 式计算得到 $Z_{x,L}$、$Z_{x,R}$,查附表 IV,得到相应的 P 值,判定指导表见表 4—2。

表 4-1　U 检验判定指导表

备择假设	P 值（附表 Ⅹ）
$H_+ : M_x > M_y$	T_x 的右尾概率
$H_- : M_x < M_y$	T_x 的左尾概率
$H_1 : M_x \neq M_y$	T_x 较小概率的 2 倍

$$Z_{x,L} = \frac{T_x + 0.5 - m(N+1)/2}{\sqrt{mn(N+1)/12}}$$

$$Z_{x,R} = \frac{T_x - 0.5 - m(N+1)/2}{\sqrt{mn(N+1)/12}} \tag{4.1}$$

表 4-2　U 检验判定指导表

备择假设	P 值（附表 Ⅳ）
$H_+ : M_x > M_y$	$Z_{x,R}$ 的右尾概率
$H_- : M_x < M_y$	$Z_{x,L}$ 的左尾概率
$H_1 : M_x \neq M_y$	Z 的右尾概率的 2 倍

表 4-2 中 Z 的取值，对不同 T_x 有所不同，定义如下

$$Z = \begin{cases} -Z_{x,L} & T_x < m(N+1)/2 \\ Z_{x,R} & T_x > m(N+1)/2 \end{cases} \tag{4.2}$$

二、同分的处理

序列中观察值相同称作同分。观察值同分时，其秩为所占位置顺序号的算术平均数。若同分出现在一个样本之内，检验的精确性将不会受到影响。但若同分出现在两个样本之中，给这些同分值以相同的秩，将会降低检验的精确性。由于小样本情况下，这种降低不大，故通常忽略。但大样本时，应采用(4.3)式来校正 T_x 抽样分布的标准差，即当 m、n 均大于 10 时，无论在一个样本内出现同分，或两个样本间出现同分，或一个样本内与两个样本间均存在同分，应以(4.3)式替代(4.1)式中的分母。(4.3)式中的 u 是同分的观察值数目。

$$\sqrt{\frac{mn}{12N(N-1)}\left[N(N^2-1)-\left(\sum u^3 - \sum u\right)\right]} \tag{4.3}$$

三、应用

【例 4.1】　问题按难易次序提问是否影响学生正确回答的能力。

从心理学的角度看，按问题的难易程度顺序提问会影响学生正确回答的能力，从而影响他们的总分数。为检验这种观点，随机地将一班学生 20 人分成两组，每组 10 人。设计一组问题，分成 A、B 卷。A 卷是问题按从易到难的次序安排，B 卷相反，从最难到最易。两组学生分别回答 A、B 卷，考试被控制在完全相同的条件下进行，评分结果（单位:分）如下：

$$A：\quad 83,\ 82,\ 84,\ 96,\ 90,\ 64,\ 91,\ 71,\ 75,\ 72$$
$$B：\quad 42,\ 61,\ 52,\ 78,\ 69,\ 81,\ 75,\ 78,\ 78,\ 65$$

分析:这一问题可以考虑按考试分数的中位数来研究。若两组成绩的中位数相等，提问

的次序对学生的成绩无影响,若中位数不相等则不敢认为没有影响。由于是小样本,并且为两个独立样本,因而可以运用 M-W-W 检验。这是一个单侧检验,单侧备择应是 A 组的成绩平均高于 B 组。因为两个样本的观察值数目相同,无论哪组都可以记作 X。若以 X 代表 A 组,则假设组为

$$H_0 : M_x = M_y$$
$$H_+ : M_x > M_y$$

将两组成绩从小到大排序,并赋予相应的秩,结果如表 4-3。X 的秩和 $T_x = 4 + 7 + 8 + 9.5 + 15 + 16 + 17 + 18 + 19 + 20 = 133.5$。由于 m、n 均不大于 10,故不需作同分处理。在附表 X 中,$m = 10$,$n = 10$,$T_x = 133$ 的右尾概率为 0.018,$T_x = 134$ 的右尾概率是 0.014。因而,$T_x = 133.5$ 的右尾率是 $(0.018 + 0.014)/2 = 0.016$。这就是与 $m = 10$,$n = 10$,$T_x = 133.5$ 相对应的 P 值。对于显著性水平 $\alpha = 0.05$,显然 P 足够小。因此,实验数据不支持 H_0。结论是,按从易到难的顺序对学生提问,有助于学生正确回答问题。

表 4-3　检验统计量计算过程表

成　绩(分)	秩	组　别	成　绩(分)	秩	组　别
42	1	Y	78	12	Y
52	2	Y	78	12	Y
61	3	Y	78	12	Y
64	4	X	81	14	Y
65	5	Y	82	15	X
69	6	Y	83	16	X
71	7	X	84	17	X
72	8	X	90	18	X
75	9.5	Y	91	19	X
75	9.5	X	96	20	X

以下使用软件计算:

(Ⅰ)SPSS 旧版本操作

1. 建立数据文件。设立两个变量"成绩""卷",其中后者为分组变量,其取值为 1、2——分别表示 A、B 卷,如图 4-1 所示。

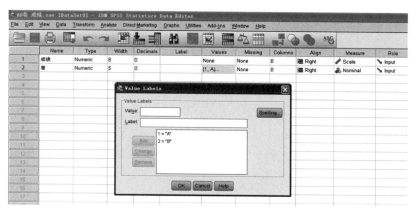

图 4-1

2. 如图 4－2，依次点击 Analyze→Nonparametric Tests→Legacy Dialogs→2-Independent Samples，打开对话框，如图 4－3 所示。

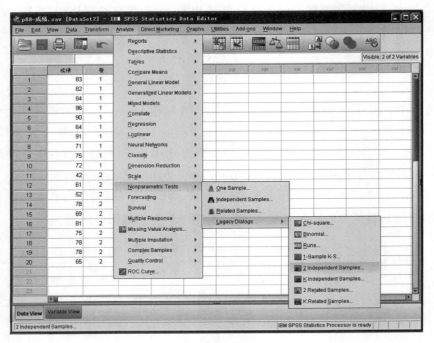

图 4－2

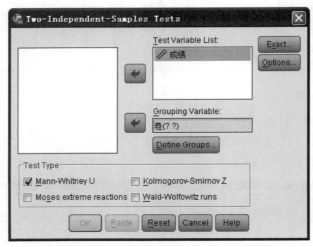

图 4－3

3. 如图 4－3，在 Two-Independent-Sample Tests 对话框中，先勾选 Test Type 栏下的 Mann-Whitney U 检验方法，然后将变量"成绩"移入 Test Variable List 中，将变量"卷"移入 Grouping Variable 栏中，点击其下方的 Define Groups 按钮定义分组变量，如图 4－4 所示。

4. 如图 4－4 所示，在 Define Groups 对话框中，将 1、2 分别键入到 Group1 和 Group2 栏中。点击 Continue 按钮返回主对话框。

图 4—4

5. 如图 4—3,在 Two-Independent-Sample Tests 主对话框中点击 Exact Tests,打开其对话框,如图 4—5 所示:点选 Exact 选项,可以做精确 P 值的计算,点击 Continue 再次返回到主对话框如图 4—3。最后,点击 OK 按钮执行。

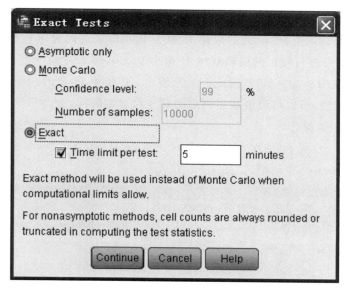

图 4—5

输出结果:

表 4—4　Ranks

卷		N	Mean Rank	Sum of Ranks
	A	10	13.35	133.50
成绩	B	10	7.65	76.50
	Total	20		

这里两个样本量均等,且 $n=m=10$;A、B 卷成绩的秩和分别为 133.5、75.5。

表 4—5　**Test Statistics**[a]

	成绩
Mann-Whitney U	21.500
Wilcoxon W	76.500
Z	−2.158
Asymp. Sig. (2-tailed)	.031
Exact Sig. [2 * (1-tailed Sig.)]	.029[b]
Exact Sig. (2-tailed)	.030
Exact Sig. (1-tailed)	.015
Point Probability	.002

a. Grouping Variable：卷

b. Not corrected for ties.

结果表明：Mann-Whitney 的统计量 $U=21.5$，Wilcoxon 的统计量 $W=76.5$，正态近似的统计量 $Z=-2.158$，相应的渐进的双尾 P 值为 0.031，未对同分进行校正的精确双尾 P 值为 0.029，而对同分进行校正的精确双尾 P 值为 0.030，那么对同分进行校正的精确单尾 P 值为 $0.030/2=0.015<\alpha=0.05$，因此拒绝原假设，认为 A、B 卷的成绩有显著差异，且 A 卷成绩高于 B 卷成绩，所以可以说从易到难的顺序对学生提问，有助于学生正确回答问题。

（Ⅱ）SPSS 新版本操作

1. 操作如图 4—6 所示：依次点击 Analyze→ Nonparametric Tests→Independent Samples，自动打开 Objective 对话框，如图 4—7 所示。

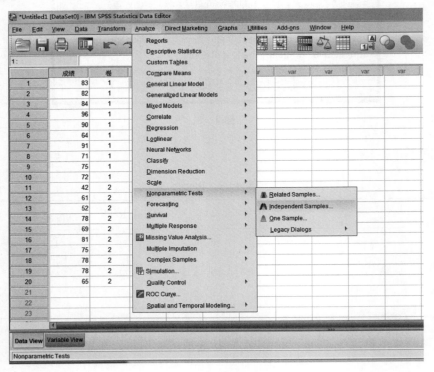

图 4—6

2. 在 Objective 对话框中,如图 4－7 所示,点选 Customize Analysis 自定义选项。然后,再点击 Objective 右侧的 Fields 对话框,如图 4－8 所示。

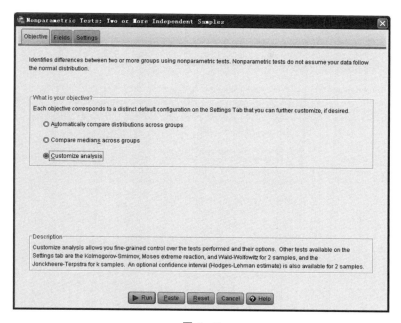

图 4－7

3. 在 Fields 对话框中,如图 4－8 所示:先点选 Use custom field assignments 使用自定义区域设置——将变量"成绩"移入 Test Fields 栏下,将变量"卷"移入 Groups 分组栏中。

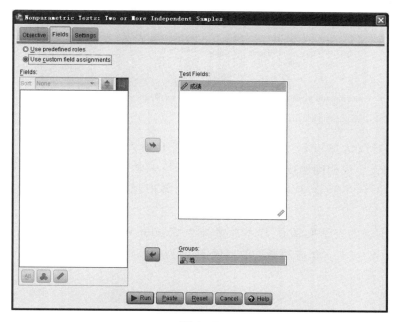

图 4－8

4. 之后,再点击左上角右侧的 Settings 按钮,打开其对话框,如图 4－9 所示。点选

Customize tests，勾选 Mann-Whitney U（2 samples）检验方法，最后点击下方的 Run 按钮执行。

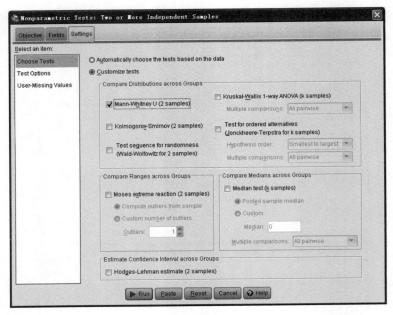

图 4—9

输出结果：

表 4—6 Hypothesis Test Summary

	Null Hypothesis	Test	Sig.	Decision
1	The distribution of 成绩 is the same across categories of 卷.	Independent-Samples Mann-Whitney U Test	.029[1]	Reject the null hypothesis.

Asymptotic significances are displayed. The significance level is .05.

[1]Exact significance is displayed for this test.

结果表明：Mann-Whitney U 检验的精确双尾 P 值为 0.029，在 $\alpha=0.05$ 的显著水平下显著，拒绝原假设。说明问题按难易次序提问显著影响学生正确回答的能力发挥。

如图 4—10 上方所示，从输出的"背靠背"的条形图上直观显示：A 卷的成绩大于 B 卷的。

图 4—10 下方的表结果显示：样本总量为 20，Mann-Whitney 的统计量 $U=21.5$，Wilcoxon 的统计量 $W=21.5$，相应的渐进的双尾 P 值为 0.031，精确双尾 P 值为 0.029。

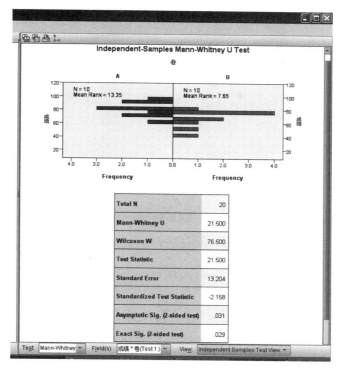

图 4—10

（Ⅲ）R 操作

R 代码：

```
>   x < -c(83,82,84,96,90,64,91,71,75,72)
>   y < -c(42,61,52,78,69,81,75,78,78,65)
> wilcox.test(x, y, alternative= "greater")
```

输出结果：

Wilcoxon rank sum test with continuity correction

data:　x and y

W= 78.5, p-value= 0.01698

alternative hypothesis: true location shift is greater than 0

Warning message:警告信息

Inwilcox.test.default(x, y, alternative= "greater") :

　cannot compute exact p-value with ties 当有出现打结时,不能计算精确的 P 值

（Ⅳ）SAS 操作

SAS 程序：

```
data score;
input g x @ @ ;
```

```
cards;
183 1 82 1 84 1 96 1 90 1 64 1 91 1 71 1 75 1 72
242 2 61 2 52 2 78 2 69 2 81 2 75 2 78 2 78 2 65
;
proc npar1way wilcoxon data= score;
   class g;
   var x;
exact;
run ;
```

运行结果:

The SAS System

The NPAR1WAY Procedure

Wilcoxon Scores (Rank Sums) for Variable x Classified by Variable g					
g	N	Sum of Scores	Expected Under H0	Std Dev Under H0	Mean Score
1	10	133.50	105.0	13.203867	13.350
2	10	76.50	105.0	13.203867	7.650
Average scores were used for ties.					

Wilcoxon Two-Sample Test	
Statistic (S)	133.5000
Normal Approximation	
Z	2.1206
One-Sided Pr > Z	0.0170
Two-Sided Pr > |Z|	0.0340
t Approximation	
One-Sided Pr > Z	0.0237
Two-Sided Pr > |Z|	0.0473
Exact Test	
One-Sided Pr >= S	0.0151
Two-Sided Pr >= |S - Mean|	0.0301
Z includes a continuity correction of 0.5.	

SAS 结果显示:统计量为 133.5,精确的单尾 P 值为 0.0151,精确的双尾 P 值为 0.0301;正态近似的统计量经过 0.5 的连续校正 $Z=2.1206$,渐进的单尾 P 值为 0.017,渐进

的双尾 P 值为 0.0340。

三个软件的结果由于算法的不同而略有差异。

§4.2　Wald-Wolfowitz 游程检验

Mann-Whitney-Wilcoxon 检验主要应用于检验两个样本是否来自具有相同位置的总体，是对两个总体在集中趋势方面有无差异的一种考察，而不研究其他类型方面的差异。Wald-Wolfowitz 游程检验则可以考察任何一种差异。Wald-Wolfowitz Runs Test 常译为沃尔德—沃尔福威茨连串检验或游程检验，简写为 W-W 串检验。

一、基本方法

设有 X、Y 的两个总体具有连续分布，其累积分布函数分别为 F_x，F_y。若考虑两个总体是否存在某种差异，即检验两个总体分布相同的零假设是否成立。建立的假设组为

$$H_0: F_y(u) = F_x(u) \qquad 对所有的 u$$
$$H_1: F_y(u) \neq F_x(u) \qquad 对某个 u$$

为对假设作出判定，需要从 X 中随机抽取 m 个数据 $x_1, x_2, \cdots, x_m$，从 Y 中随机抽取了 n 个数据 $y_1, y_2, \cdots, y_n$。数据的测量层次至少要是定序尺度。将两个独立样本的 $m+n = N$ 个数据按大小排列，即将所有 N 个数据排成一个有序的序列，确定这个序列的游程数，也就是连串数。一个游程定义为取自同一样本的一串相连的数据。

如果 H_0 为真，则两个样本的数据期望能相互混合地排列，游程数会相对较大。若 X 的游程或 Y 的游程过长，也就是来自同一总体的数据在有序的序列中过多的相互连接，则游程数将会相当小，这样，数据将不支持 H_0。所以，可以用序列的游程数作为检验统计量。定义 U 为 Wald-Wolfowitz 检验的统计量

$$U = 游程的总数目$$

确定 P 值。当 $m+n = N \leqslant 20$ 时，与单样本游程检验相同，在附表Ⅷ中，依据 m、n 及 U 查找相应的 P 值。由于 Wald-Wolfowitz 检验通常是双侧检验，所以按表 2-22 的判定指导原则确定 P 时，应选双侧备择。若 $m+n = N > 20$ 或 $m > 12, n > 12$，则 U 的抽样分布近似正态分布，计算 Z，依据表 2-23 的原则查找相应的 P 值。

二、应用

【例 4.2】　问题的提问顺序是否对学生正确回答的能力有影响。

沿用例 4.1 的资料，考察问题的提问顺序是否对学生成绩产生影响。

分析：由于只考察问题从易到难排序和从难到易排序是否会影响学生的成绩，且相互独立，因此可以用 Wald-Wolfowitez 游程检验。假设组为

$$H_0: F_y(u) = F_x(u)$$
$$H_1: F_y(u) \neq F_x(u)$$

用文字表述为

H_0:从易到难提问和从难到易提问,学生的成绩没有差异

H_1:两种提问顺序会造成学生的成绩有差异

将实验数据即学生考试成绩从小到大排序得到

42	52	61	64	65	69	71	72	75	75
Y	Y	Y	X	Y	Y	X	X	X	Y

78	78	78	81	82	83	84	90	91	96
Y	Y	Y	Y	X	X	X	X	X	X

从上面结果可知,序列的游程总数目 $U=6$。在附表Ⅷ中,$m=10$,$n=10$,$U=6$ 的概率为 0.019。由于是双侧检验,相应的 P 值应是 $2\times0.019=0.038$。对于显著性水平 $\alpha=0.05$,显然 P 还不够大,因此,数据不支持 H_0,即提问的顺序对学生正确回答问题的能力有影响。

以下使用软件计算:

(Ⅰ)SPSS 旧版本操作

前几步操作同 M-W-W,与其不同的只是在主对话框中的 Test Type 栏下点选 Wald-Wolfowitz runs 游程检验,如图 4—11 所示。

图 4—11

(Ⅱ)SPSS 新版本操作

在 Settings 设置对话框中,点选 Customize tests 自定义检验方法,勾选 Test sequence for randomness（Wald-Wolfowitz for 2 samples）,即两样本的 Wald-Wolfowitz 游程检验。最后点击 Run 按钮执行,如图 4—12 所示。

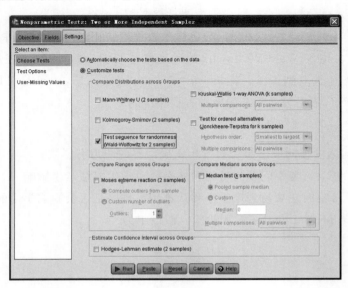

图 4—12

输出结果:

表 4—7　Hypothesis Test Summary

	Null Hypothesis	Test	Sig.	Decision
1	The distribution of 成绩 is the same across categories of 卷.	Independent-Samples Wald-Wolfowitz Runs Test	.128[1,2]	Retain the null hypothesis.

Asymptotic significances are displayed. The significance level is .05.

[1]Exact significance is displayed for this test.

[2]Computed using the maximum number of runs when breaking inter-group ties among the records.

根据表 4—7,可知处理同分时最大可能的游程数目的精确 P 值为 $0.128 > \alpha = 0.10$ 的显著性水平,因此不拒绝原假设。

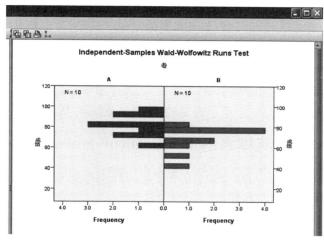

图 4—13

表 4—8　Independent-Sample Wald-Wolfowitz Runs Test

Total N		20
Minimum Possible	Test Statistic[1]	6.000
	Standard Error	2.176
	Standardized Test Statistic	-2.068
	Asymptotic Sig. (2-sided test)	.019
	Exact Sig. (2-sided test)	.019
Maximum Possible	Test Statistic[1]	8.000
	Standard Error	2.176
	Standardized Test Statistic	-1.149
	Asymptotic Sig. (2-sided test)	.125
	Exact Sig. (2-sided test)	.128

[1]The test statistic is the number of runs.
There are 1 inter-group ties involving 2 records.

对照旧版本的输出结果,新版本的多出了总样本量 N、Standard Error 标准误和 Asmptotic Sig.(2-sided test)渐进的双尾 P 值。

三、同分的处理

采用 Wald-Wolfwitz 游程检验与 Mann-Whitney U 检验一样,均假设总体是连续分布,因而若能精确测量,观察值不会有同分出现。但实际上,测量有时很难极准确,所以常会有同分出现。如果同分值来自同一个样本,游程数 U 不会受到影响,如例 4.3 中来自 Y 的 3 个 78 分,无论怎么排序都是构成 1 个游程。但同分值来自两个样本时,U 就可能会受到影响,并影响最后的结论。例 4.3 中的两个 75 分,分别来自 X、Y,在例中是先排 X、再排 Y。若来自 Y 的排在先,来自 X 的排在后,序列的游程总数将不是 6,而是 $U=8$。在附表 Ⅷ 中,$m=10,n=10,U=8,P=0.128$。这种情况下,数据支持 H_0,得出与前面相反的结论。在运用 Wald-Wolfowitz 游程检验时,若同分值来自两个不同样本,一般应将各种排序的可能性都进行考察,分别计算每种情况下的游程总数 U,并查找相应的 P 值。如果得出的结论一致,表明同分没有带来什么问题;如果得到的结论不一致,可以将几个 P 值求简单平均数,以此作为是否拒绝 H_0 的依据。如例 4.2 中,一种排序的 $P=0.019$,另一种情况 $P=0.128$,则可取二者的简单算求平均数$(0.128+0.019)/2=0.0735$ 作为相应的 P 值,决定是否支持出 H_0。显然,按照这个 P 值,在 0.05 的显著性水平上,数据支持 H_0。如果同分在两个样本之间多次出现,U 实际上是不确定的,因而不宜采用 Wald-Wolfowitz 游程检验。

§4.3　两样本的 Kolmogorov-Smirnov 检验

单样本的 K-S 检验也可以推广应用于两个独立样本的非参数检验。两样本的 K-S 检验也用于检验两总体分布是否相同。

一、基本方法

两个连续总体,具有累积概率分布分别为 $F_1(x)$ 和 $F_2(x)$,要检验两个总体分布是否相同,建立的假设组为:

$$H_0:F_1(x)=F_2(x) \quad 对所有 x$$
$$H_1:F_1(x)\neq F_2(x) \quad 对某个 x$$

为对假设作出判定,应从两个总体中随机抽选两个独立的样本,数据大小分别记作 m、n。数据的测量层次至少在定距尺度上,若是定序尺度,需能确定两个样本观察值相对差值的大小,两个样本的经验分布函数分别记作 $S_1(x)$ 和 $S_2(x)$。其中:

$$S_1(x)=第一个样本观察值小于等于 x 的数目/m$$
$$S_2(x)=第二个样本观察值小于等于 x 的数目/n$$

因而,对任意的 x 来说,$S_1(x)$、$S_2(x)$ 都是一个比例,是样本观察值中大小不超过 x 的数目与观察值总数目的比。如果两个样本从相同的总体抽选出来,即 H_0 为真,那么对于所有的 x,$S_1(x)$ 与 $S_2(x)$ 之间应该有一个较小的差值。因此,$|S_1(x)-S_2(x)|$ 可以作为 $S_1(x)$ 与 $S_2(x)$ 间差异大小的一个度量。

双侧检验对于总体分布的任何一种差异:位置差异(集中趋势)、离散度差异、偏斜度差异等,都是敏感的。K-S 检验的单侧检验则用来检验某一总体值是否大于或小于另一总体的值。例如,处理组的评分是否高于控制组。单侧检验的假设组为:

$$H_0 : F_1(x) = F_2(x) \qquad \text{对所有 } x$$
$$H_+ : F_1(x) > F_2(x) \qquad \text{对某个 } x$$

或

$$H_0 : F_1(x) = F_2(x) \qquad \text{对所有 } x$$
$$H_- : F_1(x) < F_2(x) \qquad \text{对某个 } x$$

$S_1(x)$ 与 $S_2(x)$ 的绝对差值同样可以反映两个总体之间差异。

检验统计量。两个样本的 Kolmogorov-Smirnov 拟合优度检验(有时也简称为 Smirnov 检验)的统计量是 $S_1(x)$ 与 $S_2(x)$ 差值的最大值。双侧检验是 D:

$$D = \max | S_1(x) - S_2(x) |$$

单侧检验是:

$$D_+ = \max [S_1(x) - S_2(x)]$$
$$D_- = \max [S_2(x) - S_1(x)]$$

当备择假设为 H_+ 时,采用 D_+ 统计量,相应地,备择假设 H_- 的检验统计量为 D_-。

确定 P 值。若两个总体是连续的,检验统计量 D 的抽样分布已知,当 H_0 为真时,D 应该很小,与其相应的概率 P 在附表 XI 中可以找到。当 $2 \leqslant m \leqslant n \leqslant 12$ 或 $m + n \leqslant 16$ 时,表中第一部分给出了准确的右尾概率。对于 D_+ 或 D_- 应取 $P/2$。当 $9 \leqslant m = n \leqslant 20$ 时,从附表 XI 中第二部分查找相应的 P 值。表的最后是大样本的近似临界值。当 m, n 均较大,为大样本,在附表 XI 中需先计算 $\sqrt{N/mn}$ 方可查到合适的 P 值。

二、应用

【例 4.3】　美国某汽车协会每月编制一个顾客满意度指数,旨在测量顾客对新型汽车的满意度指数,此指数越高,则意味着顾客越满意。表 4—9 给出某年评比出的前 10 名汽车的资料。顾客是否对美国进口品牌的汽车更加满意?

表 4—9　顾客对新型汽车的满意度指数调查资料

车型(制造商)	美国产或进口	顾客满意度
凌志(丰田)	进口	179
无限(日产)	进口	167
土星(通用汽车)	美国产	160
阿拉酷(本田)	进口	148
梅赛德—奔驰	进口	145
丰田	进口	144
奥迪	进口	139

续表

车型（制造商）	美国产或进口	顾客满意度
卡迪拉克（通用汽车）	美国产	138
本田	进口	138
捷豹（福特）	美国产	137

设来自美国产汽车与进口汽车满意度的两个分布函数分别为 $F_1(x)$ 和 $F_2(x)$。

建立如下假设检验组：

$$H_0: F_1(x) = F_2(x) \qquad 对所有 x$$
$$H_1: F_1(x) \neq F_2(x) \qquad 对某个 x$$

分析：由于对进口与国产汽车满意度可以认为是相互独立的，因此使用两个独立样本的非参数检验方法。

也可建立如下的假设检验组：

H_0：国产与进口新型汽车的顾客满意度指数没有差异

H_1：国产与进口新型汽车的顾客满意度指数有差异

表 4—10 检验统计量 D 的计算表

顾客满意度	绝对频数		累积频数		经验分布函数		$\|D\| = \|S_1(X) - S_2(x)\|$
	f_1	f_2	$\sum f_1$	$\sum f_2$	$S_1(X)$	$S_2(X)$	
137	1	0	1	0	1/3	0	0.3333
138	1	1	2	1	2/3	1/7	0.5238
139	0	1	2	2	2/3	2/7	0.3810
144	0	1	2	3	2/3	3/7	0.2381
145	0	1	2	4	2/3	4/7	0.0952
148	0	1	2	5	2/3	5/7	0.0476
160	1	0	3	5	1	5/7	0.2857
167	0	1	3	6	1	6/7	0.1667
179	0	1	3	7	1	1	0
合计	3	7	—	—	—	—	—

这里 $D = \max(\|D\|) = 0.5238$，$mnD = 3 \times 7 \times 0.5238 = 10.9998 \approx 11$。查附表 XI，$m = 3$，$n = 7$，当 $mnD = 15$ 时，P 值已达 0.167，因此 $mnD \approx 11$ 时，P 值一定超过 $0.167 > \alpha = 0.10$，所以不能拒绝原假设。

以下使用软件计算：

（Ⅰ）SPSS 旧版本操作

1. 建立数据文件。设立两个变量"顾客满意度指数""产地"。其中产地为分组变量，其取值为 0、1——分别表示进口、美国产。

2. 如图 4—14，依次点击 Analyze→ Nonparametric Tests→ Legacy Dialogs→2-Independent Samples，打开对话框，如图 4—15 所示。

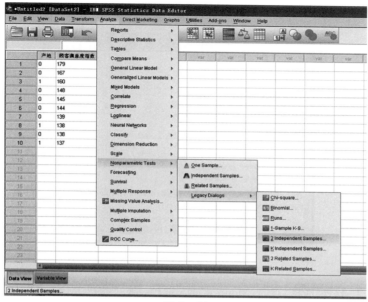

图 4—14

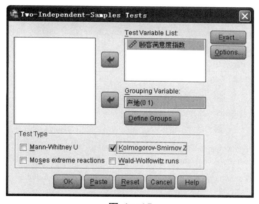

图 4—15

3. 在 Two-Independent-Sample Tests 对话框中，如图 4—15 所示：先勾选 Test Type 栏下的 Kolmogorov-Smirnov Z 检验方法，然后将变量"顾客满意度指数"移入 Test Variable List 中，将"产地"移入 Grouping Variable 框中，点击其下方的 Define Groups 按钮定义分组变量，如图 4—16 所示。

图 4—16

4. 在 Define Groups 对话框中，将 0、1 分别键入到 Group1 和 Group2 栏中。之后，点

击 Continue 按钮回到主对话框。

5. 如图 4－15 所示,在主对话框中点击 Exact 按钮,打开其对话框,如图 4－17 所示:
点选 Exact 选项,再点击 Continue 回到主对话框。

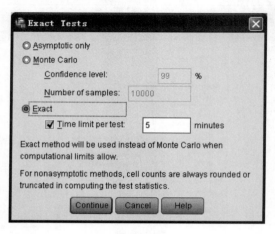

图 4－17

若在 Exact Tests 对话框,点选 Monte Carlo 选项,则可进行置信区间的估计,如图 4－18
所示,点击 Continue 回到主对话框。

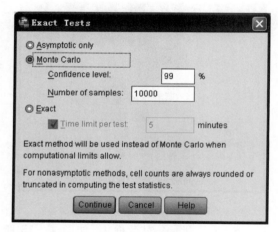

图 4－18

6. 最后,在主对话框中如图 4－15 所示:点击 OK 按钮执行。

输出结果:

表 4－11　Frequencies

	产地	N
	进口	7
顾客满意度指数	美国产	3
	Total	10

结果表 4－11 显示：两个样本量分别是进口 7，美国产 3。

表 4－12　Test Statistics^a

		顾客满意度指数
Most Extreme Differences	Absolute	.524
	Positive	.048
	Negative	−.524
Kolmogorov-Smirnov Z		.759
Asymp. Sig. （2-tailed）		.612
Exact Sig. （2-tailed）		.533
Point Probability		.167

a. Grouping Variable：产地

结果表 4－12 显示：两个样本的经验分布函数差的绝对值的极差为 0.524，其中正、负的极差分别为 0.048、−0.524，转化为标准正态分布的统计量 $Z=0.759$，H_0 成立的渐近（Asymp.Sig.）双尾（2-tailed）显著性概率 P 值为 0.612，对于给定的显著性水平 $\alpha=0.10$ 已足够大，因此没有理由拒绝原假设，即认为国产与进口新型车顾客满意指数的分布没有显著性差异。

（Ⅱ）SPSS 新版本操作

1. 如图 4－19 所示：依次点击 Analyze→Nonparametric Tests→Independent Samples，打开对话框，如图 4－20 所示。

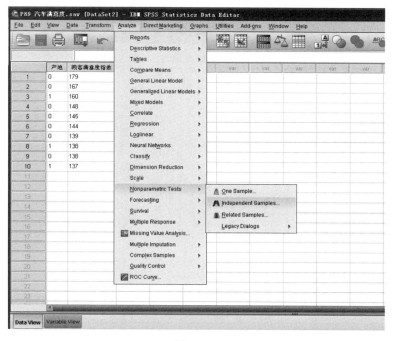

图 4－19

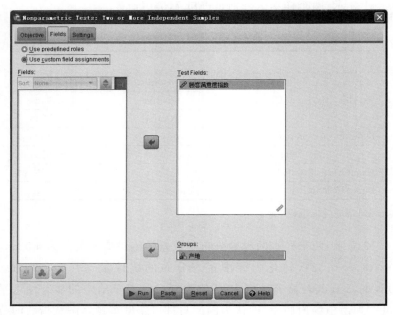

图 4—20

2. 自定义方法，点击 Fields 打开其对话框，将变量"顾客满意度指数"移入 Test Variable List 中，将"产地"移入 Grouping Variable 框中，如图 4—20 所示。

3. 再点击 Setting 进行设置，如图 4—21 所示。在这个对话框里点选 Customize tests，勾选 Kolmogorov-Smirnov(2 samples)，最后点击 Run 按钮执行。

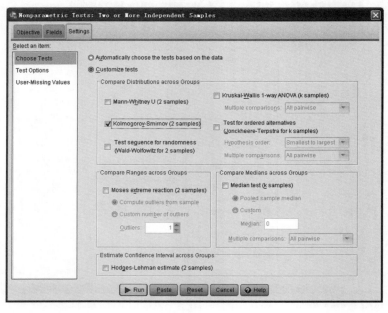

图 4—21

输出结果：

表 4—13　Hypothesis Test Summary

	Null Hypothesis	Test	Sig.	Decision
1	The distribution of 顾客满意度指数 is the same across categories of 产地.	Independent-Samples Kolmogorov-Smirnov Test	.612	Retain the null hypothesis.

Asymptotic significances are displayed. The significance level is .05.

这里 P 值为 $0.612 > \alpha = 0.10$，不能拒绝原假设，认为美国产汽车与进口车的顾客满意度指数的分布没有显著差异。

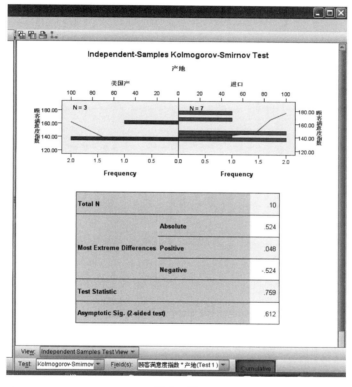

图 4—22

结果如图 4—22 的下表显示：两个样本的经验分布函数差的绝对值的极差为 0.524，其中正、负的极差分别为 0.048、−0.524 转化为标准正态分布的统计量 $Z = 0.759$，H_0 成立的渐近（Asymp.Sig.）双尾（2-tailed）显著性概率为 0.612，对于给定的显著性水平 $\alpha = 0.10$ 已足够大，因此没有理由拒绝原假设，即认为国产与进口新型车顾客满意指数的分布没有显著性差异。

（Ⅲ）R 操作

R 代码：

```
>  x< -c(160,138,137)
>  y< -c(179,167,148,145,144,139,138)
>  ks.test(x,y)
```

输出结果：

data: x and y

$\boxed{D = 0.5238}$, p-value=0.6119

alternative hypothesis: two-sided

Warning message: 警告信息

In ks.test(x, y)：cannot compute exact p-value with ties 不能对带有结点的进行精确计算

（Ⅳ）SAS 操作

SAS 程序：

```
data ks2;
input x g@ @ ;
datalines;
179 1 167 1 148 1 145 1 144 1 139 1 138 1
160 2 138 2 137 2
;
run ;
proc nparlway data= ks2;
exact ks;
class g;
var x;
run ;
```

运行的主要结果：

Kolmogorov-Smirnov Two-Sample Test	
D = max |F1 - F2|	0.5238
Asymptotic Pr > D	0.6119
Exact Pr >= D	0.5333
D+ = max (F1 - F2)	0.0476
Asymptotic Pr > D+	0.9905
Exact Pr >= D+	0.9000
D- = max (F2 - F1)	0.5238
Asymptotic Pr > D-	0.3159
Exact Pr >= D-	0.2667

由运行结果可知，双尾 P 值为 0.6119，与 SPSS、R 结果中的渐近性双尾概率一致，不能拒绝原假设。即认为国产与进口汽车的顾客满意度指数没有显著差异。

§4.3　Moses 极端反应检验

在社会、行为科学或者医学研究中,人们预料一项实验条件会引起某些对象在一个方向上表现出极端行为,同时又引起另一些对象表现出相反方向的极端行为。例如,我们可以认为经济萧条和政治动荡会引起某些人的政见变得极端保守,而另一些人则变得十分激进。Moses 极端反应检验(Moses Test of Extreme Reactions)就是专门设计用来检验这类假设的方法。

一、方法

Moses 检验的具体做法是:将两个样本的数据按照从小到大的顺序混合排秩,找出控制样本最小至最大观察值间包含的数据个数,称为跨度。以此作为依据,求出精确的 P 值,再与给定的显著性水平 α 比较,以判断拒绝原假设还是不拒绝原假设。

对于来自于一个连续区域的两个独立样本,这个检验是:

H_0:极端值等可能出现在这两个总体中

或者　　　　H_0:没有极端反应出现

H_1:总体的极端值更有可能发生在来自更大范围抽选的样本中

或者简单地表述

H_1:有极端反应出现

先计算跨度 S_h:

跨度＝控制组的最大秩－控制组的最小秩＋1

若 S_h 不是整数,那么将它四舍五入到其最接近的一个整数。

一般情况下,令 $h=1$,其中 S_h 不会小于 $m-2h$,也不会大于 $m+n+2h$。即:

$$m-2h\leqslant S_h\leqslant m+n+2h$$

跨度 S_h 的最小值为 $m-2h$,此时 $g=S_h-(m-2h)$,其中 m 为控制组观测值数目,n 为实验组观察值数目,h 为截头个数(当不考虑截头时,即 $h=0$)。

由于观察值的范围很容易受到极端个体观察值的影响,而使计算结果发生偏差。常采取的措施是先去掉控制样本两头最级端的个体观察值,缺省是每端去掉 5% 的个体观察值。再计算出控制样本最小至最大观察值间包含的个体观察值数,称为截头跨度。

在原假设成立时,观察到特定的 S_h 值的概率,即计算精确的 P 值公式为:

$$P\{S_h\leqslant m-2h+g\}=\frac{\sum_{i=0}^{g}C_{i+m-2h-2}^{i}C_{n+2h+1-i}^{n-i}}{C_{m+n}^{m}}$$

一般地,当 P 值$<\alpha=0.05$,拒绝原假设,认为两极分化显著。

二、应用

【例 4.4】　工厂购进了一部分数字控制设备,预期新设备的使用会提高一部分员工的生产效率,同时使另外一部分员工的生产效率降低。为了对预期结果进行检验,工厂随机抽取 7 名员工操作新设备,6 名员工操作旧设备,每个人的每日生产效率如表 4－14 所示。

表 4-14   实验组与对照组工人的生产数量   单位:件

新设备(实验组)	25	5	14	2	17	15	1
旧设备(对照组)	12	16	6	13	3	10	

H_0:新设备的使用不会使工人的生产效率两极分化

H_1:新设备的使用会使工人的生产效率两极分化

以下使用软件计算:

(Ⅰ)SPSS 新版本操作

数据文件中应包含两个变量:一个数值型的"生产数量"和一个定类的"分组"变量。

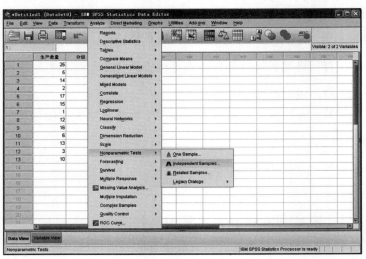

图 4-23

1. 依次点击 Analyze→Nonparametric Test→Independent Samples,打开对话框,如图 4-24所示。

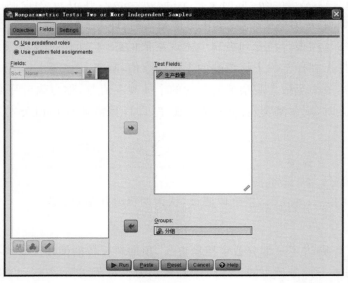

图 4-24

2. 将"生产数量"移入 Test Fields 框内,将"分组"变量移入 Groups 栏内。

3. 再点击 Settings 按钮,打开其对话框,如图 4—25 所示:勾选 Moses extreme reaction (2-samples)一项。最后点击 Run 按钮执行。

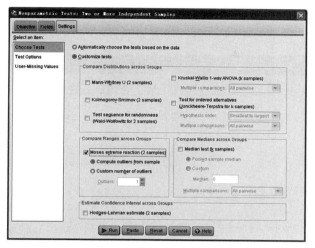

图 4—25

输出结果:

表 4—15　Hypothesis Test Summary

	Null Hypothesis	Test	Sig.	Decision
1	The range of 生产数量 is the same across categories of 分组.	Independent-Samples Moses Test of Extreme Reaction	.000[1]	Reject the null hypothesis.

Asymptotic significances are displayed. The significance level is .05.

[1]Exact significance is displayed for this test.

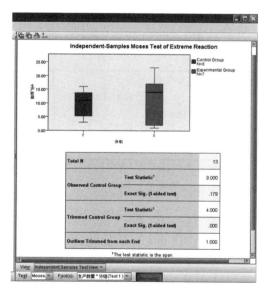

图 4—26

结果显示：P 值小于 0.001，因此拒绝原假设，认为新设备的使用会使工人的生产效率两极分化显著。

（Ⅱ）SPSS 旧版本操作

在 Two-Independent-Samples Test 对话框中勾选 Moses extreme reactions 一项，如图 4—27 所示。

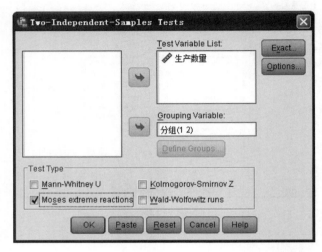

图 4—27

输出结果：

表 4—16　Frequencies

分组		N
生产数量	Y (Control)	6
	X (Experimental)	7
	Total	13

表 4—17　Test Statistics[a,b]

		生产数量
Observed Control Group Span		9
	Sig. (1-tailed)	.179
Trimmed Control Group Span		4
	Sig. (1-tailed)	.000
Outliers Trimmed from each End		1

a. Moses Test

b. Grouping Variable: 分组

结果显示：不考虑截头的 P 值为 0.179。由于在考虑有截头的情况下，（合理）删除了对照组 Y 的离群值 3 和 16 时的 P 值小于 0.001，因此拒绝原假设，认为新设备的使用会导致工人生产件数的两极分化。

第 5 章　k 个相关样本的非参数检验

在参数统计中,检验几个样本是否来自完全相同的总体,采用方差分析或 F 检验。运用 F 检验的假定条件是:样本是从正态分布的总体中独立抽选的;总体具有相同的方差;数据的测量层次至少是定距尺度。若数据不符合这些假定条件,或研究者不希望作这些假设,以便增加结论的普遍性时,则不宜采用参数统计的方法,而必须运用非参数方法。

如果 k(等于或大于 3)个样本是按某种或某些条件匹配的,那么 k 个样本称为相关的,否则为独立的。k 个相关和独立样本的差别与两个相关和独立样本之间的差别类似。本章介绍 k 个相关样本的非参数检验方法。

§5.1　Cochran Q 检验

Cochran Q 检验也译为科库兰检验。它是用以检验匹配的三组或三组以上的频数或比例之间有无显著差异的方法。这种匹配可以用不同形式获得。例如,检验三种不同类型的采访形式对被采访者的有效回答是否有影响,可以抽选一些人,分成 n 组,每组有 3 个匹配的被采访者,要求他们的有关情况相同。每组的 3 名成员被随机地置于 3 种条件之下,即分别接受三种类型的采访,于是就获得了 3 个匹配的样本,即 $k=3$,每个样本有 n 个观测结果。k 个相关样本也可以采用同一组人,对不同的 k 个条件的反应匹配成样本,这类似于两个相关样本中以研究对象作为自身的对照者。例如,检验几种教学手段对学生掌握知识是否有显著不同,可以随机抽取 n 个学生,让他们先后置于 k 种教学手段之下,再作出评价。这样可以获得 k 个匹配的样本,每个样本有 n 个观测结果。Cochran Q 检验的所涉及的数据为二分类类型:"是"与"不是";或"成功"与"不成功"。

一、基本方法

若有 k 个相关样本,每个样本有 n 个观测结果,检验 k 个总体间是否有显著差异,可以建立双侧备择,假设组为

$$H_0:k \text{ 个总体间无差异}$$
$$H_1:k \text{ 个总体间有差异}$$

由于三个及三个以上样本间差异的方向不便于判定,因而,通常只建立双侧备择进行检验。

为对假设作出判定,所分析的数据测量层次为定类尺度即可。获得的数据可排成一个 n 行 k 列的表。如果 H_0 为真,那么将测量结果分为"成功"和"失败"的话,"成功"与"失败"应随机地分布在表中的各行各列。Cochran Q 检验的统计量定义为:

$$Q = \frac{(k-1)\left[k\sum_{j=1}^{k}x_j^2 - \left(\sum_{j=1}^{k}x_j\right)^2\right]}{k\sum_{i=1}^{n}y_i - \sum_{i=1}^{n}y_i^2} \tag{5.1}$$

式中，x_j 是第 j 列的总数，y_i 是第 i 行的总数。由于 Q 统计量的抽样分布近似为自由度 df $=k-1$ 的 χ^2 分布，所以根据自由度 $df=k-1$，给定的显著性水平 α，能够在附表 I 中查找临界值 $\chi_\alpha^2(k-1)$，若 $Q \geqslant \chi_\alpha^2(k-1)$，则在显著性水平 α 下拒绝 H_0，表明总体之间存在着显著差异。相反，则不能拒绝 H_0。

二、应用

【例 5.1】 消费者对饮料的爱好是否存在差异。

某商店为决定经营饮料的品种、数量，对消费者的爱好进行了一次调查。随机抽取 18 个消费者，请他们对四种饮料：热牛奶、酸奶、果汁、可口可乐的喜好作出评价，凡喜好的记作 1，不喜好记作 0。调查结果如表 5－1。

表 5－1　消费者对饮料喜好的调查结果

消费者	热牛奶	酸　奶	果　汁	可口可乐	合计(y_i)
1	1	0	0	1	2
2	0	0	1	0	1
3	0	0	1	1	2
4	1	1	0	0	2
5	1	0	1	0	2
6	0	1	0	0	1
7	0	0	0	1	1
8	0	1	0	0	1
9	0	1	1	0	2
10	1	1	1	0	3
11	0	0	1	0	1
12	0	0	1	0	1
13	1	0	0	1	2
14	1	1	0	0	2
15	1	1	0	0	2
16	0	1	0	0	1
17	1	0	0	1	2
18	0	0	0	1	1
合计(x_j)	8	8	7	6	29

分析：为检验消费者对四种饮料的爱好是否有差异，建立双侧备择，假设组为：

$$H_0: 消费者对四种饮料爱好无差异$$
$$H_1: 消费者对四种饮料爱好有差异$$

由于数据为定类尺度测量，只有"爱好"与"不爱好"两种结果，且是两个以上相关样本，这里是四种饮料，$k=4$，所以选用 Cochran Q 检验。

根据表 5－1 的调查数据，计算 H_0 成立时的统计量 Q。$x_1=8$ 表示喜欢第一种饮料热牛奶的总次数，$x_2=8$ 是喜欢酸奶的总次数。同样地，$x_3=7$，$x_4=6$ 分别表示消费者喜欢果汁、可口可乐的总次数。$\sum\limits_{j=1}^{4} x_j=29$ 是所有四种饮料中，消费者表示喜欢的总次数。y_i 是第 i

个消费者喜欢各种饮料的次数。$\sum_{i=1}^{18} y_i=29$ 是各个消费者对四种饮料表示喜欢的总次数。$\sum_{j=1}^{k} x_j$ 表示按样本数计算的消费者喜欢的总次数，而 $\sum_{i=1}^{n} y_i$ 表示按观察对象即消费者或说按样品数计算的对各种饮料喜欢的总次数。这两个总和应相等，即有 $\sum_{j=1}^{k} x_j=\sum_{i=1}^{n} y_i$。统计量 Q 正是用于说明按样本数计算的总次数与按样品数计算的总次数的符合程度。按(5.1)式，

$$
\begin{aligned}
Q&=\frac{(4-1)\times[4\times(64+64+49+36)-29^2]}{4\times29-(9\times2^2+8\times1^2+3^2)}\\
&=\frac{3\times(852-841)}{116-53}\\
&=0.5238
\end{aligned}
$$

根据给定的显著性水平 $\alpha=0.05$，自由度 $df=4-1=3$，查附表Ⅰ，得到临界值 $\chi^2_\alpha(3)=7.82$。显然，$Q=0.5238<\chi^2_\alpha(3)=7.82$。因而，调查数据在 5% 的显著性水平上不能拒绝 H_0，即消费者对四种饮料的爱好没有显著差异。

以下使用软件计算：

先建立数据文件：定义四个变量并录入数据，其形式同表 5—1。

(Ⅰ)SPSS 旧版本操作

1. 依次点击 Analyze→ Nonparametric Tests→ Legacy Dialogs→K Related Samples，打开对话框，如图 5—1 所示。

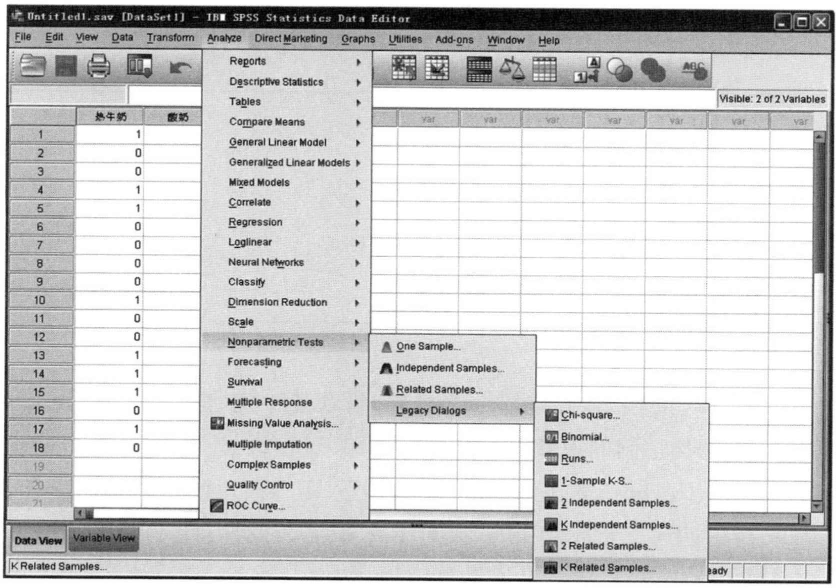

图 5—1

2. 如图 5—2，将四个变量移入 Tests Variables 框内，勾选 Test Type 中的 Cochran's Q

选项,最后点击 OK 按钮执行。

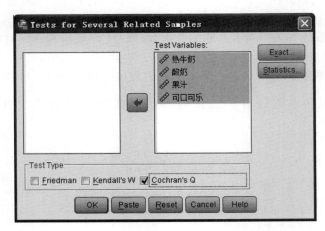

图 5—2

输出结果:

表 5—2　SPSS 关于 Cochran Test 的输出结果

Frequencies

	Value	
	0	1
热牛奶	10	8
酸奶	10	8
果汁	11	7
可口可乐	12	6

Test Statistics

N	18
Cochran's Q	.524[a]
df	3
Asymp. Sig.	.914
Exact Sig.	.962
Point Probability	.094

a. 1 is treated as a success.

通过 Cochran Test 的输出结果表 5—2 可知,喜欢热牛奶、酸奶、果汁、可口可乐的次数分别为:8、8、7、6;不喜欢它们的次数分别次为 10、10、11、12。

样本容量 $n = 18$,Cochran 的 $Q = 0.524$,自由度为 3,渐近的与精确的显著性概率分别为 0.914 和 0.962,均远远大于 $\alpha = 0.05$,接近于 1 非常之大,因此不能拒绝原假设,认为消费者对四种饮料爱好无显著差异。对比手算结果,结论一致。

(Ⅱ)SPSS 新版本操作

1. 依次点击 Analyze→ Nonparametric Tests→Independent Samples,打开对话框,如图 5—3 所示。

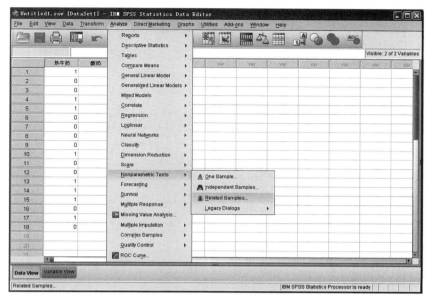

图 5－3

2. 自定义方法，点击 Fields 打开其对话框，将三个变量移入 Test Fields 框中，如图 5－4 所示。再点击 Settings 进行设置，如图 5－5 所示。

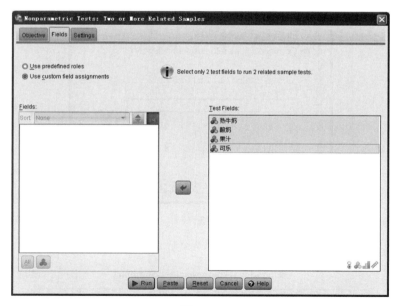

图 5－4

3. 在 Settings 对话框中进行设置，勾选 Cochran's Q(k samples)如图 5－5 所示。然后再点击其下的 Define Success 按钮打开其对话框，如图 5－6 所示，定义以哪个值作为成功的取值。

4. 在 Define Success 对话框中，键入 1 作为"成功"的取值(Value)。点击 OK 按钮返回上一级对话框。最后，点击 Run 按钮，执行。

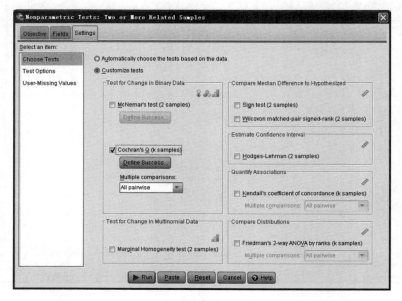

图 5—5

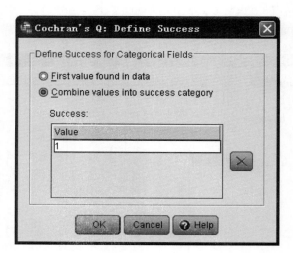

图 5—6

输出结果：

表 5—3　Hypothesis Test Summary

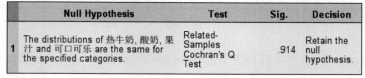

	Null Hypothesis	Test	Sig.	Decision
1	The distributions of 热牛奶、酸奶、果汁 and 可口乐 are the same for the specified categories.	Related-Samples Cochran's Q Test	.914	Retain the null hypothesis.

Asymptotic significances are displayed. The significance level is .05.

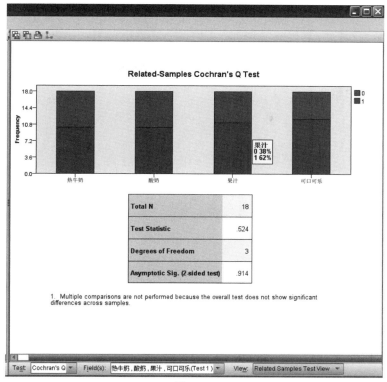

图 5－7

这里输出结果表明：样本量 $N=18$，检验统计量 $Q=0.524$，自由度为 3；新版本中只给出了渐近的双尾 P 值 0.914 而无精确 P 值。

（Ⅲ）R 操作

R 代码：

```
> a=read.csv("C:/Documents and Settings/donghq/Cocharan.csv")
> xi=apply(a,2,sum);N=sum(xi);
> yi=apply(a,1,sum);k=dim(a)[2];
> Q=(k-1)*(k*sum(xi^2)-(sum(xi)^2))/(k*N-sum(yi^2))
> pvalue=pchisq(Q,k-1,low=F)
```

输出结果：

```
> yi
[1] 2 1 2 2 2 1 1 1 2 3 1 1 2 2 2 1 2 1
> xi
  X 0    X 0.1    X 0.2    X 0.3
   8       8        7        6
> N
[1] 29
> Q
[1] 0.5238095
```

> k

[1] 4

> pvalue

[1] 0.9136303

结果与 SPSS 的相同。

（Ⅳ）SAS 操作

SAS 程序：

```
data cochr;
input hotmilk yogert juice cola;
cards;
1  0  0  1
0  0  1  0
0  0  1  1
1  1  0  0
1  0  1  0
0  1  0  0
0  0  0  1
0  1  0  0
0  1  1  0
1  1  1  0
0  0  1  0
0  0  1  0
1  0  0  1
1  1  0  0
1  1  0  0
0  1  0  0
1  0  0  1
0  0  0  1
;
run;
proc freq data = cochr;
tableshotmilk yogert juice cola /nocum;
tablehotmilk * yogert * juice * cola/agree noprint;
run;
```

运行结果：

The SAS System

The FREQ Procedure

Summary Statistics for juice by cola
Controlling for hotmilk and yogert

Cochran's Q, for hotmilk by yogert by juice by cola	
Statistic (Q)	0.5238
DF	3
Pr > Q	0.9136

Total Sample Size = 18

结果显示:样本量 $n=18,Q=0.52385$,相应 P 值为 $0.9136>\alpha=0.10$,因此不拒绝原假设 H_0,认为消费者对四种饮料爱好无显著差异。

另外,SAS 还输出了 Kappa 系数及其检验和置信区间的图显示等内容。

Overall Kappa Coefficient	
Kappa	-0.6526
ASE	0.2548
95% Lower Conf Limit	-1.1519
95% Upper Conf Limit	-0.1532

Test for Equal Kappa Coefficients	
Chi-Square	0.0114
DF	1
Pr > ChiSq	0.9149

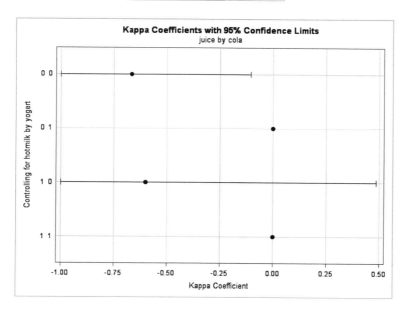

§5.2　Friedman 检验

Friedman 检验亦称佛利得曼的 χ^2 检验,或佛利得曼双向评秩方差分析。它是对 k 个样本是否来自同一总体的检验。k 个样本是匹配的,实现匹配的方法与前面类似。可以是 k 个条件下同一组受试者构成,即受试对象作为自身的对照者,也可以将受试者分为 n 个组,每组均有 k 个匹配的受试者,随机地将 k 个受试者置于 k 个条件之下形成。在不同受试者匹配的样本中,应尽量使不同受试者的有关因素匹配即相似。

一、基本方法

与 Cochran Q 检验相似,Friedman 检验也是用来检验各个样本所得的结果在整体上是否存在显著差异。因此建立的也是双侧备择,假设组为:

$$H_0:k \text{ 个总体间无差异}$$
$$H_1:k \text{ 个总体间有差异}$$

为对假设作出判定,所分析的数据应是定序尺度测量。获得的数据排成一个 n 行 k 列的表,行代表不同的受试者或匹配的受试小组,列代表各种条件。由于是定序尺度测量的数据,因此,可以对每一行的观测结果分别评秩,即评等级,等级 1 是最小的,依次排序,秩从 1 到 k。如果 H_0 为真,那么每一列中秩的分布应该是随机的,即各个秩出现在所有列中的频数应几乎相等,也就是说各列的秩和应该大致相等。Friedman 检验定义的统计量为 χ_r^2:

$$\chi_r^2 = \frac{12}{nk(k+1)} \sum_{j=1}^{k} R_j^2 - 3n(k+1) \tag{5.2}$$

式中,R_j 是第 j 列的秩和,即等级和。χ_r^2 的抽样分布在 n、k 不太小时,近似于自由度 $df = k-1$ 的 χ^2 分布。因此,在附表 I 中,可以根据给定的显著性水平 α,自由度 $df = k-1$ 查得。H_0 为真时,相应的临界值 $\chi_\alpha^2(k-1)$。若 $\chi_r^2 \geqslant \chi_\alpha^2(k-1)$,则在 α 水平上拒绝 H_0,否则不能拒绝 H_0。

当拒绝原假设后,需进一步做多重比较,即要研究哪种处理的效果与其他的处理有明显的不同。

在 $k \times n$ 表中,秩的列总和 R_j 被 k 除以后是一个平均秩,若以 $\mu_j(j=1,2,\cdots,n)$ 表示秩的平均值,则 R_j/k 是 μ_j 的一个估计值。多重比较就是利用 μ_j 之间的差异比较几种处理有无不同的一种方法,在 $1-\alpha$ 的水平下,下面的不等式(5.3)对于所有的列秩和对 $(R_i, R_j)(1 \leqslant i \neq j \leqslant n)$ 都能成立,则几种处理之间没有什么重大的不同。若 $|R_i - R_j|$ 大于右侧的值,则表明这两种处理之间有重大的不同。

$$|R_i - R_j| \leqslant Z \sqrt{\frac{kn(n+1)}{6}} \tag{5.3}$$

(5.3)式中的 Z 是正态曲线的一个临界值点,它是对应于 $\alpha/n(n-1)$ 的右尾概率。借助于 n 和 α,可以在附表 IV 中查到相应的 Z 值。当 n 较小时,借助于 $P = n(n-1)/2$ 计算得到 P,在附表 XVI 中,查找与 α 相应的值,这就是(5.3)式中的 Z 值。

二、应用

【例 5.2】　一位学者想研究音乐能否在锻炼中帮助人们获得精神上的鼓励。他调查了 12 位跑步者分别在跑步机上以同样的速度跑三次。每个人分别在无音乐、听古典音乐和听舞曲音乐的情况下跑了三次,并且请他们分别在 1—10 分中打分,评价运动过程缓解疲劳程度,分数越高表明作用越明显。调查结果如表 5—4。

表 5—4　跑步者三种情况下运动过程缓解的疲劳程度

Runner	None	Classical	Dance
1	5	7	8
2	4	6	7
3	5	6	8
4	2	7	9
5	3	5	8
6	2	6	7
7	3	7	9
8	1	7	7
9	4	8	6
10	6	8	10
11	3	5	8
12	5	5	9

分析:Friedman 检验可以测度不同音乐类型对跑步者的精神激励程度是否有差异,因而应建立双侧备择假设组:

$$H_0:不同音乐类型的效果无差异$$
$$H_1:不同音乐类型的效果有差异$$

表 5—5　跑步者缓解的疲劳程度排秩

Runner	None	Classical	Dance
1	1.0	2.0	3.0
2	1.0	2.0	3.0
3	1.0	2.0	3.0
4	1.0	2.0	3.0
5	1.0	2.0	3.0
6	1.0	2.0	3.0
7	1.0	2.0	3.0
8	1.0	2.5	2.5
9	1.0	3.0	2.0
10	1.0	2.0	3.0
11	1.0	2.0	3.0
12	1.5	1.5	3.0
合计（R_j）	12.5	25	34.5

这里,$n=12,k=3$,计算检验统计量:

$$\chi_r^2 = \frac{12}{nk(k+1)} \sum_{j=1}^{k} R_j^2 - 3n(k+1)$$

$$= \frac{12}{12 \times 3 \times 4} \times (12.5^2 + 25^2 + 34.5^2) - 3 \times 12 \times 4$$

$$= 20.29$$

这里出现了同分现象，即打结，且有两处，因此对统计量 χ_r^2 进行校正处理，得到：

$$\chi_c^2 = \frac{\chi_r^2}{1 - \frac{1}{nk(k^2-1)} \sum_{l=1}^{g} (u_l^3 - u_l)}$$

其中，g 为同分的次数，u_i 为第 i 个结的长度。χ_c^2 渐近服从自由度为 $k-1$ 的 χ^2 分布。

表 5－6　结点校正计算表

相同的秩	1.5	2.5	合计
u_i	2	2	—
$u_i^3 - u_i$	6	6	$\sum (u_i^3 - u_i) = 12$

校正后

$$\chi_c^2 = \frac{20.29}{1 - \frac{1}{12 \times 3 \times 8} \times 12} = 21.172$$

自由度 $df = k-1 = 3-1 = 2$，显著性水平 $\chi_{0.05}^2(2) = 5.99$ 时，查附表 I 得临界值 $\chi_{0.05}^2(2) = 5.99$，显然 $\chi_c^2 = 21.172 > \chi_{0.05}^2(2) = 5.99$，因此在 5% 的显著性水平上拒绝原假设，即认为不同音乐类型对跑步者的精神激励效果有显著差异。

以下使用软件计算：

（Ⅰ）SPSS 旧版本操作

数据文件的建立：设置三个并列的变量 None、Classical 和 Dance，如图 5－8 所示。

	None	Classical	Dance
1	5.00	7.00	8.00
2	4.00	6.00	7.00
3	5.00	6.00	8.00
4	2.00	7.00	9.00
5	3.00	5.00	8.00
6	2.00	6.00	7.00
7	3.00	7.00	9.00
8	1.00	7.00	7.00
9	4.00	8.00	6.00
10	6.00	8.00	10.00
11	3.00	5.00	8.00
12	5.00	5.00	9.00

图 5－8

1. 依次点击 Analyze→ Nonparametric Tests→ Legacy Dialogs→K Related Samples，打开对话框,如图 5—9 所示。

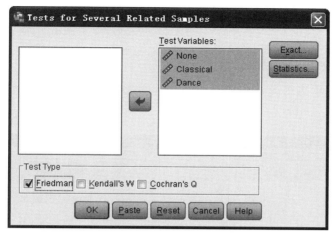

图 5—9

2. 将三个变量同时移入 Test Variables 框内,并勾选检验类型 Test Type 中的 Friedman 方法,最后点击 OK 按钮,执行。

输出结果:

表 5—7　秩

Ranks

	Mean Rank
None	1.04
Classical	2.08
Dance	2.88

在无音乐、听古典音乐和听舞曲音乐的三种情况下评价运动过程缓解疲劳程度按照 1—10 分中打分排秩,在无音乐情况下平均秩为 1.04,在听古典音乐情况下平均秩 2.08,在听舞曲音乐的情况下平均秩为 2.88。

表 5—8　检验统计量

Test Statistics[a]

N	12
Chi-Square	21.174
df	2
Asymp. Sig.	.000

a. Friedman Test

在检验统计量中,样本量 $n=12$,检验统计量 $\chi^2=21.174$,自由度 $df=2$,渐近的显著性概率 P 值小于 0.01,因此拒绝原假设,认为在无音乐、听古典音乐和听舞曲音乐的三种情况下评价运动过程缓解疲劳程度有高度显著的差异。

SPSS 计算与前面分步骤的手算结果一致。

(Ⅱ)SPSS 新版本操作

首先建立数据文件,如图 5—8 所示。

1. 如图 5—10,依次点击 Analyze→ Nonparametric Tests→Related Samples,打开对话框,如图 5—11 所示。

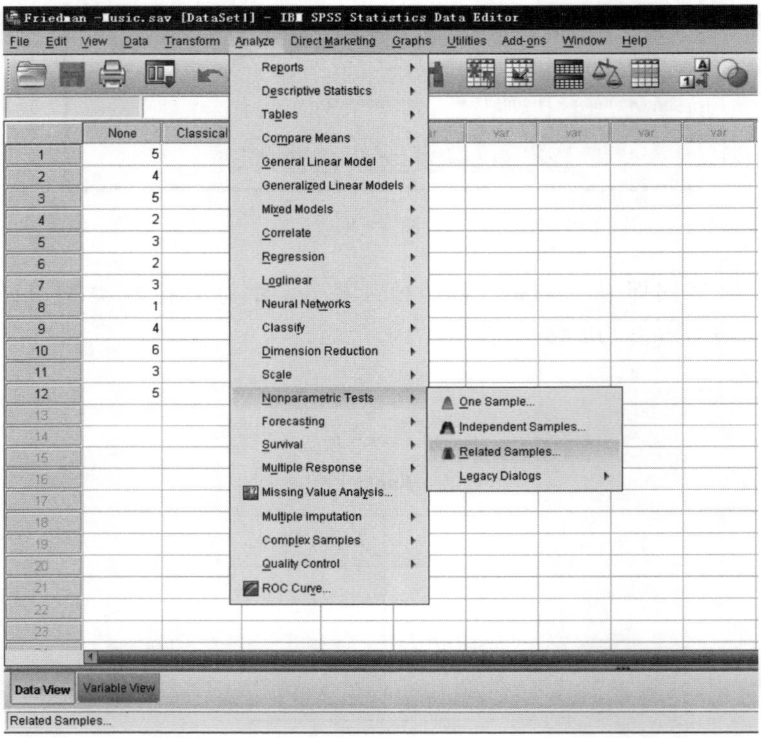

图 5—10

2. 在 Objective 中点选自定义分析方法 Customize Analysis,而后点击 Fields 打开其对话框,如图 5—12 所示。

3. 在 Fields 对话框中,将三个变量移入 Test Fields 栏框内,如图 5—12 所示。再点击 Settings 进行设置,如图 5—13 所示。

4. 在 Settings 对话框中进行设置,勾选右下角的 Friedman's 2-way ANOVA by ranks (k samples),并且做多重比较 Multiple comparisons,如图 5—13 所示。最后点击 Run 按钮,执行。

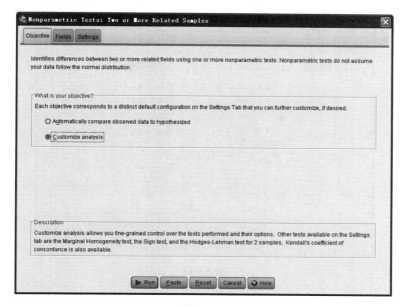

图 5－11

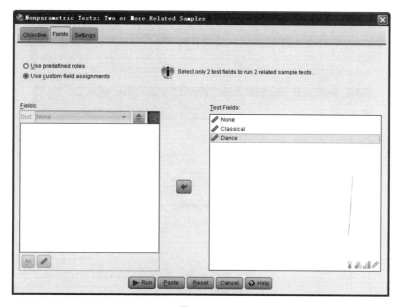

图 5－12

输出结果见表 5－9 和图 5－14。

假设检验的小结表表 5－9 显示：P 值＜$\alpha=0.01$，拒绝原假设。

根据图 5－14 显示，在无音乐、听古典音乐和听舞曲音乐的三种情况的平均秩分别为 1.04，2.08，2.88。图 5－14 下方的检验结果表与旧版结果输出表 5－8 完全相同。

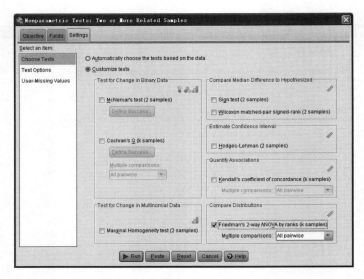

图 5—13

表 5—9　Hypothesis Test Summary

	Null Hypothesis	Test	Sig.	Decision
1	The distributions of None, Classical and Dance are the same.	Related-Samples Friedman's Two-Way Analysis of Variance by Ranks	.000	Reject the null hypothesis.

Asymptotic significances are displayed. The significance level is .05.

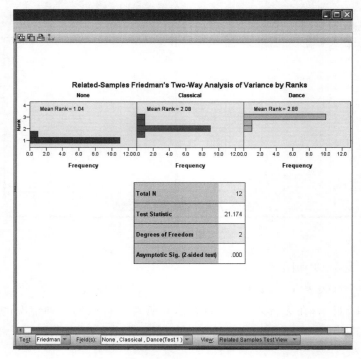

图 5—14

　　SPSS 新版本的结果增加了多重比较（Pairwise Comparisons），如图 5－15 显示的结果：首先以一个三角形显示三者的平均秩大小的直观图形，从中可以看出：无音乐与听古典音乐，无音乐与听舞曲音乐之间的距离相对远些。再看其下方的表，可以看出无音乐与听古典音乐，无音乐与听舞曲音乐之间的 P 值均小于 0.05，具有显著性差异；而听古典音乐与听舞曲音乐的 P 值为 $0.157 > \alpha = 0.05$，因此二者不具有显著性差异。

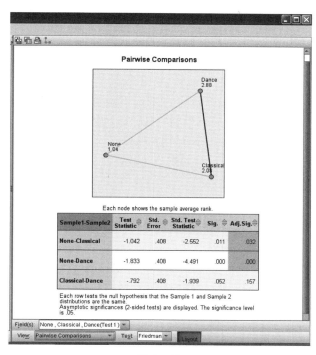

图 5－15

（Ⅲ）R 操作

R 代码：

```
> a= c(5,7,8,4,6,7,5,6,8,2,7,9,3,5,8,2,6,7,3,7,9,1,7,7,4,8,6,6,8,10,3,5,8,5,5,9)
> b= c(1,2,3,1,2,3,1,2,3,1,2,3,1,2,3,1,2,3,1,2,3,1,2,3,1,2,3,1,2,3,1,2,3,1,2,3)
> d= c(1,1,1,2,2,2,3,3,3,4,4,4,5,5,5,6,6,6,7,7,7,8,8,8,9,9,9,10,10,10,11,11,11,12,12,12)
> friedman.test(a,b,d)
```

输出结果：

```
        Friedman rank sum test

data：a, b and d
Friedman chi-squared= 21.1739 , df= 2, p-value= 2.524e-05
```

（Ⅳ）SAS 操作

SAS 程序：

```
data a;
```

```
input block group y @ @ ;
cards;
1   1   5   1   2   7   1   3   8
2   1   4   2   2   6   2   3   7
3   1   5   3   2   6   3   3   8
4   1   2   4   2   7   4   3   9
5   1   3   5   2   5   5   3   8
6   1   2   6   2   6   6   3   7
7   1   3   7   2   7   7   3   9
8   1   8   8   2   7   8   3   7
9   1   4   9   2   8   9   3   6
10  1   6   10  2   8   10  3   10
11  1   3   11  2   5   11  3   8
12  1   5   12  2   5   12  3   9
;
```

proc freq ;
```
tables block* group* y /noprint cmh2 scores= rank;
```
run ;

运行结果：

Value	Obs	Value	Obs
-5	1	4	16
-3	2	4	17
-1	4	4	18
-1	3	7	19
0	5	8	20

The SAS System

The FREQ Procedure

Summary Statistics for group by y
Controlling for block

Cochran-Mantel-Haenszel Statistics (Based on Rank Scores)				
Statistic	Alternative Hypothesis	DF	Value	Prob
1	Nonzero Correlation	1	21.0435	<.0001
2	Row Mean Scores Differ	2	21.1739	<.0001

Total Sample Size = 36

三个软件输出的检验结果一致，但 SPSS 新版本增加输出了多重比较的内容。

第 6 章　　k 个独立样本的非参数检验

在统计分析研究中,常常需要确定 k 个独立样本是否来自同一总体或从 k 个相同总体中抽取。通常用以检验这一问题的参数方法是单向方差分析和 F 检验。运用参数方法的假设如第 5 章所述,而实际分析的数据往往并不具备这些条件或不必要加以限制而使结论更有普遍意义。这时,不能运用参数方法,而只能采用非参数检验方法。本章介绍几种 k 个独立样本的非参数检验方法:K-W 检验法,中位数检验法和 J-T 检验法。

§6.1　　Kruskal-Wallis 检验

Kruskal-Wallis 检验亦有译为克拉夏尔—瓦里斯检验,或简称为克氏检验。它是两个独立样本 Mann-Whitney-Wilcoxon 检验的一种推广。

一、基本方法

若有 k 个总体,各自的连续累积分布函数为 $F_1(x),F_2(x),\cdots,F_k(x)$,那么 Kruskal-Wallis 检验的一般零假设为

$$H_0:F_1(x)=F_2(x)\cdots=F_k(x)\qquad 对所有 x$$

如果在研究总体是否相同时,偏重于考察位置参数,并且位置参数采用各个总体的中位数,那么,H_0 等价于 k 个总体的中位数相等。若仍以 $M_1,M_2,\cdots,M_k$ 代表 k 个总体的中位数,则 Kruskal-Wallis 检验建立的假设组为

$$H_0:M_1=M_2=\cdots=M_k$$
$$H_1:M_j(j=1,2,\cdots,k)中至少有两个不相等$$

这里的备择假设对于 $k>2$ 时不存在单侧备择的配对,因为对于 $M_j(j=1,2,\cdots,k)$ 来说,有 $k!=k\times(k-1)\times\cdots\times1$ 种不同的有序排列,这不便于进行检验。

为对假设作出判定,需要的数据是 k 个独立的随机样本,其样本量大小分别为 $n_1,n_2,\cdots,n_k$。样本独立地分别从各自总体抽取,总体分别具有连续的累积概率分布 $F_1(x),F_2(x),\cdots,F_k(x)$。数据的测量层次至少在定序尺度上。将所有数据按从小到大的顺序合并成一个单一的样本,其大小记为 $N=n_1+n_2+\cdots+n_k$。将每一个观察值给出一个等级即评秩,秩为整数,从 1 到 N。对于 N 个观察值来说,平均等级是

$$\frac{1+2+\cdots+N}{N}=\frac{N(N+1)}{2N}=\frac{N+1}{2}$$

对于含有 n_j 个观察值的第 j 个样本来说,等级总和的期望值是 $n_j(N+1)/2$。若以 R_j 表示第 j 个样本的实际等级总和,那么 $R_j-n_j(N+1)/2$ 就表示 k 个样本中第 j 个样本等级总和与其均值的偏差。如果 H_0 为真,所有样本数据混合排列成一个单一的随机样本,等级

即秩次应该在 k 个样本之间均匀地分布,也就是说,各样本实际的等级总和即秩次和及 R_j 与期望等级总和 $n_j(N+1)/2$ 之间的偏差应很小。

检验统计量。Kruskal-Wallis 检验定义的统计量是建立在实际等级总和 R_j 与期望等级总和 $n_j(N+1)/2$ 的偏差的基础上。它定义为 H,计算公式为

$$H = \frac{12}{N(N+1)} \sum_{j=1}^{k} \frac{[R_j - n_j(N+1)/2]^2}{n_j} \tag{6.1}$$

(6.1) 式还可以写成下面的形式

$$H = \frac{12}{N(N+1)} \sum_{j=1}^{k} \frac{R_j^2}{n_j} - 3(N+1) \tag{6.2}$$

(6.2)式与(6.1)式是完全等价的,但(6.2)式比(6.1)式计算时使用更方便。

确定 P 值。当样本数 k、每个样本包含的观察值数目 n_j 不是很小时,检验统计量 H 渐近的抽样分布是自由度 $df = k-1$ 的 χ^2 分布。根据给定的显著性水平 α,自由度 $df = k-1$,在附表 I 中可以查找到 H_0 为真时的临界值 $\chi_\alpha^2(k-1)$。若 $H < \chi_\alpha^2(k-1)$,表明 H 是一个较小的值,数据支持 H_0,k 个样本之间无显著差异。若 $H \geqslant \chi_\alpha^2(k-1)$,反映实际的秩次和分布与期望的分布之间不一致,数据拒绝 H_0,k 个样本来自不同总体。通常情况下,当 $k = 3$ 和各个 $n_j \leqslant 5$ 时,渐近的 P 值无法由附表 I 得到,而只能查找附表 XII。

在实际问题研究中,往往会出现评分相同的情况。如果在两个或两个以上的评分之间出现同分时,每一个评分的秩都记作这些同分秩的平均值。由于出现同分会对统计量 H 有影响,因而计算 H 值时,应进行校正。校正系数为

$$1 - \frac{\sum u^3 - \sum u}{N(N^2 - 1)} \tag{6.3}$$

式中,u 是相同评分的观察值数目,计算 H 值时,利用(6.2)式除以(6.3)式,得到的是校正的 H 值。

二、多重比较

当 K-W 检验的原假设被拒绝时,需进一步两两比较——也称为多重比较(Multiple Comparisons),以便找到哪两个样本所代表的总体间差异是显著的。

多重比较的方法有多个,其中 Dunn 的检验统计量:

$$D_{ij} = \frac{|\bar{R}_i - \bar{R}_j|}{\sqrt{\frac{n(n+1)}{12}\left(\frac{1}{n_i} + \frac{1}{n_j}\right)}} \qquad (i = 1, 2 \cdots, n_i; j = 1, 2, \cdots, n_j) \tag{6.4}$$

若 $D_{ij} \geqslant z_{1-\alpha^*/2}$,即 $|\bar{R}_i - \bar{R}_j| \geqslant z_{1-\alpha^*/2} \sqrt{\frac{n(n+1)}{12}\left(\frac{1}{n_i} + \frac{1}{n_j}\right)}$,则表示第 i 个与第 j 个样本所代表的总体间差异显著;否则差异不显著。其中,给定显著性水平 α,$\alpha^* = 2\alpha/[k(k-1)]$,$z_{1-\alpha^*/2}$ 为标准正态分布的分位数,可查附表 XVI 得到。

三、应用

【例 6.1】 四种不同类型治疗的有效性是否有显著不同。

对于精神错乱有 4 种不同的手段:电击、心理疗法,电击加心理疗法、无任何治疗。为检验这几种不同手段对精神错乱治疗的有效性是否不同,选取了 40 个病人。他们在智力、品德、心理等因素方面相差不多。随机地将 40 人分成 4 个组,每组 10 人。4 个组分别接受不同方法的治疗。一个周期后,对每个病人相对改善程度进行测量,依改善高低程度给 40 人分等级,等级 1 是改善的最高水平,依次排序,直至等级 40,是改善最小的水平。评秩结果如表 6—1。

表 6—1　40 名病人改善程度的等级

	电击疗法组	心理疗法组	电击加心理疗法组	无治疗组
	22	2	5	30
	19	6	1	32
	29	16	4	34
	24	11	8	36
	37	7	9	39
	27	18	15	35
	28	14	12	40
	25	21	20	31
	23	10	13	33
	26	17	3	38
秩次和(R_j)	260	122	90	348

分析:对任何一种方法判定其有效的标志是病人分数的中位数,若 4 种方法效果差异不大,则各总体的中位数应相等。为检验 4 种方法有效性是否有差异,可以建立假设组为

$$H_0:M_1=M_2=M_3=M_4$$

$$H_1:M_j(j=1,2,3,4)中至少有两个不等$$

计算检验统计量 H。

$$H=\frac{12}{40\times(40+1)}\times\left(\frac{260^2}{10}+\frac{122^2}{10}+\frac{90^2}{10}+\frac{384^2}{10}\right)-3\times(40+1)$$

$$\doteq 31.89$$

这里 $df=k-1=3$,显著性水平 $\alpha=0.05$ 相对应的临界值 $\chi_\alpha^2(3)=7.82$。显然 $H=31.89>\chi_\alpha^2=7.82$。数据在 5% 的显著性水平上拒绝 H_0,表明四种不同治疗方法对精神错乱的有效性存在显著差异。

以下使用软件计算:

(Ⅰ)SPSS 旧版本操作

SPSS 旧版本关于 Kruskal-Wallis(克鲁斯卡尔－瓦里斯)H 检验法通过 Nonparametric Tests 的 K Independent Samples 子过程完成。在独立样本的非参数检验计算中,关键是要建立符合 SPSS 格式要求的数据文件。

本例只要定义两个变量:一个分析变量——"改善程度";另一个是分组变量——"疗法",然后录入数据,将表 6—1 的形式转化成如图 6—1 所示的格式。

	改善程度	疗法	var
1	22	1	
2	19	1	
3	29	1	
4	24	1	
5	37	1	
6	27	1	
7	28	1	
8	25	1	
9	23	1	
10	26	1	
11	2	2	
12	6	2	
13	16	2	
14	11	2	
15	7	2	
16	18	2	
17	14	2	
18	21	2	
19	10	2	
20	17	2	
21	5	3	

图 6－1　SPSS 数据文件的格式

注意将分组变量定义为如图 6－2 所示的值标签形式。

图 6－2　定义分组变量的值标签

1. 依次点击 Analyze→Nonparametric Tests→K Independent Samples，打开 Tests for Several Independent 对话框，如图 6－3 所示。

在 Test Type 检验类型中采用系统默认的 Kruskal-Wallis H 方法。将分析变量"改善程度"从左侧的源变量框移到右侧的 Test Variable List 框中；将分组变量"疗法"移到右侧的 Grouping Variable 框中，并点击 Define Range 按钮，打开 Several Independent 子对话框定义分组的最小值与最大值，如图 6－4 所示，在 Minimum 框键入 1，在 Maximum 框键入

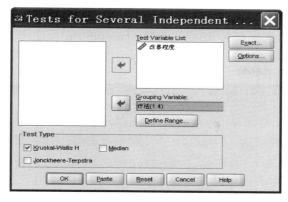

图 6－3　Tests for Several Independent 对话框

4。点击 Continue 按钮,回到主对话框,如图 6－3 所示。

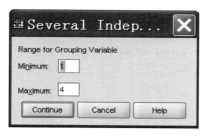

图 6－4　定义分组的最小值与最大值

2. 最后在 Tests for Several Independent 对话框中,点击 OK 按钮执行。输出结果如表 6－2和表 6－3 所示。

表 6－2　**Ranks**

	疗　　法	N	Mean Rank
改善程度	电击疗法组	10	26.00
	心理疗法组	10	12.20
	电击加心理疗法组	10	9.00
	无治疗组	10	34.80
	Total	40	

表 6－3　**Test Statistics[a,b]**

	改善程度
Chi-Square	31.894
df	3
Asymp. Sig.	.000

a. Kruskal Wallis Test

b. Grouping Variable：疗法

表 6－2 表明,四种疗法共选取 40 病人,每组均为 10 人;各组平均秩分别为:26.00、12.20、9.00 和 34.80。

表 6－3 表明,Kruskal-Wallis H 统计量的渐近分布 $\chi^2 = 31.894$,相应的 P 值小于给定的显著性水平 0.01,因此有理由拒绝零假设,与前面手算方式所得到的结论一致。

（Ⅱ）SPSS 新版本操作

1. 依图 6－5 所示，依次点击 Analyze→Nonparametric Test→Independent Samples，打开对话框，出现如图 6－6 所示。

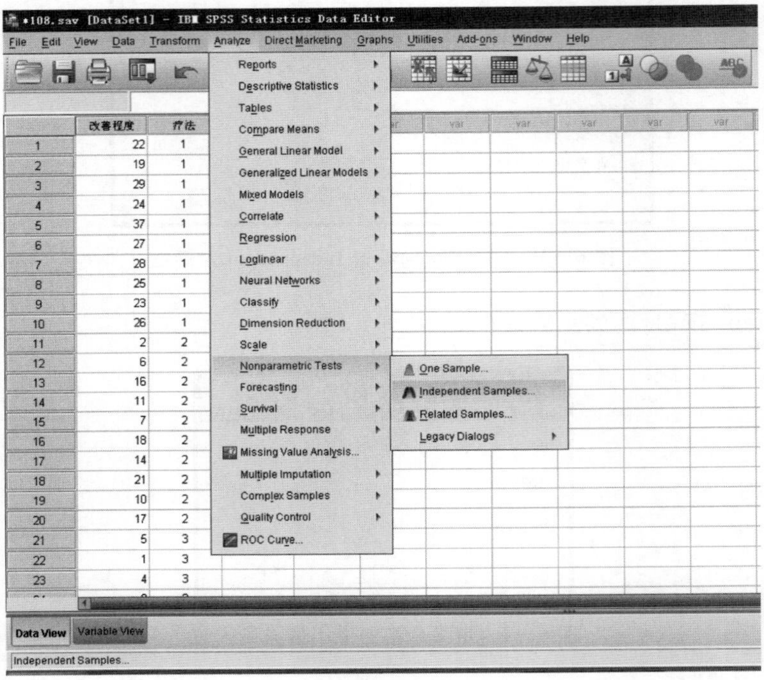

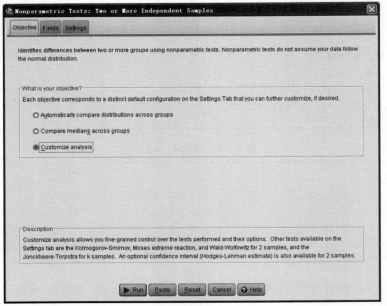

图 6－5

图 6－6

2. 选择自定义方式 Customize analysis，再点击左上角的 Fields 按钮，出现如图 6－7 所示的对话框。

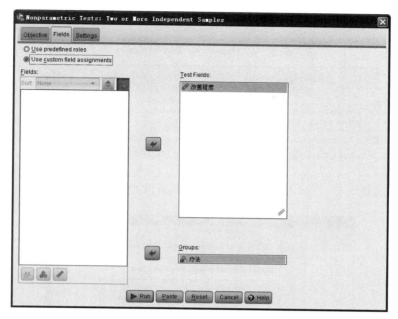

图 6—7

3. 在 Fields 对话框中,将变量"改善程度"移入检验区域 Test Fields 栏框内,将变量"疗法"移入分组栏内 Groups 栏内,之后再点击左上角的 Settings 按钮进行设置,出现如图 6—8 所示的对话框。

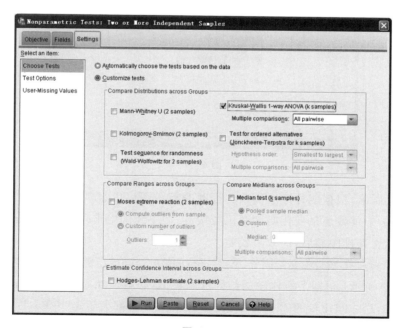

图 6—8

4. 在 Settings 对话框内,勾选"Kruskal-Wallis 1-way ANOVA(k samples)"方法,并

且做多重比较 Multiple Comparisons(All pairwise)。

5. 最后,点击 Run 按钮,执行。

输出结果:

表 6—4　**Hypothesis Test Summary**

	Null Hypothesis	Test	Sig.	Decision
1	The distribution of 改善程度 is the same across categories of 疗法.	Independent-Samples Kruskal-Wallis Test	.000	Reject the null hypothesis.

Asymptotic significances are displayed. The significance level is .05.

这里 P 值远远小于 $\alpha=0.05$,因此在 0.05 的显著性水平下拒绝原假设。

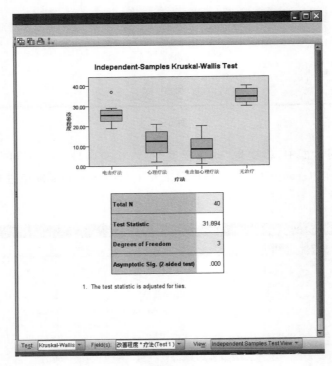

图 6—9

如图 6—9 所示,根据四种疗法的改善程度的箱线图可以直观看到:心理疗法与电击加心理疗法无论是中位数还是变化幅度都比较接近;而单纯的电击疗法,尤其是无治疗的中位数较高,这意味着其排序靠后,即效果较差。

从检验结果表来看,统计量是对同分(结点)进行调整的,其值与旧版本相同。这里不再赘述。

如图 6—10 所示,根据多重比较的结果可以看出:心电击加心理疗法与心理疗法之间、电击疗法与无治疗之间比较的 P 值分别为 1.000 和 0.554,都大于 $\alpha=0.05$,因此无显著性差异;而电击加心理疗法与电击疗法、电击加心理疗法与无治疗、心理疗法与电击疗法、心理疗法与无治疗间的 P 值分别为 0.007、0.000、0.05、0.000,都小于 $\alpha=0.05$,因此每个治疗方法间差异均显著。

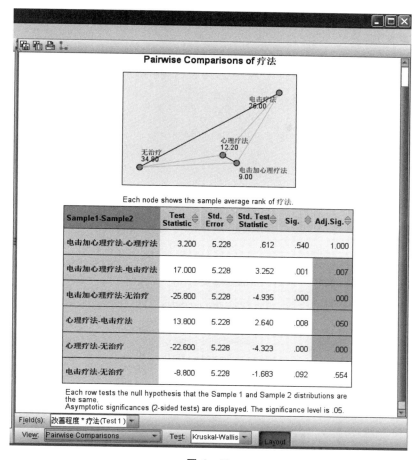

图 6—10

（Ⅲ）R 操作

R 代码：

```
> x< -c(22,19,29,24,37,27,28,25,23,26,2,6,16,11,7,18,14,21,10,17,5,1,4,8,9,15,12,20,
13,3,30,32,34,36,39,35,40,31,33,38)
> g=factor(rep(1:4,c(10,10,10,10)))
> kruskal.test(x~g)
```

输出结果：

```
    Kruskal-Wallis rank sum test


data:   x by g
Kruskal-Wallis chi-squared=31.8937, df=3, p-value=5.511e-07
```

R 的结果与 SPSS 的相同：$\chi^2 = 31.8937$，自由度为 3，P 值为 $5.511 \times 10^{-7} < \alpha = 0.01$，因此拒绝原假设。

（Ⅳ）SAS 操作

SAS 程序：

```
data cure;
inputg x @ @ ;
cards;
1 22 1 19 1 29 1 24 1 37 1 27 1 28 1 25 1 23 1 26
22 2 6 2 16 2 11 2 7 2 18 2 14 2 21 2 10 2 17
3 5 3 1 3 4 3 8 3 9 3 15 3 12 3 20 3 13 33
4 30 4 32 4 34 4 36 4 39 4 35 4 40 4 31 4 33 4 38
;
proc npar1way wilcoxon data= cure;
classg;
var x;
run ;
```

运行结果：

The SAS System

The NPAR1WAY Procedure

Wilcoxon Scores (Rank Sums) for Variable x Classified by Variable g					
g	N	Sum of Scores	Expected Under H0	Std Dev Under H0	Mean Score
1	10	260.0	205.0	32.015621	26.00
2	10	122.0	205.0	32.015621	12.20
3	10	90.0	205.0	32.015621	9.00
4	10	348.0	205.0	32.015621	34.80

Kruskal-Wallis Test	
Chi-Square	31.8937
DF	3
Pr > Chi-Square	<.0001

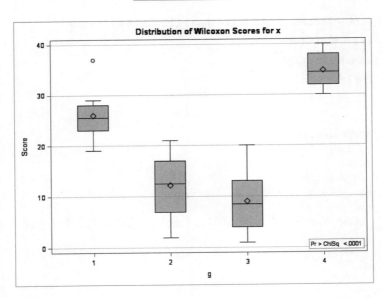

§6.2　Brown-Mood 中位数检验

在 $k(k>2)$ 个独立样本的情况下,Brown-Mood 中位数法目的是检验这些样本所代表的总体的中位数是否相等。

一、方法

设 M_1、M_2、$\cdots$、M_k 表示 k 个独立总体的中位数。

假设检验组:

$$H_0:M_1=M_2=\cdots=M_k \quad (k>2)$$

$$H_1:M_1、M_2、\cdots、M_k 不全相等$$

假设从 k 个独立总体中抽选出 N 个观察值,n_j 为第 j 个样本量,把所有样本量加总 $N=n_1+n_2+\cdots+n_k$。

首先把这 N 个样本观察值混合起来排序,找出它们的中位数 Me。

然后计算每个样本中小于该中位数 Me 的观测值个数 $f_{1j}(j=1,\cdots,k)$ 和每个总体中大于该中位数的观测值个数 $f_{2j}(j=1,\cdots,k)$。这样就形成了一个由元素 f_{ij} 组成的两行 k 列的交叉表——即 $2\times k$ 列联表,如表 6—5 阴影区域所示。其列总和为 $n_j(j=1,\cdots,k)$;而两个行总和为各样本大于总中位数的观测值总和 $f_1=f_{11}+f_{12}+\cdots+f_{1k}$ 及各样本小于等于总中位数的观测值总和 $f_2=f_{21}+f_{22}+\cdots+f_{2k}$。

表 6—5　**Frequencies 频数分布**

		Group				
		g_1	g_2	$\cdots$	g_k	合计
x	$>Me$	f_{11}	f_{12}	$\cdots$	f_{1k}	f_1
	$<=Me$	f_{21}	f_{22}	$\cdots$	f_{2k}	f_2
	合计	n_1	n_2	$\cdots$	n_k	N

这个列联表,同样可以使用 Pearson χ^2 统计量,即

$$\chi^2=\sum_{j=1}^{k}\sum_{i=1}^{2}\frac{(f_{ij}-e_{ij})^2}{e_{ij}}$$

其中 $e_{ij}=\dfrac{f_i n_j}{N}$。

这里 χ^2 统计量服从自由度为 $k-1$ 的 χ^2 分布。

在原假设成立的情况下,若 k 组数据有相同的中位数,则将 k 组数据混合后,所有数据的混合中位数与每组中位数应相等,即几组数据应该比较均匀地分布在混合中位数两边。

同列联分析一样,给定显著性水平 α,当计算的 χ^2 统计量大于临界值 $\chi_\alpha^2(k-1)$,则拒绝原假设;否则没有理由拒绝原假设。

二、应用

【例 6.2】　对于 SPSS 自带的数据文件 Cars.sav,欲检验来自不同产地的汽车油耗是否

有差异。

　　Cars.sav 文件中的变量"mpg"即为 Miles per Gallon,意思是每加仑汽油所行驶的英里数,反映了汽车的汽油效率;变量"origin" 即为 Country of Origin,意思是汽车的原产地——3 个:取值为 1,表示美国产;取值为 2,表示欧洲产;取值为 3,表示日本产。如图 6—11 所示。

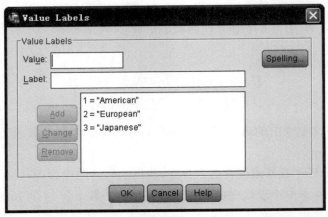

图 6—11

　　设三个产地每加仑汽油所行驶的英里数的中位数分别记为 M_1、M_2、M_3,假设检验组:

$$H_0: M_1 = M_2 = M_3$$

$$H_1: M_1、M_2、M_3 不全相等$$

以下使用软件计算:

（Ⅰ）SPSS 旧版本操作

打开 SPSS 自带的数据文件 Cars.sav。

　　1. 依次点击 Analyze→Nonparametric Tests→Legacy Dialogs→K Independent Samples,打开其对话框,如图 6—12 所示。

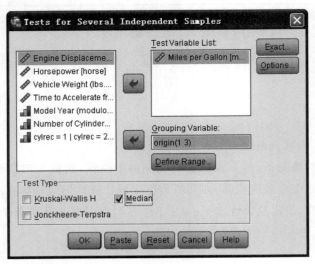

图 6—12

2. 先在 Test Type 栏选中 Median 中位数法；再将分析变量"mpg"移入 Test Variable List 栏框内，将分组变量"origin"移入 Grouping Variable 栏内，点击其下的 Define Range 按钮，打开其对话框，如图 6—13 所示，定义分组变量的取值，最小值键入 1，最大值键入 3。然后，点击 Continue 按钮返回主对话框，如图 6—12 所示。

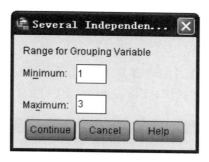

图 6—13

3. 最后，在主对话框中点击 OK 按钮执行。

也可以在主对话框内，点击 Exact 按钮，打开其对话框中选择精确方法（Exact），Monte Carlo 抽样方法（Monte Carlo）或用于大样本的渐近方法（Asymptotic only）。

输出结果：

表 6—6　**Frequencies**

		Country of Origin		
		American	European	Japanese
Miles per Gallon	> Median	69	53	69
	<= Median	179	17	10

表 6—7　**Test Statistics[a]**

	Miles per Gallon
N	397
Median	23.00
Chi-Square	110.960[b]
df	2
Asymp. Sig.	.000
Exact Sig.	.000
Point Probability	.000

a. Grouping Variable：Country of Origin

b. 0 cells（0.0%）have expected frequencies less than 5. The minimum expected cell frequency is 33.7.

结果显示:在 397 个有效样本中,每加仑汽油所移动距离的中位数是 23,其中美国产的有 69 辆汽车大于这个中位数,小于等于的 179 辆;欧洲产的有 53 辆汽车大于这个中位数,小于等于的 17 辆;日本产的有 69 辆汽车大于这个中位数,小于等于的仅 10 辆。

$\chi^2 = 110.96$,相应的 P 值小于 0.01,因此拒绝原假设,认为不同产地的耗油量差异高度显著。

(Ⅱ)SPSS 新版本操作

1. 在主菜单上依次点击 Analyze→Nonparametric Tests→Independent Samples,打开对话框,如图 6−14 所示。并在目的选择栏下点选 Compare medians across groups 一项。之后点选第二个按钮 Fields,打开其对话框,如图 6−15 所示。

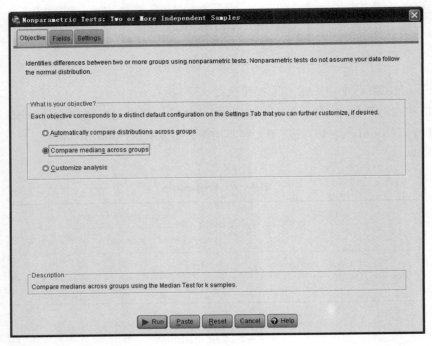

图 6−14

2. 点选 Use custom field assignments 一项,即使用自定义法,将分析变量"Miles per Gallon"移入 Test Fields 中,将分组变量"Country of Origin"移入 Groups 内,如图 6−15 所示。

3. 再点击按钮 Setting 进行设置,如图 6−16 所示。在这个对话框左侧系统隐含设置了 Choose Tests 来选择检验方法,点选 Customize tests,勾选 Median test(k samples),最后点击 Run 按钮执行。

输出结果见表 6−8、图 6−17 和图 6−18。

表 6−8 中 Sig.即 P 值小于 0.01,因此拒绝原假设 H_0,在 $\alpha = 0.01$ 的显著性水平下可以认为不同产地汽车的耗油量的中位数差异高度显著。

检验结果输出表与旧版本的相同,只是没有精确 P 值。

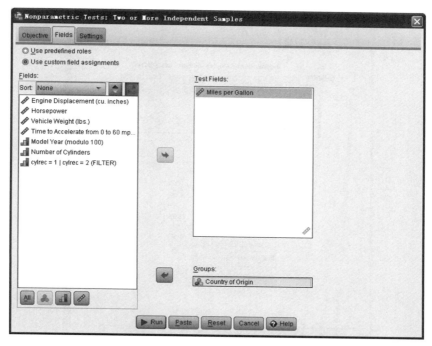

图 6-15

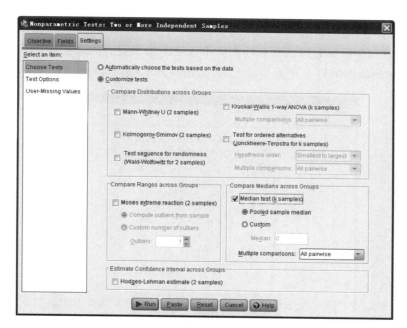

图 6-16

表 6-8　Hypothesis Test Summary

	Null Hypothesis	Test	Sig.	Decision
1	The medians of Miles per Gallon are the same across categories of Country of Origin.	Independent-Samples Median Test	.000	Reject the null hypothesis.

Asymptotic significances are displayed. The significance level is .05.

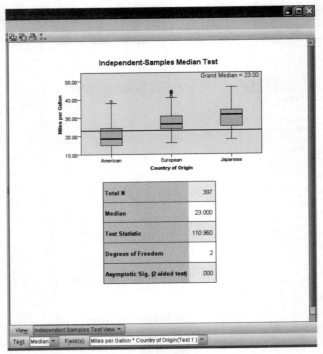

图 6-17

以每加仑汽油所移动距离的中位数画一横线,从三个产地的箱线图(见图 6-17)来看:
欧洲与日本产的汽车每加仑汽油所移动距离中位数都高于混合后总的中位数 23,而美国产
的低于 23,因此美国产的汽车耗油量最大,其次是欧洲车,最省油的当属日本车。

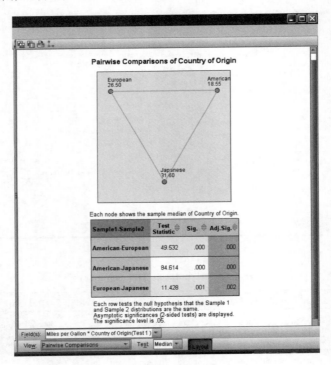

图 6-18

根据多重比较(Pairwise Comparisons)结果(见图 6—18)来看:三个 P 值均小于 $\alpha = 0.01$,因此可以认为任意两个产地的汽车油耗的差异都是高度显著的。

(Ⅲ)R 操作

可以使用 fisher.test 命令计算中位数检验的精确 P 值。事实上,Fisher 的精确分布为超几何分布。

R 代码:

```
> d < -read.table("C:/My Documents/DONGHQ/carsmpg.txt",sep="",header=F,as.is=T)
> x < -d[d[,2]= = 1,1]
> y < -d[d[,2]= = 2,1]
> z < -d[d[,2]= = 3,1]
> a < -c(x,y,z)
> g < -rep(1:3,c(length(x),length(y),length(z)))
> m < -median(a)
> m
[1] 23
> fisher.test(a > m, g)
```

输出结果:

Fisher's Exact Test for Count Data

data:　a > m and g

p-value < 2.2e-16

alternative hypothesis: two.sided

(Ⅳ)SAS 操作

SAS 程序:

```
data cars;
input origin mpg @ @ ;
cards;
1   18
1   15
1   18
1   16
1   17
1   15
1   14
1   14
⋮   ⋮
⋮   ⋮
3   32
3   38
```

```
1  25
1  38
1  26
1  22
3  32
1  36
1  27
1  27
2  44
1  32
1  28
1  31
;
proc npar1way median;
class origin;
var mpg;
run ;
```

运行结果:

The SAS System

The NPAR1WAY Procedure

Median Scores (Number of Points Above Median) for Variable mpg Classified by Variable origin					
origin	N	Sum of Scores	Expected Under H0	Std Dev Under H0	Mean Score
1	248	73.333333	123.687657	4.764593	0.295699
3	79	69.666667	39.400504	3.928565	0.881857
2	70	55.000000	34.911839	3.749987	0.785714
Average scores were used for ties.					

Median One-Way Analysis	
Chi-Square	113.0985
DF	2
Pr > Chi-Square	<.0001

这里 $\chi^2=113.0985$,与 SPSS 的 χ^2 值略有出入,关键在于对于(混合)中位数 23 的处理不同,SPSS 将它计数在小于中位数的一组内。

另外,SAS9.3 还输出图 6-19 展示出了每一产地的 mpg 大于和小于中位数的频数。以及 χ^2 检验的 P 值。

由图 6-19 可知:虽然从样本量来看美国车多,但 mpg 大于中位数的相对于不大于中位数的要少,而日本、欧洲产的车则正相反。

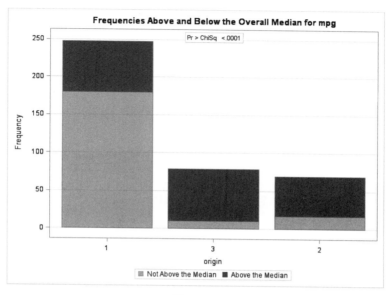

图 6—19

§6.3　Jonckheere-Terpstra 趋势检验

在多个独立样本非参数检验中,Jonckheere-Terpstra 检验方法目的是检验多个独立总体的位置参数是否具有持续上升或者下降的趋势性。由于方法是由 Terpstra(1952)和 Jonckheere(1954)提出的,因此以他们的名字命名该方法,简称 J-T 检验。

一、方法

从 k 个总体中抽选 N 个 x_{ij}——来自第 j 个总体第 i 个样本观测值,$N = n_1 + n_2 + \cdots + n_k$,其中 n_j 是来自第 j 个总体的样本量($j = 1, 2, \cdots, k$)。

一般地,J-T 假设检验设为:

$$H_0 : \theta_1 = \theta_2 = \cdots = \theta_k$$
$$H_1 : \theta_1 < \theta_2 < \cdots < \theta_k(\text{其中至少有一个不等式完全成立})$$

备择假设是各个总体的位置参数是按照升序排列的,即检验的是上升趋势性;若样本位置呈现下降的趋势,则 H_1 中的不等式符号相反。

对于 k 组样本观测值,首先将每两个样本观测值进行两两比较,计算第 i 组样本观测值小于第 j 组样本观测值的对数 U_{ij}。

$$U_{ij} = \text{样本 } i \text{ 中观测值小于样本 } j \text{ 中观测值的个数}$$
$$= \#(x_{iu} < x_{jv}; u = 1, 2, \cdots, n_i; v = 1, 2, \cdots, n_j)$$

这里 ♯ 表示数目。

Jonckheere-Terpstra 检验统计量:

$$J = \sum_{i<j} U_{ij} \tag{6.5}$$

当样本容量较小时,在给定的显著性水平 α 下,可查阅 Jonckheere-Terpstra 检验临界值表,得到临界值 c_α,若 $J \geqslant c_\alpha$,则拒绝原假设,数据支持备择假设,可以认为位置参数 θ_1, θ_2,一直到 θ_k 是升序的。

在大样本情况下,该统计量服从渐近标准正态分布:

$$Z = \frac{J - \mu_v}{\sigma_v} \sim N(0,1) \tag{6.6}$$

其中:

$$\mu_v = \frac{1}{4}(N^2 - \sum_{i=1}^{k} n_i^2)$$

$$\sigma_v = \sqrt{[N^2(2N+3) - \sum_{i=1}^{k} n_i^2(2n_i+3)]/72} \tag{6.7}$$

同分处理:

$$U_{ij}^* = \#(x_{iu} < x_{jv}; u=1,2,\cdots,n_i; v=1,2,\cdots,n_j)$$
$$+ \frac{1}{2}\#(x_{iu} = x_{jv}; u=1,2,\cdots,n_i; v=1,2,\cdots,n_j)$$

构建相应的 J-T 检验统计量:

$$J^* = \sum_{i<j} U_{ij}^*$$

二、应用

【例 6.3】 比较三种不同食谱的营养效果,将 15 只老鼠分为 3 组,每组分别为 5 只、4 只和 6 只.各用食谱 a、b、c 喂养,12 周后测得体重增加量(单位:克)。

食谱	体 重 增 加 量					
a	164	190	203	205	206	
b	185	197	201	231		
c	187	212	215	220	248	265

对于 $\alpha = 0.10$,检验各食谱营养效果是否有显著差异,且 c 的好于 b 的、b 又好于 a 的。

分析:这里用食谱 a、b、c 喂养,对于老鼠体重增加量是相互独立的,为了检验 a、b、c 的营养效果是否具有递增趋势,可以选用 Jonckheere-Terpstra 检验。

设 θ_1、θ_2、θ_3 分别表示用食谱 a、b、c 喂养老鼠体重增加的平均重量,则假设检验设为:

$$H_0 : \theta_1 = \theta_1 = \theta_3$$
$$H_1 : \theta_1 < \theta_2 < \theta_3 (其中至少有一个不等式完全成立)$$

计算 J-T 统计量:

$$U_{12} = 4+3+1+1+1 = 10$$
$$U_{13} = 6+5+5+5+5 = 26$$
$$U_{23} = 6+5+5+2 = 18$$

则 $J = U_{12} + U_{13} + U_{23} = 10+26+18 = 54$。

在大样本情况下，$n_1 = 5, n_2 = 4, n_3 = 6$，代入公式(6.7)计算，则有

$$\mu_u = 37, \sigma_u = 9.4$$

因此，$z = \dfrac{54 - 37}{9.4} \approx 1.809$。

决策：由于 $P(z \geqslant 1.809) = 0.0351$，因此在 $\alpha = 0.10$ 的显著性水平下，拒绝原假设，即可认为 a, b, c 这三个食谱喂养的老鼠体重增加的平均重量有比较显著的上升趋势。

以下使用软件计算：

（Ⅰ）SPSS 旧版本操作

1. 首先建立数据文件：如下图 6—20 所示，设置一个数值型变量"体重增加量"和一个分组变量"食谱"，且其取值分别为 1, 2, 3 代表食谱 a、b、c。

	体重增加量	食谱	var
1	164	1	
2	190	1	
3	203	1	
4	205	1	
5	206	1	
6	185	2	
7	197	2	
8	201	2	
9	231	2	
10	187	3	
11	212	3	
12	215	3	
13	220	3	
14	248	3	
15	265	3	
16			

图 6—20

2. 依次点击 Analyze → Nonparametric Test → K independent samples，出现如下图 6—21的对话框。

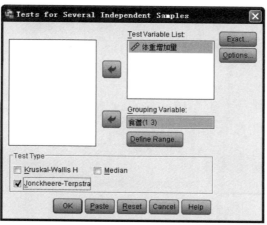

图 6—21

定义分组变量的最小值 1、最大值 3,如图 6-22 所示。

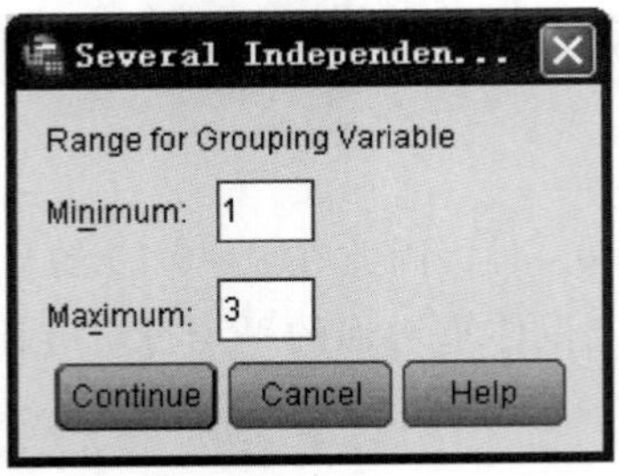

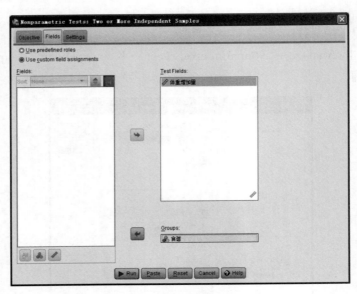

图 6-22

3. 最后在如图 6-21 所示的主对话框中点击 OK 执行,得到输出结果,如表 6-9 所示。

表 6-9　Jonckheere-Terpstra Test[a]

	体重增加量
Number of Levels in 食谱	3
N	15
Observed J-T Statistic	54.000
Mean J-T Statistic	37.000
Std. Deviation of J-T Statistic	9.416
Std. J-T Statistic	1.805
Asymp. Sig.（2-tailed）	.071

a. Grouping Variable：食谱

（Ⅱ）SPSS 新版本操作

1. 依次点击 Analyze→Nonparametric Test→Independent Samples,选择自定义方式,再点击左上角的 Fields 按钮,出现如图 6-23 所示的对话框。

图 6-23

2. 将变量"体重增加量"移入检验区域 Test Fields 栏框内,将变量"食谱"移入分组栏内 Groups 栏内,之后再点击左上角的 Settings 按钮进行设置,出现如图 6-24 所示的对话框。

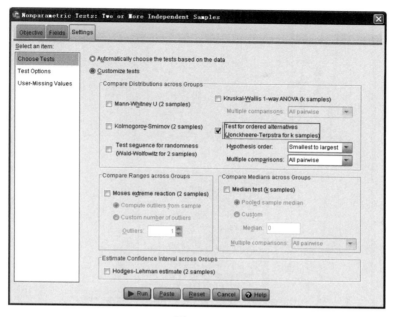

图 6-24

3. 在 Settings 对话框内,勾选"Test for ordered alternatives (Jonckheere-Terpstra for k samples)"方法,并且备择假设的次序是由小到大(Smallest to largest)。

4. 最后,点击 Run 按钮,执行。

输出结果:

表 6-10　Hypothesis Test Summary

	Null Hypothesis	Test	Sig.	Decision
1	The distribution of 体重增加量 is the same across categories of 食谱.	Independent-Samples Jonckheere-Terpstra Test for Ordered Alternatives	.071	Retain the null hypothesis.

Asymptotic significances are displayed. The significance level is .05.

这里 P 值为 0.071,与手算结果相同。如果选择 $\alpha = 0.05$ 的显著性水平下,不拒绝原假设,即可认为 a,b,c 这三个食谱喂养的老鼠体重增加的平均重量没有显著差异;但如果选择 $\alpha = 0.10$ 的显著性水平,那么有理由拒绝原假设,即可认为 a,b,c 这三个食谱喂养的老鼠体重增加的平均重量有比较显著的上升趋势。

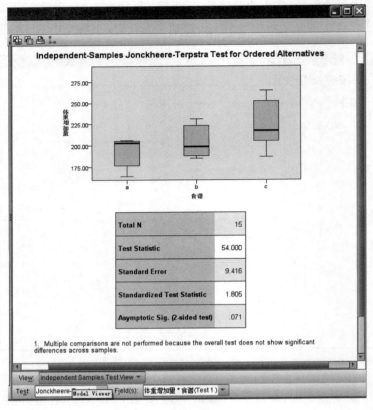

图 6—25

（Ⅲ）SAS 操作

SAS 程序：

```
data abc;
input x y;
cards;
164  1
190  1
203  1
205  1
206  1
185  2
197  2
201  2
231  2
187  3
212  3
215  3
220  3
```

```
248   3
265   3
;
run ;
proc freq data=  abc;
table y* x/jt;
run ;
```

运行结果：

表6-11 FREQ 过程 *
y * x 表

SAS9.3 版本的结果输出：

Statistics for Table of y by x

Jonckheere-Terpstra Test	
Statistic	54.0000
Z	1.8054
One-sided Pr > Z	0.0355
Two-sided Pr > |Z|	0.0710

Sample Size =15

结果与 SPSS 和手算结果相同。

（Ⅳ）R 操作

如果欲使用 JT.test 命令很简洁的几句 R 代码来计算，必须先安装程序包 SAGx。

可参考如下 R 代码：

```
>  A <-as.matrix(c(x_1,x_2 \cdots x_{n1},y1,y2 \cdots y_{n2},z_1,z_2, \cdots z_{n3}))
>  # create the class labels
>  g <-c(rep(1,n1),rep(2,n2),rep(3,n3))
>  #  The groups have the medians
> tapply(A, g, median)
> #  JT.test indicates that this trend is significant at the 0.05
```

---

* :表 6-11 为 SAS9.0 版本输出形式。

```
> JT.test(data=A, class=g, labs=c("GRP 1", "GRP 2", "GRP 3"), alternative="two-sided")
```

但若没有安装 SAGx 程序包，则可以用以下程序计算 J-T 检验的结果。

R 代码与结果（阴影部分）：

```
> d <- read.table("C:/My Documents/DONGHQ/ /abc.txt",sep= "",header= F,as.is= T)
> x <- d[d[,2]= = 1,1]
> y <- d[d[,2]= = 2,1]
> z <- d[d[,2]= = 3,1]
> Mx <- median(x)
> My<- median(y)
> Mz <- median(z)
> U12 <- sum(outer(x,y,"- ")< 0)+ sum(outer(x,y,"- ")= = 0)/2
> U13 <- sum(outer(x,z,"- ")< 0)+ sum(outer(x,z,"- ")= = 0)/2
> U23 <- sum(outer(y,z,"- ")< 0)+ sum(outer(y,z,"- ")= = 0)/2
> J1 =  sum(U12,U13,U23)
> U <- matrix(0,3,3)
> k <- max(d[,2])
> for(i in 1:(k-1)){
for(j in (i+ 1):k){
     U[i,j]<- sum(outer(d[d[,2]= = i,1],d[d[,2]= = j,1],"- ")< 0)+ sum(outer(d[d[,2]= = i,1],d[d[,2]
= = j,1],"- ")= = 0)/2
     }
}
> U
[1,]    0    10   26
[2,]    0    0    18
[3,]    0    0    0
> J2= sum(U)
> J=J2
> k= max(d[,2])
> ni= NULL
> for(i in 1:k){
   ni <- c(ni,sum(d[,2]= = i))
}
> N= sum(ni)
> z <- (J- (N^2- sum(ni^2))/4)/sqrt((N^2* (2* N+3)- sum(ni^2* (2* ni+3)))/72)
> p <- 1- pnorm(z)
> p
[1] 0.03550759
```

结果表明：$U_{12}=10$，$U_{13}=26$，$U_{23}=18$；单尾近似正态的 P 值为 0.0355，则双尾近似正态的 P 值为 $0.0355 \times 2=0.071$，与 SPSS、SAS 结果一致。

第 7 章　相关分析

在实际问题的研究中,人们常常想知道两组或两组以上的观察结果是否有联系,并且联系的程度如何,这就是所谓的相关分析。相关即是指两组或两组以上观察结果之间的连带性或联系。对于定量变量,观察数据为数值型,在参数统计中,常用 Pearson 简单相关系数来反映变量间的相关关系与相关程度。事实上,那是要求变量是在具有正态性的前提下计算的。当不服从正态分布,或数据的测量尺度相对较低,如考察几个亲生兄弟间的智商与出生顺序所具有的关系等,那么就要用非参数的秩相关来度量。两个变量间的有 Spearman 秩相关和 Kendall 秩相关,多个相关样本间的相关可用 Kendall 协和系数来反映。

§7.1　Spearman 秩相关

Spearman(斯皮尔曼)秩相关也称为等级相关,用于两个至少是定序尺度测量的样本间相关程度的测度。

一、基本方法

设样本量为 n 的两个样本 X、Y,其观察数据可以配对为 $(x_1,y_1),(x_2,y_2),\cdots,(x_n,y_n)$。将 $x_1,x_2,\cdots,x_n$ 排序后评秩,其秩记作 U,与 x_i 相对应的秩为 $U_i(i=1,2,\cdots,n)$;同样,$y_1,y_2,\cdots,y_n$ 排序后评秩,秩记作 V,与 y_i 相对应的秩为 $V_i(i=1,2,\cdots,n)$。定义 $d_i=U_i-V_i$。

斯皮尔曼给出了等级相关系数,即 Spearman 秩相关的计算公式:

$$R = 1 - \frac{6\sum d_i^2}{n(n^2-1)} \tag{7.1}$$

斯皮尔曼相关系数也可记为 r_s,在右下标注以 s 是为表明这个相关系数 r 不是积矩相关的简单相关系数,而是等级相关的 Spearman 相关系数。R 的取值从 -1 到 $+1$,$|R|=1$ 表明 X、Y 完全相关,$R=+1$ 为完全正相关,$R=-1$ 为完全负相关。$|R|$ 越接近于 1,表明相关程度越高,反之,$|R|$ 越接近于零,表明相关程度越低,$R=0$ 为完全不相关。$R>0$ 为正相关,$R<0$ 为负相关。通常认为 $|R|>0.8$ 为相关程度较高。

事实上,若将 X、Y 排秩后的变量 U、V 的值 U_i、V_i 代入 Pearson 简单相关系数公式,则计算出的 U 与 V 的 Pearson 相关系数恰好等于 X 与 Y 的 Spearman 秩相关系数。

二、同分的处理

当观察值可能在同一个样本中出现相同的秩,同分的秩仍旧是等于几个同分值应有秩的平均值。如果同分的比例不大,它们对秩相关系数 R 的影响可以忽略。但若同分的比例较大,则计算 R 时应加入一个校正因子。对于 X 的同分校正因子为 $u'=(\sum u^3-\sum u)/12$,Y 的同分校正因子为 $v'=(\sum v^3-\sum v)/12$。于是斯皮尔曼秩相关系数的计算公式为:

$$R = \frac{n(n^2-1) - 6\sum d_1^2 - 6(u'+v')}{\sqrt{n(n^2-1) - 12u'}\sqrt{n(n^2-1) - 12v'}} \qquad (7.2)$$

公式中,u'是 X 中同分的观察值数目,v'是 Y 中同分的观察值数目。

三、R 的显著性检验

利用(7.1)式或(7.2)式计算的 R 值,是抽自两个总体的样本数据计算的结果,从这一相关系数的大小,可猜测总体的秩相关系数是否与零有显著差异,但是否为真,应进行假设检验,对 R 的显著性检验正是为了回答这一问题。检验可以仅研究两个总体是否存在相关,也可以分别研究相关的方向,即是正相关,还是负相关。针对研究问题的不同,可以建立不同的假设组。

双侧检验

$$H_0:不相关$$

$$H_1:存在相关$$

单侧检验

$$H_0:不相关\qquad\qquad H_0:不相关$$

$$H_+:正相关\qquad\qquad H_-:负相关$$

为对假设作出判定,所需数据至少是定序尺度测量的。根据(7.1)式或(7.2)式计算出 R 值。当 $n \leqslant 30$ 时,在附表 XIII 中,依据 n 和 R 查找相应的概率 P。这是 H_0 为真时,R 为某值可能的概率。若 P 值小于显著性水平 α,则拒绝 H_0;若 P 值大于显著性水平 α,则不能拒绝 H_0。表 7-1 是判定指导表。

表 7-1　R 显著性检验判定指导表

备择假设	P 值(附表 XIII)
H_+: 正相关	R 的右尾概率
H_-: 负相关	R 的左尾概率
H_1: 存在相关	R 的较小概率的 2 倍

$n \leqslant 10$ 时,在附表 XIII 的第一部分查找,$10 < n \leqslant 30$ 时在表的第二部分查找相应的 P 值。若 $n > 30$,则按(7.3)式计算 Z。Z 统计量近似服从正态分布,可在附表 IV 中查找相应的 P 值。

$$Z = R\sqrt{n-1} \qquad (7.3)$$

四、应用

【例 7.1】　一家大型制造业公司每年都要对其雇员们进行积极性评估,并按 50 分制打分(1 分代表无积极性,……,50 分代表最高积极性)。该公司想确定一名雇员每年失去的工时数与这名雇员的积极性得分之间是否存在某种关系,随机抽取 8 名雇员组成样本,有关数据如表 7-2。

表 7－2 调查数据与计算数据

雇员序号	失去的工时(X)	失去的工时的等级U(秩)	积极性得分(Y)	积极性得分的等级V(秩)	等级差 d_i	d_i^2
1	49	4	39	6	-2	4
2	36	3	42	7	-4	16
3	127	7	10	1	6	36
4	91	6	25	4	2	4
5	72	5	22	3	2	4
6	34	2	35	5	-3	9
7	155	8	15	2	6	36
8	11	1	48	8	-7	49
合　计	—	—	—	—	—	158

试计算 Spearman 等级相关系数,即对失去工时数与积极性得分之间关系强度的量度。

根据表 7－2 中的失去工时数 x 与积极性得分 y,及其秩 U、V,等级差 $d_i = U_i - V_i$ 的值,且这里 $n=8$,代入 Spearman 秩相关系数的计算公式:

$$R = 1 - \frac{6\sum d_i^2}{n(n^2-1)} = 1 - \frac{6 \times 158}{8 \times (8^2-1)} = -0.881$$

显然$|R|=0.881 > 0.8$,因此认为失去的工时数与积极性得分之间存在负的且较强的相关。

显著性检验:查附表 XⅢ,当时 $n=8$,$R=0.881$ 时,P 值为 $0.004 < \alpha = 0.01$,因此认为失去的工时数 x 与积极性得分 y 之间的相关性高度显著。

以下使用软件计算:

(Ⅰ)SPSS 操作

与 Pearson(皮尔森)简单相关系数一样,SPSS 关于非参数统计中的 Spearman(斯皮尔曼)等级相关与 Kendall(肯德尔)秩相关的计算,也是通过相关分析的 Correlate 过程完成。

方法 1. 直接计算

建立数据文件,定义变量 x(失去工时数)、y(积极性得分)。并录入数据,如图 7－1 所示。依次点击 Analyze→Correlate→Bivariate,打开 Bivariate Correlation 对话框。在 Bivariate Correlation 对话框中,如图 7－2 所示,从左侧的源变量框内选中变量 x 和 y,点击 ▶ 按钮使之进入 Variables 框;然后在 Correlation Coefficients 栏下选择相关系数的类型,共有三种:Pearson 为通常所指的简单相关系数(r),Kendell's tau-b(τ)和 Spearman(ρ)相关系数为定序变量间的相关系数,用于非参数统计分析。这里两个变量一个为间隔尺度测量的变量,另一个为定序尺度测量的变量,故选择 Spearman(ρ)相关系数;在 Test of Significance 栏下给出相关系数的单边(One-tailed)和双边(Two-tailed)检验,本例选双边检验。

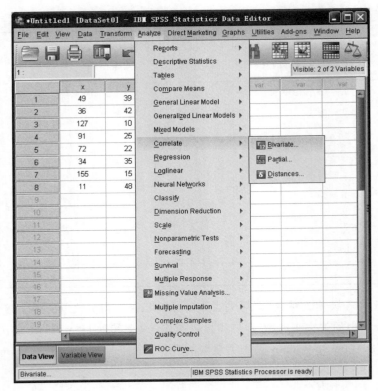

图 7—1

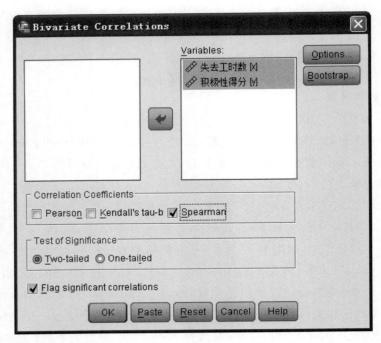

图 7—2

点击 OK 按钮执行。输出结果如表 7—3。

表 7－3　相关分析 correlations

		积极性得分	失去的工时数
Spearman's rho	失去的工时数	Correlation Coefficient	1.00
		Sig.(2-tailed)	.
		N	8
	积极性得分	Correlation Coefficient	−.881**
		Sig.(2-tailed)	.004
		N	8

**. Correlation is significant at te 0.01 level(2-tailed).

表 7－3 显示，$R = -0.881$，说明失去工时数与积极性得分之间呈负相关，失去工时数越多，则积极性得分越少。且 $|R| = 0.881 > 0.8$，说明二者间的相关程度较高。进一步对 ρ 是否与 0 有显著差异进行假设检验。

建立假设

$$H_0: \rho = 0（失去工时数与积极性得分之间无关）$$
$$H_1: \rho < 0（失去工时数与积极性得分之间存在负相关）$$

从表 7－3 可以看到双侧检验的显著性概率为 0.004，则单侧检验的显著性概率为 0.004/2＝0.002，对于显著性水平 $\alpha = 0.01$ 来说，足够小，因此数据不支持零假设，可以认为失去的工时数与积极性之间确实存在显著的负相关的关系。

方法 2. 另一种计算方法

首先计算失去的工时数(x)与雇员的积极性得分(y)的秩 U 和 V。然后再对秩 U 和 V 按照 Pearson(皮尔森)简单相关系数计算方式，得到 x 与 y 的 Spearman 等级相关系数。

建立数据文件，与前面的操作方法相同。

计算变量 x、y 的秩变量 U 和 V。依次点击 Transform→Rank Cases，打开求秩(Rank

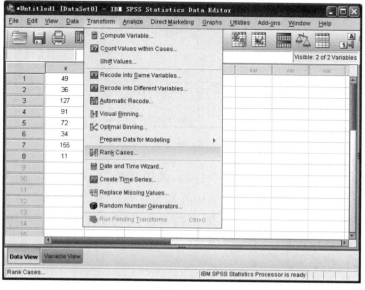

图 7－3

Cases)对话框,如图 7—3 所示。在求秩(Rank Cases)对话框中,如图 7—4 所示,从左侧的源变量框内选中变量 x 和 y,点击▶按钮使之进入 Variables 框内。然后,点击 OK 按钮完成求秩。此时系统自动生成两个新的变量,如图 7—5 所示数据编辑窗口,Rx 即为变量 x 的秩;Ry 即为变量 y 的秩。

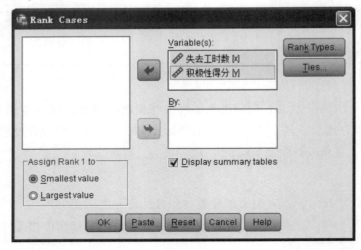

图 7—4

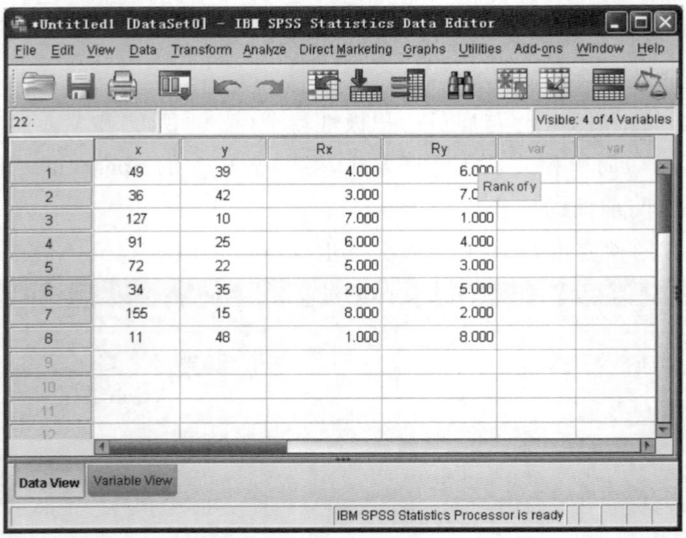

图 7—5

对 Rx(变量 x 的秩)与 Ry(变量 y 的秩),按照计算 Pearson 简单相关系数的操作步骤,得到的即是 X 与 Y 的 Spearman 等级相关系数。具体地,在 Bivariate Correlation 对话框中,如图 7—2 所示,从左侧的源变量框内选中变量 Rx 与 Ry,点击按钮使之进入 Variables 框;然后在 Correlation Coefficients 栏下勾选 Pearson 即可。最后,点击 OK 按钮完成操作,得到输出结果如表 7—4。

从表 7—3 和表 7—4 的相关系数对比可以看出,方法 2 得到的相关系数与方法 1 的相同,均为 -0.881。

表 7－4　相关分析 corrlations

		RANK of x	RANK of y
RANK of x	Pearson Correlation	1	−.881**
	Sig. (2-tailed)		.004
	N	8	8
RANK of y	Rearson Correlation	−.881**	1
	Sig. (2-tailed)	.004	
	N	8	8

若计算下一节的 Kendall(肯德尔)秩相关,只要在 Bivariate Correlation 主对话框中,如图 7－2 所示,勾选 Correlation Coefficients 栏下的 Kendell's tau-b 即可。

（Ⅱ）R 操作

R 代码:

```
>   x=c(49,36,127,91,72,34,155,11)
>   y=c(39,42,10,25,22,35,15,48)
>   cor.test(x,y,method="spearman")
```

输出结果:

Spearman's rank correlation rho

data:　x and y

S=158, p-value=0.007242

alternative hypothesis: true rho is not equal to 0

sample estimates:

　　rho

-0.8809524

（Ⅲ）SAS 操作

SAS 程序:

```
data spcor1;
input x y;
cards;
49   39
36   42
127 10
91   25
72   22
34   35
155 15
11   48
```

```
;
run ;
proc corr data= spcor1 spearman;
var x y;
run ;
```

运行结果：

The SAS System

The CORR Procedure

2 Variables: x y

Simple Statistics

Variable	N	Mean	Std Dev	Median	Minimum	Maximum
x	8	71.87500	49.66297	60.50000	11.00000	155.00000
y	8	29.50000	13.55412	30.00000	10.00000	48.00000

Spearman Correlation Coefficients, N = 8
Prob > |r| under H0: Rho=0

	x	y
x	1.00000	-0.88095
		0.0039
y	-0.88095	1.00000
	0.0039	

§7.2　Kendall 秩相关

Kendall 秩相关即肯德尔秩相关，与等级相关一样，也是用于两个样本相关程度的测量，要求数据至少是定序尺度的。它也是利用两组秩次测定两个样本间相关程度的一种非参数统计方法。

一、基本方法

n 个配对数据$(x_1,y_1),(x_2,y_2),\cdots,(x_n,y_n)$分别抽选自 X、Y，它们都至少是可以用定序尺度测量的。将 X 的 n 个数据的秩按自然顺序排列，则 Y 的 n 个秩也相应地发生变动。当 $x_i>x_j$ 且 $y_i>y_j(i\neq j)$时，称(x_i,y_i)与(x_j,y_j)为一致对，否则称为非一致对。

在 X 的秩评定完全按自然顺序排列时，Y 的秩对所能给予的最大的评分，应也是完全按自然顺序排列的秩对的评分，即每一数对的评分均为$+1$。这样，在 X、Y 的评秩完全一致的情况下，最大可能的评分总数应是一个组合数，一般情况，n 个观察值对两两秩对之间评分，最大可能的总分为 C_n^2。以实际的评分与最大可能总分相比，可以测定两组秩之间的相关程度。

若以 U 表示 Y 的一致对数目，V 表示 Y 的非一致对数目，则一致对评分与最大可能总分之比为

$$\frac{U}{C_n^2} = \frac{2U}{n(n-1)} \tag{7.4}$$

非一致对评分与最大可能总分之比为

$$\frac{V}{C_n^2} = \frac{2V}{n(n-1)} \tag{7.5}$$

为测定两组秩之间的相关程度,定义的相关系数从 -1 到 $+1$,因此,Kendall 秩相关系数为

$$T = \frac{4U}{n(n-1)} - 1 \tag{7.6}$$

$$T = 1 - \frac{4V}{n(n-1)} \tag{7.7}$$

若记 $S = U - V$,则 Kendall 秩相关系数为

$$T = \frac{2S}{n(n-1)} \tag{7.8}$$

这里的 Kendall 秩相关系数 T 是 Tau 的缩写,也常写作 τ。$T = 1$,表明两组秩次完全正相关;$T = -1$,表明两组秩次间完全负相关。一般 $|T| > 0.8$,可以为相关程度较高。

　　与 Spearman 秩相关系数 R 一样,Kendall 秩相关系数 T 的显著性也应进行检验。如果研究关心的是相关是否确实存在,而不考虑相关的方向,则应建立双侧备择,假设组为

$$H_0:不相关$$

$$H_1:存在相关$$

若关心的是相关的方向,则应建立单侧备择,假设组为

$$H_0:不相关 \qquad H_0:不相关$$

$$H_+:正相关 \qquad H_-:负相关$$

　　为对假设作出判定,所需数据至少是定序尺度测量的。通过对数据求出一致对或非一致对数目,按(7.6)式,(7.7)式或(7.8)式计算出 Kendall 秩相关系数 T。

　　T 的抽样分布在附表 XIV 中给出。

表 7-5　T 显著性检验判定指导表

备择假设	P 值(附表 XIV)
H_+:正相关	T 的右尾概率
H_-:负相关	T 的左尾概率
H_1:存在相关	T 的较小概率的 2 倍

大样本 $n > 30$ 采用正态近似:

$$Z = \frac{3T\sqrt{n(n-1)}}{\sqrt{2(2n+5)}} = \frac{S}{\sqrt{n(n-1)(2n+5)/18}} \tag{7.9}$$

由于 Z 近似正态分布,故可以在附表Ⅳ中查找相应的概率。

二、应用

【例 7.2】　为研究某种人格缺陷的心理疾病,随机测量 10 位这类人员的智力水平和社会认知水平,分析二者的关系如何,记录数据如下:

序号	智力水平 x	社会认知水平 y
1	64	52
2	66	48
3	68	65
4	69	53
5	71	64
6	73	80
7	75	69
8	76	78
9	84	95
10	98	90

以下为分步骤手算过程:

设智力水平和社会认知水平分别为 X、Y,将其排秩记为 U、V,见下表:

序号	智力水平 x	社会认知水平 y	X 的秩 U	Y 的秩 V
1	64	52	1	2
2	66	48	2	1
3	68	65	3	5
5	69	53	4	3
5	71	64	5	4
6	73	80	6	8
7	75	69	7	6
8	76	78	8	7
9	84	95	9	10
10	98	90	10	9

由上表可以计数,得到一致对数目 U 和非一致对的数目 V 的值:

$$U=8+8+6+5+5+3+2+2=39$$
$$V=1+1+1+1+1+1=6$$

则 $S=U-V=33$。

分别代入公式计算,Kendall 秩相关系数为:

$$T=\frac{4U}{n(n-1)}-1=\frac{4\times 39}{10\times 9}-1=0.7333$$

或

$$T=1-\frac{4V}{n(n-1)}=1-\frac{4\times 6}{10\times 9}=0.7333$$

或

$$T=\frac{2S}{n(n-1)}=\frac{2\times 33}{10\times 9}=0.7333$$

$T=0.7333<0.8$,所以认为具有该种人格缺陷的心理疾病这类人员的智力水平和社会认知水平,是存在正相关关系的,但相关程度并不很高,Kendall 秩相关系数为 0.7333。

以下对 T 的显著性进行检验:

建立假设:

$$H_0:智力水平和社会认知水平不相关$$
$$H_1:智力水平和社会认知水平相关$$

查附表 ⅩⅣ 可知:$n=10,T=0.733$ 时,P 值$=0.001$,则双尾 P 值为 $0.002<\alpha=0.01$,因此拒绝原假设,认为智力水平与社会认知水平之间存在高度显著的正相关关系。

以下使用软件计算:

（Ⅰ）SPSS 操作

如同计算 Spearman 秩相关,在菜单上依次点击 Analyze→Correlate→Bivariate,打开对话框,如图 7-2 所示,勾选 Kendall 一项,最后点击 OK 按钮执行。

输出结果:

表 7-6　**Correlations**

			x	y
Kendall's tau_b	x	Correlation Coefficient	1.000	.733**
		Sig. (2-tailed)	.	.003
		N	10	10
	y	Correlation Coefficient	.733**	1.000
		Sig. (2-tailed)	.003	.
		N	10	10

**.Correlation is significant at the 0.01 level (2-tailed).

得到:$n=10,T=0.733$,且双尾 P 值为 $0.003<\alpha=0.01$,拒绝原假设,认为智力水平与社会认知水平存在高度显著的正相关关系,但相关程度不是很高。

（Ⅱ）R 操作

R 代码：

```
>  x=c(64,66,68,69,71,73,75,76,84,98)
>  y=c(52,48,65,53,64,80,69,78,95,90)
> cor.test(x,y,method="kendall")
```

输出结果：

　　　　Kendall's rank correlation tau

data: x and y
T=39, p-value=0.002213
alternative hypothesis: truetau is not equal to 0
sample estimates:
　　tau
0.7333333

　　R 结果输出了一致对数目为 39，相应的双尾 P 值为 $0.002213 < \alpha = 0.01$，与手算结果一致，因此在显著水平 0.01 下，拒绝原假设。

（Ⅲ）SAS 操作

SAS 程序：

```
data kdcor;
input x y;
cards;
64   52
66   48
68   65
69   53
71   64
73   80
75   69
76   78
84   95
98   90
;
run ;
proc corr data= kdcor kendall;
var x y;
run ;
```

　　运行结果：

The SAS System

The CORR Procedure

2 Variables: x y

Simple Statistics

Variable	N	Mean	Std Dev	Median	Minimum	Maximum
x	10	74.40000	10.07968	72.00000	64.00000	98.00000
y	10	69.40000	16.13967	67.00000	48.00000	95.00000

Kendall Tau b Correlation Coefficients. N = 10
Prob > |tau| under H0: Tau=0

	x	y
x	1.00000	0.73333
		0.0032
y	0.73333	1.00000
	0.0032	

§7.3　秩评定的 Kendall 协和系数

前两节研究的是 n 个对象或个体的两组秩之间相关的度量,在实际问题中,往往还涉及 n 个对象或个体的多组秩评定之间的相关。对于至少是定序尺度测量的 k 个匹配样本的数据,或 k 次试验得到的数据,其秩评定间的相关,可以采用 Kendall 秩评定协和系数度量。

秩评定的 Kendall 协和系数(Kendall Coefficient of Concordance for Complete Rankings)用于 k 组秩评定间相关程度的测定,即多组秩之间关联程度的测定。

一、基本方法

若被分析的数据是定序尺度测量的,那么 n 个数据,即 n 个对象或个体,可以分别给予某一个秩,在这一组数据内所有的秩次和即等级和为

$$1+2+3+\cdots+n=n(n+1)/2$$

如果有 k 组秩,那么这 k 组秩的秩次总和就是 $kn(n+1)/2$。

对于每一个观察对象或个体来说,平均的秩次和应为

$$[kn(n+1)/2]/n=k(n+1)/2$$

设 $R_j(j=1,2,\cdots,n)$ 表示每一观察对象或个体的实际秩和,那么 R_j 与 $k(n+1)/2$ 越接近,表明对第 j 个观察对象或个体的秩评定越接近平均秩;二者相差越远,远离平均秩。定义差值的平方和为 S,即

$$S=\sum_{j=1}^{n}[R_j-k(n+1)/2]^2 \tag{7.10}$$

在 k 组秩评定完全一致时,各个观察对象或个体的秩和与平均秩和的离差平方和,是最大可能的离差平方和,且为

$$k^2 n(n^2 - 1)/12 \tag{7.11}$$

实际偏差平方和与最大可能偏差平方和之比,在一定程度上能反映 k 组秩评定间的一致性,即协同程度。因此得到 Kendall 完全秩评定协和系数 W。

$$W = \frac{12S}{k^2 n(n^2 - 1)} \tag{7.12}$$

W 的取值在 0 到 1 之间。若 $W = 0$,表明 k 组秩之间不相关;若 $W = 1$,表明 k 组秩之间完全相关,即完全一致。

为方便实际计算,(7.12)式还可以写成下面的形式

$$W = \frac{12 \sum_{j=1}^{n} R_j^2 - 3k^2 n(n+1)^2}{k^2 n(n^2 - 1)} \tag{7.13}$$

二、应用

【例 7.3】 四个独立的环境研究单位对 12 个城市空气质量等级排序的结果见下表,试分析这四个评估机构的结果是否是随机的? 或者其反面是否具有一致性。

评估机构	被评估的 12 个城市($n=12$)											
$k=4$	A	B	C	D	E	F	G	H	I	J	K	L
甲	11	9	2	4	10	7	6	8	5	3	1	12
乙	10	11	1	3	8	9	5	7	6	4	2	12
丙	12	8	4	2	10	9	7	5	6	3	1	11
丁	10	9	2	1	11	6	7	4	8	5	3	12
秩和(R_j)	43	37	9	10	39	31	25	24	25	15	7	47
R_j^2	1849	1369	81	100	1521	961	625	576	625	225	49	2209

以下为分步骤手算过程:

提出假设:

H_0:四个环境研究单位的评估是随机的

H_1:四个环境研究单位的评估不是随机的(具有一致性)

方法 1. 先求 S

其中:$\dfrac{k(n+1)}{2} = \dfrac{4 \times (12+1)}{2} = 26$

$$\begin{aligned} S &= \sum_{j=1}^{n} \left[R_j - \frac{k(n+1)}{2} \right]^2 \\ &= (43-26)^2 + (37-26)^2 + \cdots + (47-26)^2 \\ &= 2078 \end{aligned}$$

代入公式(7.12)：

$$W=\frac{12S}{k^2n(n^2-1)}=\frac{12\times2078}{4^2\times12\times(12^2-1)}=0.9082$$

方法 2. 直接求 W

$$W=\frac{12\sum_{j=1}^{n}R_j^2-3k^2n(n+1)^2}{k^2n(n^2-1)}$$

$$=\frac{12\times10190-3\times4^2\times12\times(12+1)^2}{4^2\times12\times(12^2-1)}$$

$$=0.9082$$

检验统计量：

$$Q=k(n-1)W=4\times(12-1)\times0.9082=39.9608$$

这里自由度 $df=n-1=12-1=11$，查附表I，临界值 $\chi_{0.05}^2(11)=19.68$，显然 $Q=39.9608$ $>\chi_{0.05}^2(11)=19.68$，因此在 0.05 的显著性水平下拒绝 H_0，即认为四个环境研究单位对 12 个城市的空气质量的评估不是随机的，而是具有一致性；且协和系数 $W=0.9082$ 超过了 0.9，四个环境研究单位对 12 个城市的空气质量的评价相关程度很高，或者说一致性很强。

以下使用软件计算：

（Ⅰ）SPSS 旧版本操作

首先建立环境评估.sav 数据文件。然后，在菜单上依次点击 Analyze→Nonparametric Tests→Legacy Dialogs→K Related Samples，打开其对话框如图 7－6 所示，将变量 A、B、C、…、K、L 移入 Test Variable 栏内。勾选下方 Test Type 中的 Kendall's W 一项。

也可以点击 Exact 按钮，打开其对话框中选择精确方法（Exact）、Monte Carlo 抽样方法（Monte Carlo）或用于大样本的渐近方法（Asymptotic only）之一，之后返回主对话框。最后点击 OK 按钮执行。

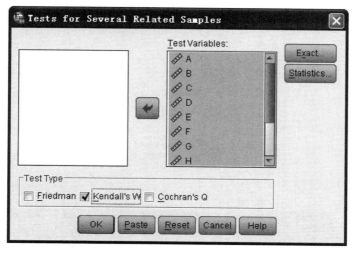

图 7－6

输出结果：

表 7－7   Ranks

	Mean Rank
A	10.75
B	9.25
C	2.25
D	2.50
E	9.75
F	7.75
G	6.25
H	6.00
I	6.25
J	3.75
K	1.75
L	11.75

表 7－8   Test Statistics

N	4
Kendall's W [a]	.908
Chi-Square	39.962
df	11
Asymp. Sig.	.000

a.Kendall's Coefficient of Concordance

这里 $N=4$，即指四个评估机构。自由度 $df=11$，协和系数 $W=0.908$，检验统计量 $Q=39.962$，渐近的 P 值$<\alpha=0.01$，因此拒绝 H_0，认为四个评估机构对 12 个城市空气质量不是随机评价的，而是有高度的一致性认同。结果与手算一致。

（Ⅱ）SPSS 新版本操作

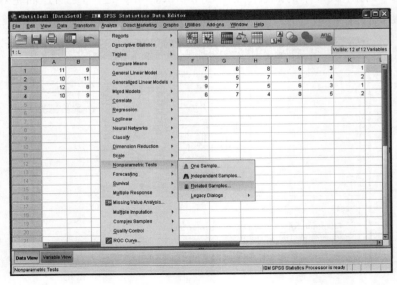

图 7－7

1. 如图 7－7 所示,在菜单上依次点击 Analyze→Nonparametric Tests→Related Samples,打开其对话框。

2. 点击左上角的 Fields 按钮,打开其对话框,如图 7－8 所示:将所有变量移入 Test Fields 框内。再点击左上方的 Settings 按钮,打开其对话框,如图 7－9 所示。

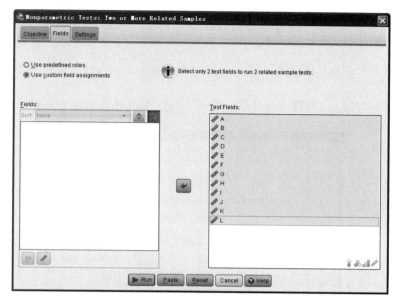

图 7－8

3. 在 Settings 对话框中设置,如图 7－9 所示:首先点选 Customize test,然后勾选 Kendalls coefficient of concordance (k sample)一项,最后点击 Run 按钮执行。

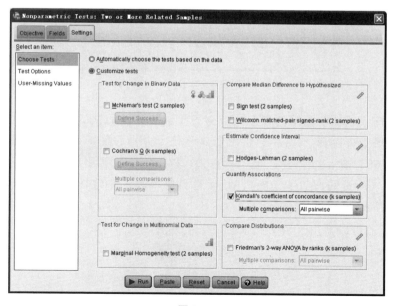

图 7－9

输出结果：

表 7－9　Hypothesis Test Summary

	Null Hypothesis	Test	Sig.	Decision
1	The distributions of A, B, C, D, E, F, G, H, I, J, K and L are the same.	Related-Samples Kendall's Coefficient of Concordance	.000	Reject the null hypothesis.

Asymptotic significances are displayed. The significance level is .05.

相关样本的协和系数检验的结果表明，在 0.05 的显著性水平上拒绝原假设 H_0。

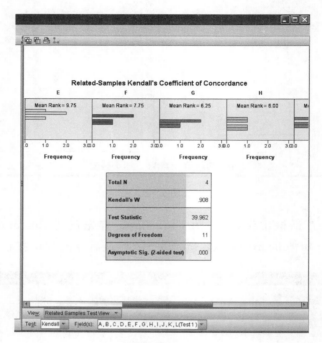

图 7－10

虽然结果图 7－10 中输出的各个城市空气质量被评估的秩的条形图很直观，但是更有意义的是从其表中可以看到：$N=4$，自由度 $df=11$，协和系数 $W=0.901$，很高；相应的检验统计量 $Q=39.662$，渐近的双尾 P 值 $<\alpha=0.01$，故拒绝 H_0，因此认为四个环境研究单位对12 个城市的空气质量的评估不是随机的，而是具有很高的一致性。SPSS 的输出结果与手算的结果相同。

另外，新版还可以输出了两两比较的结果：

Pairwise Comparisons

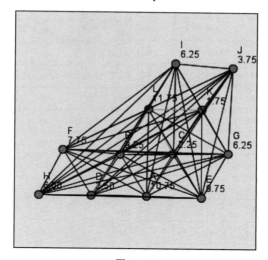

图 7—11

Sample1-Sample2	Test Statistic	Std. Error	Std. Test Statistic	Sig.	Adj.Sig.
K-C	.500	2.550	.196	.845	1.000
K-D	.750	2.550	.294	.769	1.000
K-J	2.000	2.550	.784	.433	1.000
K-H	4.250	2.550	1.667	.096	1.000
K-G	4.500	2.550	1.765	.078	1.000
K-I	4.500	2.550	1.765	.078	1.000
K-F	6.000	2.550	2.353	.019	1.000
K-B	7.500	2.550	2.942	.003	.215
K-E	8.000	2.550	3.138	.002	.112
K-A	9.000	2.550	3.530	.000	.027
K-L	-10.000	2.550	-3.922	.000	.006
C-D	-.250	2.550	-.098	.922	1.000

Each node shows the sample average rank.

Field(s): A , B , C , D , E , F , G , H , I , J , K , L(Test 1)

View: Pairwise Comparisons　　Test: Kendall

图 7—12—a

C-D		-.250	2.550	-.098	.922	1.000
C-J		-1.500	2.550	-.588	.556	1.000
C-H		-3.750	2.550	-1.471	.141	1.000
C-G		-4.000	2.550	-1.569	.117	1.000
C-I		-4.000	2.550	-1.569	.117	1.000
C-F		-5.500	2.550	-2.157	.031	1.000
C-B		7.000	2.550	2.746	.006	.399
C-E		-7.500	2.550	-2.942	.003	.215
C-A		8.500	2.550	3.334	.001	.057
C-L		-9.500	2.550	-3.726	.000	.013
D-J		-1.250	2.550	-.490	.624	1.000
D-H		-3.500	2.550	-1.373	.170	1.000
D-G		-3.750	2.550	-1.471	.141	1.000
D-I		-3.750	2.550	-1.471	.141	1.000

D-F		-5.250	2.550	-2.059	.039	1.000
D-B		6.750	2.550	2.648	.008	.535
D-E		-7.250	2.550	-2.844	.004	.294
D-A		8.250	2.550	3.236	.001	.080
D-L		-9.250	2.550	-3.628	.000	.019
J-H		2.250	2.550	.883	.377	1.000
J-G		2.500	2.550	.981	.327	1.000
J-I		2.500	2.550	.981	.327	1.000
J-F		4.000	2.550	1.569	.117	1.000
J-B		5.500	2.550	2.157	.031	1.000
J-E		6.000	2.550	2.353	.019	1.000
J-A		7.000	2.550	2.746	.006	.399
J-L		-8.000	2.550	-3.138	.002	.112
H-G		.250	2.550	.098	.922	1.000

图 7-12-b

H-I		-.250	2.550	-.098	.922	1.000
H-F		1.750	2.550	.686	.492	1.000
H-B		3.250	2.550	1.275	.202	1.000
H-E		3.750	2.550	1.471	.141	1.000
H-A		4.750	2.550	1.863	.062	1.000
H-L		-5.750	2.550	-2.255	.024	1.000
G-I		.000	2.550	.000	1.000	1.000
G-F		1.500	2.550	.588	.556	1.000
G-B		3.000	2.550	1.177	.239	1.000
G-E		3.500	2.550	1.373	.170	1.000
G-A		4.500	2.550	1.765	.078	1.000
G-L		-5.500	2.550	-2.157	.031	1.000
I-F		1.500	2.550	.588	.556	1.000
I-B		3.000	2.550	1.177	.239	1.000

图 7-12-c

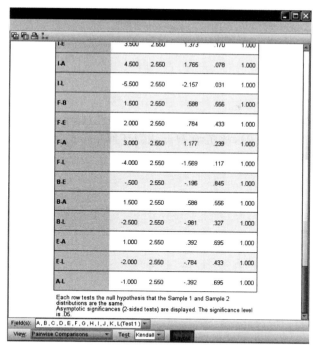

图 7－12－d

根据图 7－12 可知：在 0.05 的显著性水平下，环评机构 K 与 A、L 和意见有显著不一致；L 与 C、D 意见显著不一致，而其他的具有一致性。

（Ⅲ）R 操作

R 代码与结果：

```
> d=read.table("C:/My Documents/DONGHQ/环境评估.txt")
> R=apply(d,2,sum)
> R
V1   V2   V3   V4   V5   V6   V7   V8   V9   V10   V11   V12
43   37   9    10   39   31   25   24   25   15    7     47
> k=nrow(d)
> k
[1] 4
> n=ncol(d)
> n
[1] 12
> S=sum((R-k*(n+1)/2)^2)
> S
[1] 2078
> W=12*S/k^2/(n^3-n)
> W
```

[1] 0.9082168

> Q=k* (n-1)*W

> Q

[1] 39.96154

> pchisq(k* (n-1)* W,n-1,low=F)

[1] 3.632104e-05

从计算结果看：$S=2078$，协和系数 $W=0.9082168$；检验统计量 $Q=39.96154$，相应的 P 值为 $3.632104 \times 10^{-5} < \alpha = 0.01$，故拒绝 H_0，认为环评单位的评价高度相关，不是随机评估的。结果与手算、SPSS 的相同。

第 8 章　　列联分析与对数线性模型

§8.1　列联分析

一、列联表的有关概念

对于单变量的观察数据可以进行次数分布的统计,如调查某企业千人的学历,其次数分布整理如下:

表 8－1　某企业千人学历的次数分布表

学历	人数	百分比(%)
文盲	40	4
小学以上、高中及以下	700	70
大专及以上学历	260	26
合计	1000	100

如果再对性别分男、女考察,即加入第二个变量,此时即按照两个标准进行分类,排成一个行、列交叉的表,如表 8－2,这样的表称为列联表(Contingency Table),也称为交叉表(Cross table)。每个变量中都有两个或更多的可能取值,这些取值称为水平。列联表的中间各个变量不同水平的交汇处,就是这种水平组合出现的频数或计数(Count)。所涉及的只有两个定性变量,称其为二维列联表。若两个变量分别是 r、c 个水平,则称 r×c 列联表。这里学历有三水平,性别有两水平,因此是一个 3×2 的二维列联表。

表 8－2　学历与性别的二维列联表

学历	性别		合计
	男	女	
文盲	15	25	40
小学以上、高中及以下	360	340	700
大专及以上学历	160	100	260
合计	535	465	1000

如同单变量的次数分布表,二维列联表的分布也关注频数与百分比,只不过它是条件分布与条件频数——即变量 X 条件下变量 Y 的分布,或在变量 Y 条件下变量 X 的分布;这里每个具体的观察值称为条件频数(如表 8－2 的阴影部分)。并且二维列联表的分布比单变量的分布要复杂,还有行边缘分布——行观察值的合计数的分布与列边缘分布——列观察值的合计数的分布。

一般地,用 r(Row)表示行数,c(Column)表示列数,$f_{ij}(i=1,2,\cdots,r;j=1,2,\cdots,c)$ 表示条件频数,则 $r \times c$ 列联表如表 8-3 所示。$r \times c$ 列联表中,r 和 c 可以不相等。当 $r=c=2$ 时,为最简单的 2×2 列联表,也称为四格表。见表 8-4 所示。

表 8-3　$r \times c$ 列联表

	X_1	X_2	$\cdots$	X_j	$\cdots$	X_c	合计
Y_1	f_{11}	f_{12}	$\cdots$	f_{1j}	$\cdots$	f_{1c}	$f_{1\cdot}$
Y_2	f_{21}	f_{22}	$\cdots$	f_{2j}	$\cdots$	f_{2c}	$f_{2\cdot}$
$\vdots$	$\vdots$	$\vdots$		$\vdots$		$\vdots$	$\vdots$
Y_i	y_{i1}	f_{i2}	$\cdots$	f_{ij}	$\cdots$	f_{ic}	$f_{i\cdot}$
$\vdots$	$\vdots$	$\vdots$		$\vdots$		$\vdots$	$\vdots$
Y_r	f_{r1}	f_{r2}	$\cdots$	f_{rj}	$\cdots$	f_{rc}	$f_{r\cdot}$
合计	$f_{\cdot 1}$	$f_{\cdot 2}$	$\cdots$	$f_{\cdot j}$	$\cdots$	$f_{\cdot c}$	n

其中,$f_{\cdot j} = \sum\limits_{i=1}^{r} f_{ij}, f_{i\cdot} = \sum\limits_{j=1}^{c} f_{ij}, n = \sum\limits_{i=1}^{r} \sum\limits_{j=1}^{c} f_{ij} = \sum\limits_{i=1}^{r} f_{i\cdot} = \sum\limits_{j=1}^{c} f_{\cdot j}$。

表 8-4　2×2 列联表

Y	X		合计
	x_1	x_2	
y_1	a	b	$a+b$
y_2	c	d	$c+d$
合计	$a+c$	$b+d$	$n=a+b+c+d$

另外,条件频数只能反映了数据的分布,但有时不适合进行对比。因此,还要以条件百分比来反映在相同的基数上的比较,计算相应的百分比,称为条件百分比分布。其中有行百分比:即行的每一个观察频数除以相应的行合计数($f_{ij} / f_{i\cdot}$);列百分比:即列的每一个观察频数除以相应的列合计数($f_{ij} / f_{\cdot j}$);总百分比:即每一个观察值除以观察值的总个数(f_{ij} / n)。

列联分析的目的,一方面为前面所述的条件次数或条件百分比进行描述统计分析,更重要的是对变量间是否存在相关性进行分析,可以对列联表进行卡方(χ^2)独立性检验的统计推断。若相关,则需进一步对变量间的相关程度进行测量。

二、列联表中的 χ^2 检验及相关测量

χ^2 检验可以应用于列联表中资料是否相关的检验,一般适用于两个定类变量之间是否相关的检验,但对定序变量也可以适用。它是对交互分类表给出的定类或定序变量之间是否独立的检验。

(一)独立性检验

对于列联表中的两个变量 X、Y,检验其是否独立,建立的假设组为

$$H_0 : X 与 Y 独立$$
$$H_1 : X 与 Y 不独立$$

运用 χ^2 检验作出判定,需要得到与列联表中实际次数相对应的理论次数。若 X 变量有 $x_1, x_2, \cdots, x_c, c$ 个值,Y 变量有 $y_1, y_2, \cdots, y_r, r$ 个值,那么调查获取的条件次数可以排成一个 $r \times c$ 列联表。如表 8−3。相对于每一个条件次数 $f_{ij} (i=1,2,\cdots,r; j=1,2,\cdots,c)$ 的理论次数即期望次数记作 e_{ij}。则

$$e_{ij} = n \left(\frac{f_{i \cdot}}{n} \right) \left(\frac{f_{\cdot j}}{n} \right) = \frac{f_{i \cdot} f_{\cdot j}}{n} \tag{8.1}$$

式中,$i=1,2,\cdots,r; j=1,2,\cdots,c$。条件次数之和与理论预期次数之和相等,都等于总次数,即有

$$\sum_{i=1}^{r} \sum_{j=1}^{c} e_{ij} = \sum_{i=1}^{r} \sum_{j=1}^{c} f_{ij} = n \tag{8.2}$$

若 H_0 成立,则条件次数应是理论的预期次数,也就是说实际次数 f_{ij} 应与理论预期次数 e_{ij} 相等,其差值为 0。但测量结果,实际次数 f_{ij} 往往与理论期望次数 e_{ij} 有差异,这时可以用其差值的大小来度量两个变量相关的程度。相差愈大,表明 H_0 为真的可能性愈小,即 X 与 Y 无关的可能性愈小。相反,差值愈小,即二者愈接近,H_0 为真的可能性愈大,X 与 Y 之间相关的可能性愈小。为避免 f_{ij} 与 e_{ij} 差值的正负抵消,可以采用差值的平方和,这就是 χ^2 检验中的统计量 Q。

$$Q = \sum_{i=1}^{r} \sum_{j=1}^{c} \frac{(f_{ij} - e_{ij})^2}{e_{ij}} \tag{8.3}$$

统计量 Q 近似服从自由度 $df=(r-1)(c-1)$ 的 χ^2 分布,在附表 I 中,可以根据给定的显著性水平 α,自由度 df,查找 H_0 为真时的临界值 χ_α^2。若 $Q \geqslant \chi_\alpha^2$,则拒绝 H_0,表明变量 X 与 Y 之间不独立,存在相关。若 $Q < \chi_\alpha^2$,则不能拒绝 H_0,表明变量 X 与 Y 之间独立,即二者不存在相关。

（二）基于 χ^2 值的相关测量

χ^2 检验利用统计量 Q,可以检验列联表中变量间是否存在相关,但无法测量其相关的程度。在许多的研究中,常称统计量 Q 为 χ^2 值,因此,利用 Q 值计算相关系数,以度量变量间相关程度的方法称之为基于 χ^2 值的相关测量法。列联表中,利用 Q 计算的相关系数主要有以下几种。

1. φ 相关系数

对于 2×2 的列联表(如表 8−4 所示)计算 φ 相关系数即 Phi 系数,它是由单位的 Q 值或 χ^2 值构成。其计算公式为:

$$\varphi = \sqrt{\frac{Q}{n}} \tag{8.4}$$

式中,Q 是用(9.3)式计算得到的统计量,$n = a+b+c+d$,n 为列联表的总频数即总次数。

计算公式或为:

$$\varphi = \sqrt{\frac{\chi^2}{n}} = \frac{ad - bc}{\sqrt{(a+b)(c+d)(a+c)(b+d)}} \tag{8.5}$$

显然:当 $ad = bc$, $\varphi = 0$,表明变量 X 与 Y 之间独立;当 $b = 0$, $c = 0$,或 $a = 0$, $d = 0$,此时 $|\varphi| = 1$,表明变量 X 与 Y 之间完全相关。一般地, $|\varphi|$ 越接近于 1,表明 X 与 Y 之间的相关性越强;反之, $|\varphi|$ 越接近于 0,表明 X 与 Y 之间的相关性越弱。因为列联表中变量的位置可以互换, φ 的符号没有实际意义,所以取绝对值即可。

2. 列联相关系数 C

列联相关系数 C 可用于大于 2×2 列联表中的变量间的相关程度的测度,它是对 φ 相关系数的改进,计算公式为:

$$C = \sqrt{\frac{Q}{Q + n}} \tag{8.6}$$

C 的取值范围是 $0 \leqslant C < 1$,由于根号内的分母总是大于分子,所以最大值不能达到 1。依然是:当 C 值越接近于 1,表明两个变量间的相关性越强;越接近于 0,相关性越弱,极端地,当 C = 0 表明列联表中的两个变量独立。另外,C 的数值大小取决于列联表的行数和列数,并随行数和列数的增大而增大,因此根据不同行和列的列联表计算的列联系数不便于比较。

3. 克拉默的 V 相关系数——Cramer's V

对列联系数 C 改进,克拉默的 V 相关系数(Cramer's V Coefficient of Association)避免了 C 值无上限(C 值上限不到 1)的不足,是一个较为适用的以 χ^2 值为基础的相关系数。其计算公式为:

$$V = \sqrt{\frac{Q}{n \min[(r-1), (c-1)]}} \tag{8.7}$$

分母中 $\min[(r-1), (c-1)]$ 表示取 $(r-1)$ 和 $(c-1)$ 中的较小者。

V 的取值范围是 $0 \leqslant V \leqslant 1$。V = 0 表明列联表中的两个变量独立,即不存在相关;V = 1 表明列联表中的两个变量完全相关。与 C 相同,不同行和列的列联表计算的克拉默的 V 相关系数不便于比较。当列联表中有一维的水平为 2 时, $\min[(r-1), (c-1)] = 1$,此时 $V = \varphi$ 。

三、应用

【例 8.1】 检验学历与性别是否存在相关。

表 8-5　学历与性别二维列联表

性别＼学历次数	文盲	小学以上、高中以下学历	大专及其以上学历	合计
男	15	360	160	535
女	25	340	100	465
合计	40	700	260	1000

提出假设检验：

$$H_0:学历与性别独立$$

$$H_1:学历与性别相关$$

以下为分步骤手算过程：

计算各个条件次数对应的期望频数：

$$e_{11} = \frac{f_1. \times f_{\cdot 1}}{n} = \frac{535 \times 40}{1000} = 21.4$$

$$e_{12} = \frac{f_1. \times f_{\cdot 2}}{n} = \frac{535 \times 700}{1000} = 374.5$$

$$e_{13} = \frac{f_1. \times f_{\cdot 3}}{n} = \frac{535 \times 260}{1000} = 139.1$$

$$e_{21} = \frac{f_2. \times f_{\cdot 1}}{n} = \frac{465 \times 40}{1000} = 18.6$$

$$e_{22} = \frac{f_2. \times f_{\cdot 2}}{n} = \frac{465 \times 700}{1000} = 325.5$$

$$e_{23} = \frac{f_2. \times f_{\cdot 3}}{n} = \frac{465 \times 260}{1000} = 120.9$$

表 8－6 学历与性别的期望频数表

性别＼学历期望	文盲	小学以上、高中以下学历	大专及其以上学历	合计
男	21.40	374.50	139.10	535.00
女	18.60	325.50	120.90	465.00
合计	40.00	700.00	260.00	1000.00

计算统计量 Q，由公式 $Q = \sum_{i=1}^{r}\sum_{j=1}^{c}\frac{(f_{ij}-e_{ij})^2}{e_{ij}}(i=1,2;j=1,2,3)$，计算得：

$$Q = \frac{(15-21.4)^2}{21.4} + \frac{(25-18.6)^2}{18.6} + \frac{(360-374.5)^2}{374.5} + \frac{(340-325.5)^2}{325.5}$$

$$+ \frac{(160-139.1)^2}{139.1} + \frac{(100-120.9)^2}{120.9} = 12.0768$$

自由度 $df=(3-1)(2-1)=2$，显著性水平 $\alpha=0.05$，由附表 I 查得 $\chi^2_{0.05}(2)=5.99$，显然 $Q=12.0768 > \chi^2_{0.05}(2)=5.99$，因此拒绝原假设，表明在 0.05 的显著性水平下，学历与性别之间存在显著的相关关系。

然后计算列联表中的相关系数：

由于 φ 系数是 2×2 列联表的相关测度，而这里是 2×3 的列联表，所以不必计算 φ 系数。而只计算：

列联系数:$C = \sqrt{\dfrac{Q}{Q+n}} = \sqrt{\dfrac{12.0768}{1000+12.0768}} = 0.1092$

克拉默的 $V = \sqrt{\dfrac{Q}{n\min[(r-1)(c-1)]}} = \sqrt{\dfrac{12.0768}{1000 \times 1}} = 0.1099$

但它们的值都很小,因此认为学历与性别的相关程度很低。

以下使用软件计算:

(Ⅰ)SPSS 操作

1. 首先建立数据文件。

将表 8—5 转化为如图 8—1 所示的数据文件格式。定义三个变量:性别、学历和人数,其中前两个为分类变量,"性别"变量取值 1、2;"学历"变量取值为 1、2、3。

	性别	学历	人数	var
1	1	1	15	
2	1	2	360	
3	1	3	160	
4	2	1	25	
5	2	2	340	
6	2	3	100	
7				

图 8—1　数据文件格式

这里"性别"变量的值标签定义为:1="男",2="女"。"学历"变量的值标签定义为:1="文盲",2="小学以上、高中以下学历"、3="大专及其以上学历"。

顺序点击 Data→Weight Cases,打开其对话框,如图 8—2 所示。用"人数"变量作为权重进行加权处理。

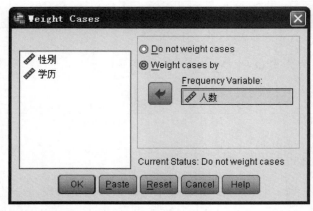

图 8—2

2. 依次点击 Analyze→Descriptive Statistics →Crosstabs,如图 8—3 所示。

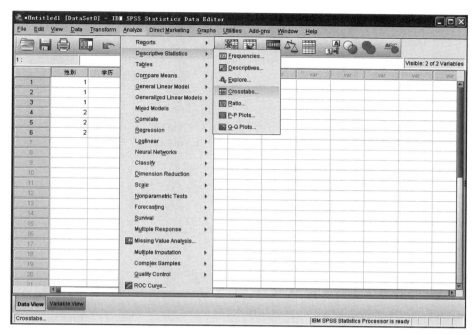

图 8－3

3. 打开列联分析的 Crosstabs 对话框，如图 8－4 所示。分别将"性别"作为行变量移入 Row(s)框中，将"学历"作为列变量移入 Column(s)框中。

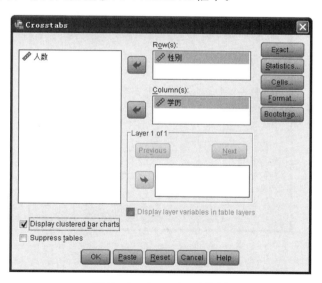

图 8－4　Crosstabs 对话框

4. 选择统计量：点击右上角的 Statistics 按钮，打开其对话框，如图 8－5 所示。勾选其上的 Chi-square 进行 χ^2 检验，及相关测量中的 Contingency coefficient、Phi and Cramer's V 等选项。然后点击 Continue 按钮回到 Crosstabs 主对话框。再点击右上角的 Cells 按钮，打开其对话框，如图 8－6 所示，勾选相关选项。之后点击 Continue 再次回到 Crosstabs 主对话框，点击 OK 按钮执行，得到输出结果，整理如表 8－7 所示。

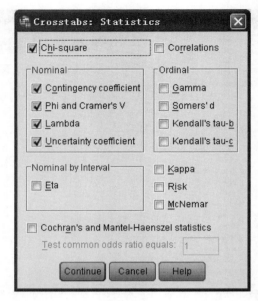

图 8－5

图 8－6

表 8－7 性别 ＊ 学历 Crosstabulation

			学历			Total
			文盲	小学以上、高中及以下学历	大专及其以上学历	Total
性别	男	Count	15	360	160	535
		％ within 性别	2.8％	67.3％	29.9％	100.0％
		％ within 学历	37.5％	51.4％	61.5％	53.5％
		％ of Total	1.5％	36.0％	16.0％	53.5％
	女	Count	25	340	100	465
		％ within 性别	5.4％	73.1％	21.5％	100.0％
		％ within 学历	62.5％	48.6％	38.5％	46.5％
		％ of Total	2.5％	34.0％	10.0％	46.5％
Total		Count	40	700	260	1000
		％ within 性别	4.0％	70.0％	26.0％	100.0％
		％ within 学历	100.0％	100.0％	100.0％	100.0％
		％ of Total	4.0％	70.0％	26.0％	100.0％

由表 8－7 可以看出男性文盲比例 2.8％,低于女性 5.4％的低学历。而女性高学历仅有 21.5％,低于男性高学历的 29.9％。总体趋势为,从低学历到高学历,无论男女所占百分比都是低学历所占比例最小,其次是高学历,中等学历所占比重最大。女性的学历水平低于男性的。

可以配合图 8－7 更加直观地看出不同性别的各个学历人数分布。

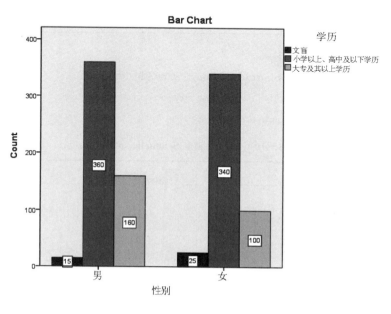

图 8－7

　　可以在 Crosstabs 对话框中（如图 8－4 所示），勾选左下角的 Display clustered bar chart 选项，输出按照性别分组的学历人数分布图 8－7。

表 8－8　卡方检验表 Chi-Square Tests

	Value	df	Asymp. Sig. (2-sided)
Pearson Chi-Square	12.077[a]	2	.002
Likelihood Ratio	12.166	2	.002
Linear-by-Linear Association	11.895	1	.001
N of Valid Cases	1000		

a. 0 cells (0.0%) have expected count less than 5. The minimum expected count is 18.60.

　　这里 Pearson $\chi^2 = 12.077$，自由度 $df = 2$，相应的渐进的 P 值为 $0.002 < \alpha = 0.01$，拒绝 H_0，认为学历与性别相关。与手算结果一致。而且 SPSS 还输出了对数似然比统计量，这里为 12.166。

　　另外，SPSS 还输出了相关性度量统计量：

表 8－9　方向性测度 Directional Measures

			Value	Asymp. Std. Error[a]	Approx. T[b]	Approx. Sig
Nominal by Nominal	Lambda	Symmetric	.013	.008	1.583	.113
		性别 Depndent	.022	.013	1.583	.113
		学历 Dependent	.000	.000	.0	.0
	Goodman and Kruskal tau	性别 Dependent	.012	.007		.002
		学历 Dependent	.006	.004		.002

a. Not assuming the null hypothesis.

b. Using the asymptotic standard error assuming the null hyothesis.

c. Cannot be computed because the asympototic standard error equals zero.

d. Based on chi-square approximation.

表 8－10　对称性测度 Symmetric Measures

		Value	Approx. Sig.
Nominal by Nominal	Phi	.110	.002
	Cramer's V	.110	.002
	Contingency Coefficient	.109	.002
N of Valid Cases		1000	

a. Not assuming the null hypothesis.

b. Using the asymptotic standard error assuming the null hypothesis.

由表 8—10 可知：列联系数 C＝0.109，Cvamer 的 V＝0.110 均接近于 0，说明学历与性别的关联程度极弱。

这里保留三位小数，Cramer 的 V＝0.110，列联系数：C＝0.109 都与手算结果相同。因为这里不是 2×2 的列联表，所以不必解释 φ 系数（但 SPSS 一定要与 Cramer 的 V 同时输出）。

（Ⅱ）R 操作

R 代码：

```
>  x<-c(15,360,160,25,340,100)
>  dim(x)<-c(3,2)
>  chisq.test(x)
```

输出结果：

　　　　Pearson's Chi-squared test

data:　x

X-squared=12.0768, df=2, p-value=0.002385

（Ⅲ）SAS 操作

SAS 程序：

```
data cross;
input sex edu number@ @ ;
cards;
1  1  15
1  2  360
1  3  160
2  1  25
2  2  340
2  3  100
;
proc freq ;
tables sex* edu/chisq measure norow nocol;
weight number;
run ;
```

运行结果：

The SAS System

The FREQ Procedure

Frequency Percent Row Pct Col Pct	Table of sex by edu			
	edu			
sex	1	2	3	Total
1	15 1.50 2.80 37.50	360 36.00 67.29 51.43	160 16.00 29.91 61.54	535 53.50
2	25 2.50 5.38 62.50	340 34.00 73.12 48.57	100 10.00 21.51 38.46	465 46.50
Total	40 4.00	700 70.00	260 26.00	1000 100.00

Statistics for Table of sex by edu

Statistic	DF	Value	Prob
Chi-Square	2	12.0768	0.0024
Likelihood Ratio Chi-Square	2	12.1660	0.0023
Mantel-Haenszel Chi-Square	1	11.8952	0.0006
Phi Coefficient		0.1099	
Contingency Coefficient		0.1092	
Cramer's V		0.1099	

Sample Size = 1000

四、列联表的 PRE 测量法

PRE 即为 Proportionate Reduction in Error 的缩写,相关测量法中凡是具有削减误差比例意义的均称为 PRE 测量法。

在实际研究中,仅仅研究变量间相关程度是不够的,往往需要利用变量间的相关关系,从一个变量去预测另一变量。也就是说,在测量相关时,能够得知进行预测将消减多大比例的误差。因此,PRE 测量法比基于 χ^2 值的测量法更有意义。列联表的 PRE 测量法不受测量层次的限制,这也使它比基于 χ^2 值的测量应用更广泛。

SPSS 等软件给出了它们的计算。本书不细致讲解,详见参考文献[1],这里只给出 PRE 测量法的一个总结表,如表 8—11 所示。

表 8—11　列联表的 PRE 测量法小结

相关测量法	适用于	相关测量（公式略）		特点	显著性检验
		非对称关系	对称关系		
Lambda(λ)	适用于两个定类变量间的相关程度测度	λ_{yx}	λ	1. 取值范围[0,1]； 2. 利用众数对 Y 进行预测。	χ^2
Goodman-Kruskal Tau(τ)	也适用于定类变量与定类变量间的相关程度测量	τ_y		1. 取值范围[0,1]； 2. 利用边缘次数提供的比例对 Y 进行预测 2×2 时，$\tau_y = \tau_x$。	
Gamma(γ)	适用于两个定序变量间的相关程度测量 G 系数测量对称关系的相关程度		G	1. 取值范围[-1,1]； 2. 无论用 X 预测 Y，还是用 Y 预测 X，G 值相同。	$Z = G\sqrt{\dfrac{n_s + n_d}{n(1-G^2)}}$
Somer's d	适用于两个定序变量间的相关程度测量	d_{yx}		1. 取值范围[-1,1]； 2. 考虑到了同分数目。	近似正态检验 $Z = \dfrac{S'}{Se}$
相关比率测量法 η^2（eta 平方系数）记作 E^2	适用于一个定类变量（X）或一个定序变量（X）与一个定距变量间的相关程度测量	E^2		取值范围[0,1]。	$F = \dfrac{BBS/(k-1)}{WSS/(n-k)}$

五、高维列联表与其独立性检验

（一）高维列联表及其描述统计分析

除了上述两个变量构成的二维列联表之外，还可以有多维，如有三个或三个以上变量组成的维数多的称作高维列联表。另外，这些变量中每个都有两个或更多的水平，比如表 8—12，即再加入一个收入变量且有低、中、高三个水平，学历有三个水平，性别有两个水平等。因此有 $3\times3\times2$ 的列联表，如表 8—12 的阴影所示。这里将学历设为行（row）变量、将收入等级设为列（column）变量，将性别变量设为分层（layer）变量。

表 8—12　学历、收入、性别的 $3\times3\times2$ 三维列联表

性别（Z）	学历（X）	收入（Y）			合计
		低	中	高	
男	文盲	11	3	1	15
	小学以上、高中及以下	278	46	36	360
	大专及以上学历	4	37	119	160
女	文盲	20	5	0	25
	小学以上、高中及以下	205	88	47	340
	大专及以上学历	32	15	53	100
合计	—	550	194	256	1000

可以仿照经过整理的数据例 8.1 的操作，非常方便地使用 SPSS 对三维列联表进行描述

统计分析,这里以例 8.2 给出一个原始数据的处理技术,即不必加权,相比更加简单。

【例 8.2】 根据 SPSS 自带的 Employeedata. sav 数据文件,得到 id(编号)、gender(性别)、educ(受教育年限)和 minority(种族属性)四个变量。其中种族只取两个取值 0 和 1,0 表示非少数种族,1 表示少数种族;受教育年限 educ 变量进行重编码(Recode)得到学历 educat 变量,将其分成三组:12 年及其以下取值为 1(大致为高中及其以下学历)、13—16 年取值为 2(本科学历)、17 年及其以上取值为 3(研究生学历)。数据如图 8—8 所示。下面做 gender(性别)、educat(学历)及 minority(种族属性)的三维列联表及其独立性检验。

id	gender	educ	educat	minority
1	m	15	2	0
2	m	16	2	0
3	f	12	1	0
4	f	8	1	0
5	m	15	2	0
6	m	15	2	0
7	m	15	2	0
8	f	12	1	0
9	f	15	2	0
10	f	12	1	0
11	f	16	2	0
12	m	8	1	1
13	m	15	2	1
14	f	15	2	1

图 8—8 数据图

1. 顺序点击 Analyze→Deseriptivestatistics→Crosstabs,打开列联分析 Crosstabs 对话框,如图 8—9 所示。

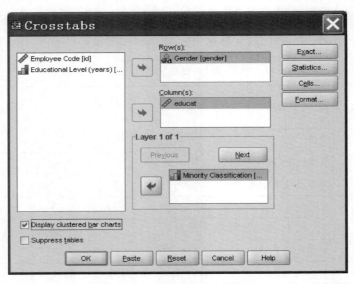

图 8—9 Crosstabs 对话框

　　在 Crosstabs 对话框中,将变量性别"gender"从左侧的列表框内选中并移入行变量 Row(s)框内,将受教育年限编码后得到的学历变量"educat"移入列变量 Column(s)框内,(若此时即点击 OK 钮执行,则会输出一个 2×3 的二维列联表),将变量种族"minority"作为分层变量移入 Layer 框中,若点击 OK,则输出 2×3×2 的三维列联表;若勾选左下方的"Display clustered bar charts"项,则输出聚集的条形图。

　　2. 选择统计量。点击 Crosstabs 对话框右侧的 Statistics 按钮,打开其对话框如图 8—10 所示。在 Statistics 对话框内,勾选 Chi-square(χ^2)项,以输出独立性检验的表。本例不是定距及定比尺度测量的数据,不必选择简单相关系数 Correlations 项。根据数据的类型选择相应的列联相关测量值:在定类数据 Nominal 栏下,勾选列联系数"Contingency coefficient""phi(φ)and Cramer's V"选项(φ 系数本例不选,因它只用于 2×2 列联表,但 SPSS 把它与 Cramer 的 V 统计量放在一个选项上,也只能一并选上)、Lambda(λ)和不确定系数"Uncertainty coefficient"。也可选择定序数据 Ordinal 栏下的 Gamma、Somers'd 及 Kendall 的 τ_b 和 τ_c。Nominal Interval 栏下的"Eta"选项不选,因为本例不是定距及定比尺度测量的数据。点击 Continue 按钮回到 Crosstabs 主对话框图 8—9。

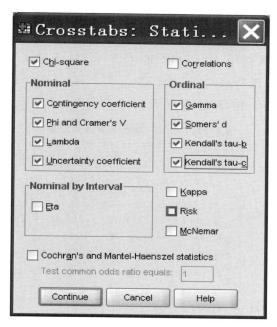

图 8—10　Statistics 对话框

　　3. 点击 Crosstabs 对话框右侧的 Cells 按钮,打开对话框,如图 8—11 所示。在 Cell Display 对话框内,勾选 Count(计数)栏下的:Observed(观测频数)与 Expected(期望频数)两个选项;勾选 Percentages 百分比栏下的:Row(行百分比)、Column(列百分比)和 Total(总百分比)三个选项。输出列联表如表 8—13。点击 Continue 按钮回到 Crosstabs 主对话框。

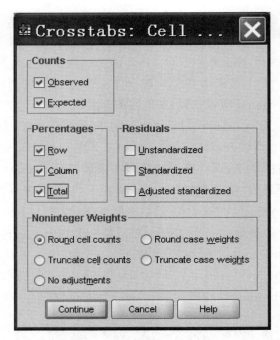

图 8—11　Cell Display 对话框

4. 在 Crosstabs 对话框中，点击 OK 按钮执行。输出结果如表 8—13、图 8—12、表 8—14以及表 8—15 和表 8—16。

表 8—13 是性别、学历、种族属性交叉表，且含有期望频数和行、列、总百分比。

表 8—13　性别×学历×种族列联表

Minority Classification				recode educ			Total
				12 年及其以下	13—16 年	17 年及其以上	
No	Gender	Female	Count	128	47	1	176
			Expected Count	84.7	69.9	21.4	176.0
			% within Gender	72.7%	26.7%	.6%	100.0
			% within recode educ	71.9%	32.0%	2.2%	47.6%
			% of Total	34.6%	12.7%	.3%	47.6%
		Male	Count	50	100	44	194
			Expected Count	93.3	77.1	23.6	194.0
			% within Gender	25.8%	51.5%	22.7%	100.0%
			% within recode educ	28.1%	68.%	97.8%	52.4%
			% of Total	13.5%	27.00	11.9%	52.4%
	Total		Count	178	147	45	370
			Expected Count	178.0	147.0	45.0	370
			% within Gender	48.1%	39.7%	12.2%	100.0%
			% within recode educ	100.0%	100.0%	100.0%	100.0%
			% of Total	48.1%	39.7%	12.2%	100.0%

续表

Minority Classification				recode educ			Total
				12 年及其以下	13—16 年	17 年及其以上	
Yes	Gender	Fenale	Count	30	10	0	40
			Expected Count	25.0	13.1	1.9	40.0
			% within Gender	75.0%	25.0%	.0%	100.0%
			% within recode educ	46.2%	29.4%	.0%	38.5%
			% of Total	28.8%	9.6%	.0%	38.5%
		Male	Count	35	24	5	64
			Expected Count	40.0	20.9	3.1	64.0
			% within Gender	54.7%	37.5%	7.8%	100.0%
			% within recode educ	53.8%	70.6%	100.0%	61.5%
			% of Total	33.7%	23.1%	4.8%	61.5%
	Total		Count	65	34	5	104
			Expected Count	65.0	34.0	5.0	104.0
			% within Gender	62.5%	32.7%	4.8%	100.0%
			% within recode educ	100.0%	100%	100.0%	100.0%
			% of Total	62.5%	32.7%	4.8%	100.0%

在表 8—13 中,结合图 8—12,可以看出:非少数种族的女性低学历的比例为 72.7%,高于男性低学历的比例 25.8%;而相反女性高学历的比例仅 0.6%,远远低于男性高学历的比例 22.7%。在少数种族中,从低学历至高学历,无论男女都是同样的递减趋势——即低学历的所占百分比高,中等学历的所占百分比其次,最少的就是高学历的所占百分比,只不过女性这种趋势更明显,分别为 75%、25% 和 0。

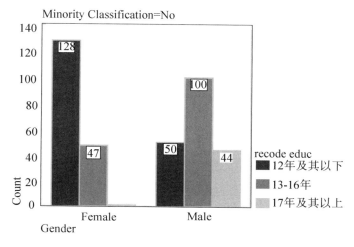

图 8—12—a

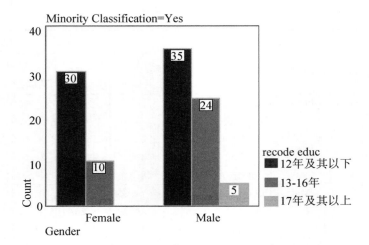

图 8－12－b

表 8－14　卡方检验表（Chi-Spuare Tests）

Minority Classification		Value	df	Asymp. Sig. (2-sided)
No	Pearson Chi-Square	93.724[a]	2	.000
	Likelihood Ratio	106.930	2	.000
	N of Valid Cases	370		
Yes	Pearson Chi-Square	5.926[b]	2	.052
	Likelihood Ratio	7.668	2	.022
	N of Valid Cases	104		

a. 0 cells(.0%)have expected count less than 5. The minimum expected count is 21.41

b. 2 cells (33.3%)have expected count less than 5. The minimum expected count is 1.92.

表 8－15　方向性测度

Minority Classification			Value	Asymp. Std. Error[a]	Appr ox. t[b]	Appr ox. t[b]
No	Nominal by Nominal Uncertainty Coefficient	Symmetric	.173	.027	6.197	.000[c]
		Gender Dependent	.209	.034	6.197	.000[c]
		recode educ Dependent	.148	.023	6.197	.000[c]
	Ordinal by Ordinal Somers'd	Symmetric	.480	.039	11.997	.000
		Gender Dependent	.441	.039	11.997	.000
		recode educ Dependent	.527	.044	11.997	.000
Yes	Nominal by Nominal Uncertainty Coefficient	Symmetric	.050	.025	1.959	.022[c]
		Gender Dependent	.055	.028	1.959	.022[c]
		recode educ Dependent	.046	.022	1.959	.022[c]
	Ordinal by Ordinal Somers'd	Symmetric	.217	.087	2.434	.015
		Gender Dependent	.211	.084	2.434	.015
		recode educ Dependent	.223	.091	2.434	.015

a. Not assuming the null hypothesis.

b. Using the asymptotic standard error assuming the mull hypothesis.

c. Likelihood ratio chi-square probability.

表 8—14 表明,在非少数种族类型中,$\chi^2 = 93.724$,相应的 P 值小于 0.001,表示 H_0 成立的概率极小,即拒绝"性别"与"学历"相互独立的原假设,认为两者之间具有高度显著的相关关联。由图 8—12 聚集的条形图可以直观地看到,女性低学历人数比男性多,同时男性高学历人数比女性高。表 8—14 还表明,在少数种族类型中,$\chi^2 = 5.926$,P 值 = 0.052 > 0.05,因此在 0.05 的显著性水平下,没有理由拒绝两个变量独立的零假设,表示"性别"与"学历"这两个变量之间相互独立,没有显著的相关关联。

在表 8—15 的方向性测度(Directional Measures)中,有两类系数:不确定系数(Uncertainty Coefficient)和 Somers'd。每类系数均有三种形式:对称(Symmetric)、以性别为因变量及以学历为因变量的。本例关心两种形式:对称(Symmetric)和以学历为因变量。表 8—15 中显示,非少数种族的对称不确定系数为 0.173,少数种族的对称不确定系数为 0.050;以学历为因变量的非少数种族的对称不确定系数为 0.148,少数种族的对称不确定系数为 0.046;Somers'd 值类似。因此,非少数种族的列联相关程度高于少数种族的。

在表 8—16 的对称性测度(Symmetric Measures)中,有 Crammer's V 值列联系数、Kendall 的 τ 系数值以及 γ 值(Gamma)。由表可知,非少数种族的各项值均高于少数种族的,显示出预测力非少数种族更强。表 8—16 显示少数种族的 Crammer's V 值列联系数近似的 P 值为 0.052,在 0.05 的显著性水平下不显著。

表 8—16　对称性测度

Minority Classification			Value	Asymp. Std. Error[a]	Approx. T[b]	Approx. Sig.
No	Nominal by Nominal	Phi	.503			.000
		Cramer's V	.503			.000
		Contingency Coefficient	.450			.000
	Ordinal by Ordinal	Kendall's tau-b	.482	.039	00.997	.000
		Kendall's tau-c	.526	.044	11.997	.000
		Gamma	.783	.043	11.997	.000
	N of Valid Cases		370			
Yes	Nominal by Nominal	Phi	.239			.052
		Cramer's V	.239			.052
		Contingency Coefficient	.232			.052
	Ordinal by Ordinal	Kendall's tau-b	.217	.087	2.434	.015
		Kendall's tau-c	.211	.087	2.434	.015
		Gamma	.449	.171	2.434	.015
	N of Valid Cases		104			

a. Not assuming the null hypothesis.

b. Using the asymptotic standard error assuming the null hypothesis.

(二)高维列联表的独立性检验

高维列联表的独立性检验要比二维列联表的独立性检验复杂,这是因为二维列联表只涉及两个变量,二者的独立性检验仅用一个卡方 χ^2 检验统计量即可完成。但高维列联表所涉及的变量多于两个,或者说至少有三个,因此可能研究的是所有变量间是否相互独立,也可能希望检验某些变量与其他一些变量相互独立,或者某一特定变量与其余变量无关。

1. 三个变量相互独立性的检验

若三个变量分别记作 X、Y、Z,则检验三个变量相互独立的假设组为

$$H_0: X、Y、Z \text{ 间相互独立}$$
$$H_1: X、Y、Z \text{ 间不完全独立}$$

仍需要确定 H_0 为真时的检验统计量,然后得到其抽样分布,再确定 P 值,对拒绝或不拒绝 H_0 进行判定。

设某一观察值出现在第 ijk 格中的概率为 $p_{ijk}(i=1,2,\cdots,r;j=1,2,\cdots,c;k=1,2,\cdots,l)$,第 i 行、第 j 列,第 k 层变量的边缘概率分别为 $p_{i..}$,$p_{.j.}$,$p_{..k}$,则 X、Y、Z 相互独立时有

$$p_{ijk} = p_{i..} \, p_{.j.} \, p_{..k}$$

因此,原假设 H_0 为

$$H_0: p_{ijk} = p_{i..} \, p_{.j.} \, p_{..k}$$

当 H_0 为真时,期望次数 e_{ijk} 为

$$\begin{aligned} e_{ijk} &= n \, \frac{f_{i..}}{n} \cdot \frac{f_{.j.}}{n} \cdot \frac{f_{..k}}{n} \\ &= f_{i..} \, f_{.j.} \, f_{..k}/n^2 \end{aligned} \tag{8.8}$$

实际次数 f_{ijk} 与期望次数 e_{ijk} 越接近,表明变量间相互独立的可能性愈大,反之,f_{ijk} 与 e_{ijk} 的差值越大,表明变量间相互独立的可能性愈小。检验统计量 Q 的计算如式(8.9)。

$$Q = \sum_{i=1}^{r} \sum_{j=1}^{c} \sum_{k=1}^{l} \frac{(f_{ijk} - e_{ijk})^2}{e_{ijk}} \tag{8.9}$$

高维列联表情况下,统计量 Q 的自由度可以由式(8.10)计算得到。

在三维表中,$r \times c \times l$ 的格数为 rcl。统计量 Q 的自由度为

$$\begin{aligned} df &= (rcl-1)-(r-1)-(c-1)-(l-1) \\ &= rcl - r - c - l + 2 \end{aligned} \tag{8.10}$$

确定 P 值。从而决策是否拒绝 H_0。

实际运算时,统计量 Q 的计算公式还可以采用另一种形式,即式(8.11)。

$$Q = n^2 \left(\sum_{i=1}^{r} \sum_{j=1}^{c} \sum_{k=1}^{l} \frac{f_{ijk}^2}{f_{i..} \, f_{.j.} \, f_{..k}} - \frac{1}{n} \right) \tag{8.11}$$

(8.11)式也可以写成

$$Q = n^2 \sum_{i=1}^{r} \sum_{j=1}^{c} \sum_{k=1}^{l} \frac{f_{ijk}^2}{f_{i..} \, f_{.j.} \, f_{..k}} - n \tag{8.12}$$

当调查数据拒绝 H_0 时,可以对列联表作进一步的分析,研究是由于哪些变量引起拒绝 H_0。

2. 局部独立性检验

三个变量间相互独立性的假设被拒绝,并不意味着所有变量之间都存在着显著的联系。可能是两个变量间相关,而与第三个变量完全独立,即有局部独立性;也可能是两个变量在第三个变量的每一水平上是独立的,但两个变量的每一个都与第三个变量相关,即当给定第三个变量的水平时,前两个变量是条件独立的。为了能更深入地研究变量间的关系,常常需要对列联表作深入的分析。例如,对三维表建立下述的三个独立性假设:

$$H_0^{(1)}: p_{ijk} = p_{i..} \, p_{.jk} \text{(行变量独立于列和层变量)}$$
$$H_0^{(2)}: p_{ijk} = p_{.j.} \, p_{i.k} \text{(列变量独立于行和层变量)}$$
$$H_0^{(3)}: p_{ijk} = p_{..k} \, p_{ij.} \text{(层变量独立于列和行变量)}$$

对于 $H_0^{(1)}$ 来说,$p_{ijk} = p_{i..} \, p_{.jk}$ 成立,意味着,$p_{ij.} = p_{i..} \, p_{.j.}$ 并且 $p_{i.k} = p_{i..} \, p_{..k}$ 成立,这也就是说,$H_0^{(1)}$ 是行变量和列变量独立与行变量和层变量独立的混合假设。

为检验假设,可以按照与以前相同的方式进行。若 $H_0^{(1)}$ 为真,即 $p_{ijk} = p_{i..} \, p_{.jk}$ 成立时,第 ijk 格的期望次数为

$$e_{ijk} = n \cdot \frac{f_{i..}}{n} \cdot \frac{f_{.jk}}{n} = \frac{f_{i..} \, f_{.jk}}{n} \tag{8.13}$$

实际次数 f_{ijk} 与期望次数 e_{ijk} 的差值,可以用来判定变量间相互独立的可能性。其差值越小,相互独立的可能性越大,反之,差值越大,相互独立的可能性越小。检验统计量仍为 Q,其计算公式为

$$Q = \sum_{i=1}^{r} \sum_{j=1}^{c} \sum_{k=1}^{l} \frac{(f_{ijk} - e_{ijk})^2}{e_{ijk}} \tag{8.14}$$

这与(8.9)式相同。Q 统计量遵从 χ^2 分布,其自由度用(8.15)式确定。表的格数为 rcl,为检验假设要估计 $p_{i..}$ 和 $p_{.jk}$,估计 $p_{i..}$ 的数目为 $(r-1)$ 个,而估计 $p_{.jk}$ 的数目即列×层的数目为 $(cl-1)$ 个。因此,自由度为

$$df = (rcl - 1) - (r - 1) - (cl - 1) = rcl - r - cl + 1 \tag{8.15}$$

χ^2 检验中确定 P 值的方法在这里同样适用。根据 df、显著性水平 α,以及 Q 值,可以对假设作出判定。

【例 8.3】　某地区随机抽取 97 人,对他们的呼吸情况、年龄和吸烟状况进行调查,结果见表 8-17。试分析呼吸情况、年龄和吸烟状况是否有关。

表 8-17　呼吸情况与年龄、吸烟状况调查表

年龄 (Z_k)	吸烟状况 (X_i)	呼吸状况(Y_j)			合　计
		正　常	尚　可	异　常	
<40	从不吸烟	16	15	5	36
	吸烟	7	34	3	44

续表

年龄 (Z_k)	吸烟状况 (X_i)	呼吸状况（Y_j）			合 计
		正 常	尚 可	异 常	
40－59	从不吸烟	1	3	1	5
	吸烟	1	8	3	12
合 计		25	60	12	97

1. 三个变量是否相互独立

分析：为了检验呼吸情况、年龄和吸烟状况是否有关，可以建立假设

$$H_0:P_{ijk}=P_{i..}P_{.j.}P_{..k}$$
$$H_1:P_{ijk}\neq P_{i..}P_{.j.}P_{..k}$$

或用文字表述

H_0：呼吸情况、年龄、吸烟状况相互独立

H_1：呼吸情况、年龄、吸烟状况不相互独立

即检验三个变量是否相互独立，采用检验统计量

$$Q=n^2\sum_{i=1}^{r}\sum_{j=1k=1}^{c}\sum_{k=1}^{l}\frac{f_{ijk}^2}{f_{i..}\ f_{.j.}\ f_{..k}}-n=17.3$$

这里 $df=rcl-r-c-l+2=7$，若 $\alpha=0.05$，查附表Ⅰ得到临界值 $\chi_{0.05}^2(7)=14.07$。

显然 $Q=17.3>\chi_{0.05}^2(7)=14.07$，所以在 0.05 的显著性水平上拒绝 H_0，认为三个变量不是相互独立的。因而对这个三维列联表应进一步研究，考察是哪些变量引起拒绝 H_0 的。

2. 局部独立性检验

分析：呼吸情况、年龄和吸烟状况三个变量不相互独立，但并不一定说明三个变量都有显著关联。因此，再次利用表 8－17 的数据检验年龄是否独立于呼吸情况和吸烟状况。建立假设组，用文字表述为

$H_0^{(1)}$：年龄与吸烟状况和呼吸情况无关

$H_1^{(1)}$：年龄与吸烟状况和呼吸情况有关

或

$H_0^{(1)}$：年龄独立于吸烟状况和呼吸情况

$H_1^{(1)}$：年龄不独立于吸烟状况和呼吸情况

以下使用软件计算：

（Ⅰ）SPSS 操作

高维列联表的独立性检验须通过对数线性模型 Loglinear 过程实现。

1. 首先建立数据文件。

设置四个变量，除了"年龄""吸烟状况"和"呼吸情况"之外，还有一个"人数"变量。年龄取值 1、2 分别表示"＜40"和"40－59"；吸烟状况也是取值为 1、2 分别表示"从不吸烟"和

"吸烟";呼吸性取值为 1、2、3 分别表示"正常""尚可"和"异常"。列联表每一格子的数目即为"人数"变量相应的观察值。

数据文件格式如图 8－13 所示。

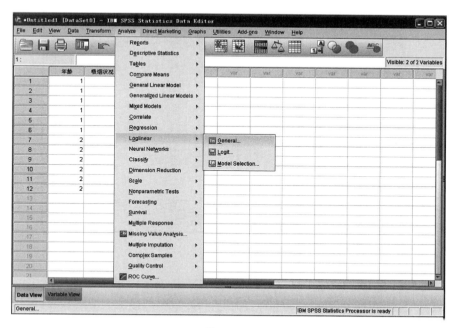

	年龄	吸烟状况	呼吸情况	人数	var
1	1	1	1	16	
2	1	1	2	15	
3	1	1	3	5	
4	1	2	1	7	
5	1	2	2	34	
6	1	2	3	3	
7	2	1	1	1	
8	2	1	2	3	
9	2	1	3	1	
10	2	2	1	1	
11	2	2	2	8	
12	2	2	3	3	
13					

图 8－13

2. 仍是先以变量"人数"加权,然后依次点击 Analyze → Loglinear → General,如图 8－14所示。

图 8－14

3. 打开对数线性模型(General Loglinear Analysis)对话框,见图 8－15:将三个变量"年龄、吸烟状况、呼吸情况"移入 Factor(s)栏下,之后点击右侧的 Model 按钮,打开其对话框,如图 8—16 所示。

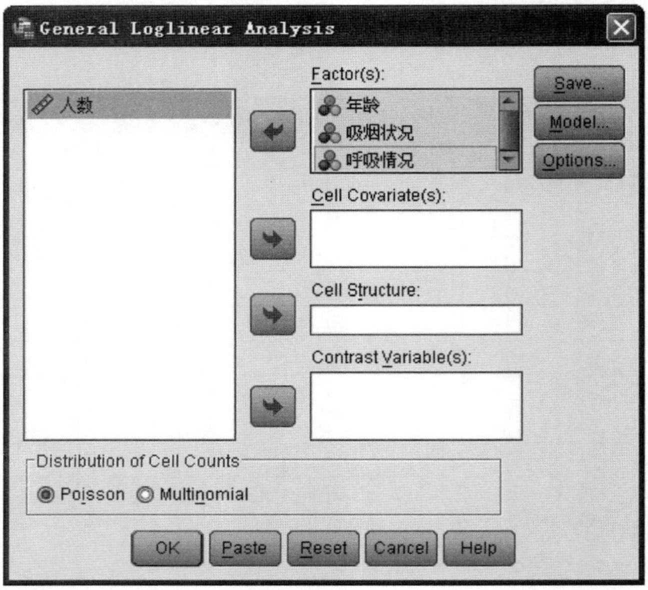

图 8—15

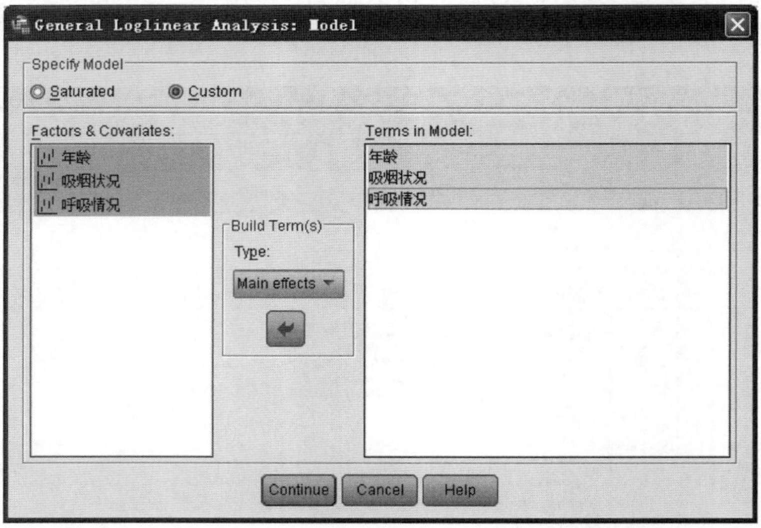

图 8—16

4. 在 General Loglinear Analysis:Model 对话框中,先指定模型——点选 Custom 的自定义模式,再下拉中间部分 Build Term(s)的 Type 类型中选择主效应"Main effcts",之后将三个变量移入右侧的 Terms in Model 框内。其后点击 Continue 按钮返回 General Loglinear Analysis 主对话框,最后点击 OK 按钮执行。

输出结果如下表 8—18:

表 8－18　　**Goodness-of-Fit Tests^{a,b}**

	Value	df	Sig.
Likelihood Ratio	16.419	7	.022
Pearson Chi-Square	17.304	7	.016

a. Model：Poisson

b. Design：Constant ＋年龄 ＋ 吸烟状况 ＋ 呼吸情况

可以看到 Pearson 的 $\chi^2=17.304$，自由度 $df=7$，相应的 P 值为 $0.016<\alpha=0.05$，因此在 0.05 的显著性水平上拒绝 H_0。

这里 SPSS 也同时给出了似然比统计量其值为 16.419，自由度 $df=7$，相应的 P 值为 $0.022<\alpha=0.05$，因此也在 0.05 的显著性水平上拒绝 H_0。

其中似然比统计量的计算公式为：

$$G^2 = -2\ln\Lambda = -2\sum\sum\sum f_{ijk}\ln\left(\frac{f_{i..}f_{.j.}f_{..k}}{n^2 f_{ijk}}\right)$$
$$\sim \chi^2(rcl-r-c-l+2) \tag{8.16}$$

5. 以上是三个变量是否相互独立的结果，欲得到局部独立性检验——如检验"年龄"是否独立于"呼吸情况"和"吸烟状况"，就需要在 General Loglinear Analysis：Model 对话框中，先点选 Custom 自定义模式，再下拉中间部分 Build Term(s) 的 Type 类型中选择 2 维的交互效应"All 2-way"一项。之后先将"年龄"变量移入右侧的 Terms in Model 框内，再同时选中另外两个变量"呼吸情况"和"吸烟状况"将其移入 Terms in Model 框内，如图 8－17 所示；此时会出现"吸烟状况 ＊ 呼吸情况"的交互项。然后点击 Continue 按钮返回 General Loglinear Analysis 主对话框，如图 8－15 所示，最后点击 OK 按钮执行。得到输出结果，见表 8－19。

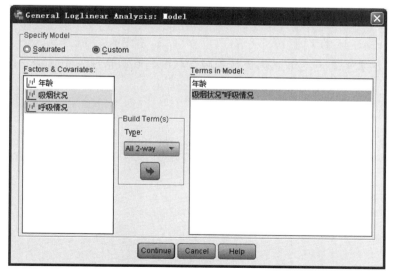

图 8－17

表 8－19　Goodness-of-Fit Tests[a,b]

	Value	df	Sig.
Likelihood Ratio	5.560	5	.351
Pearson Chi-Square	6.191	5	.288

a. Model：Poisson

b. Design：Constant ＋年龄 ＋ 吸烟状况 ＊ 呼吸情况

可以看到 Pearson 的 $\chi^2=6.191$，自由度 $df=5$，相应的 P 值为 $0.288>\alpha=0.10$，因此在 0.10 的显著性水平上不拒绝 H_0，表明年龄独立于其他两个变量"呼吸情况"和"吸烟状况"。

同样似然比统计量其值为 5.560，自由度 $df=5$，相应的 P 值为 $0.351>\alpha=0.10$，因此在 0.10 的显著性水平上也不拒绝 H_0。

若进一步考察呼吸情况和吸烟状况是否有关联，可以通过 Descriptive Statistics 的 Crosstabs 过程来实现，结果如表 8－20 所示。

表 8－20　Chi-Square Tests

	Value	df	Asymp. Sig. (2-sided)
Pearson Chi-Square	10.778[a]	2	.005
Likelihood Ratio	10.859	2	.004
Linear-by-Linear Association	3.486	1	.062
N of Valid Cases	97		

a. 0 cells (0.0%) have expected count less than 5. The minimum expected count is 5.07.

设假设检验组：

$$H_0：吸烟状况与呼吸情况相互独立$$
$$H_1：吸烟状况与呼吸情况不相互独立$$

可以看到 Pearson 的 $\chi^2=10.778$，自由度 $df=2$，相应的 P 值为 $0.005<\alpha=0.01$，所以在 0.01 的显著性水平上拒绝 H_0，因此认为吸烟状况与呼吸情况不相互独立，而是存在相关关系的。

（Ⅱ）R 操作

1. 先建立文本格式的数据文件 asb.txt。

```
age smoke breathe f
1  1  1  16
1  2  1  7
2  1  1  1
2  2  1  1
1  1  2  15
1  2  2  34
2  1  2  3
```

```
2  2  2  8
1  1  3  5
1  2  3  3
2  1  3  1
2  2  3  3
```

2. 采用拟合对数线性模型的代码。

（1）主效应

```
> d < -read.table("C:/My Documents/DONGHQ/asb.txt",sep=" ",header=T)
> a1=loglm(f~age+smoke+breathe,d)
> summary(a1)
```

输出结果：

Formula:

f ~age +smoke +breathe

Statistics:

	X^2	df	P(> X^2)
Likelihood Ratio	16.41922	7	0.02155049
Pearson	17.30382	7	0.01553871

（2）考虑交互作用

```
> a2=loglm(f~age+smoke*breathe,d)
> summary(a2)
```

输出结果：

Formula:

f ~age +smoke *breathe

Statistics:

	X^2	df	P(> X^2)
Likelihood Ratio	5.560306	5	0.3513785
Pearson	6.191387	5	0.2880391

与 SPSS 结果相同。

§8.2　对数线性模型的类型和参数估计

前面关于列联表分析的假设检验，能够有助于揭示变量间的较为复杂的关系，但还没有将这些关系量化，即没有建立起关于变量间关系的模型，对数线性模型恰恰解决了这一问题。

一、模型的引入

在二维列联表中，检验两个变量的相互独立性建立的原假设为

$$p_{ij} = p_{i.} \, p_{.j} \tag{8.17}$$

这一等式表明,在总体内,一次观察落入表中第 ij 格的概率为边缘概率的乘积,这实际上也就确定了数据的结构或模型。对(8.17)式两边同时取对数得到

$$\ln p_{ij} = \ln p_{i.} + \ln p_{.j} \tag{8.18}$$

由于原假设成立时,期望次数 $e_{ij} = n \cdot p_{ij}$ 因此(8.18)式可以写成

$$\ln e_{ij} = \ln e_{i.} + \ln e_{.j} - \ln n \tag{8.19}$$

将(8.19)式两边同时对 i、j 求和得到

$$\sum_{i=1}^{r}\sum_{j=1}^{c} \ln e_{ij} = c\sum_{i=1}^{r}\ln e_{i.} + r\sum_{j=1}^{c}\ln e_{.j} - rc\ln n$$

若定义

$$\mu = \frac{\sum_{i=1}^{r}\sum_{j=1}^{c}\ln e_{ij}}{rc} \tag{8.20}$$

$$\alpha_i = \frac{\sum_{j=1}^{c}\ln e_{ij}}{r} - \frac{\sum_{i=1}^{r}\sum_{j=1}^{c}\ln e_{ij}}{rc} \tag{8.21}$$

$$\beta_j = \frac{\sum_{i=1}^{r}\ln e_{ij}}{c} - \frac{\sum_{i=1}^{r}\sum_{j=1}^{c}\ln e_{ij}}{rc} \tag{8.22}$$

则(8.19)式可以写成

$$\ln e_{ij} = \mu + \alpha_i + \beta_j \quad (i=1,2,\cdots r; j=1,2,\cdots,c) \tag{8.23}$$

这类似于方差分析的模型。

通过二维列联表引入对数线性模型,假定不同的行代表第一个变量 X 的不同水平,不同的列代表第二个变量 Y 的不同水平。用 f_{ij} 表示二维列联表第 i 行,第 j 列的频数。常假定这个频数可以用下面的公式来确定:

$$\ln(f_{ij}) = \mu + \alpha_i + \beta_j + \varepsilon_{ij} \tag{8.24}$$

(8.23)式、(8.24)式即是二维列联表两个变量相互独立时的对数线性模型。这里 α_i 为行变量的第 i 个水平对 $\ln(f_{ij})$ 的影响,而 β_j 为列变量的第 j 个水平对 $\ln(f_{ij})$ 的影响,这两个影响均称为主效应(main effect);ε_{ij} 代表随机误差;μ 为一个截距项(Intercept),表示总平均效应,不属于单独某个效应,当做效应之间的差时会将其减掉。

利用数据可以拟合这个模型就可以得到对于参数的估计(没有绝对意义),以及 α_i 和 β_j 的"估计",但这里的估计是一个变量的各个水平的相对影响。只有事先固定一个参数值比如 $\alpha_1 = 0$,或者设定 $\Sigma\alpha_i = 0$ 这样的约束,才可能估计出各个 α_i 的值;同样,设 $\beta_1 = 0$ 或 $\Sigma\beta_j = 0$,估计出各个 β_j 的值。如果没有约束,那么这些参数是估计不出来的。SPSS 软件的算法为前者,而 SAS 和 R 均为后者。

有了估计的参数,就可以预测出对于 i、j 水平不同组合下的频数 f_{ij} 的对数值,继而导

出频数的估计值。

二维列联表的饱和(Saturated)对数线性模型为：

$$\ln(f_{ij}) = \mu + \alpha_i + \beta_j + (\alpha\beta)_{ij} + \varepsilon_{ij} \qquad (8.25)$$

这里又比主效应模型多出一项 $(\alpha\beta)_{ij}$，它代表第一个"行"变量的第 i 个水平和第二个"列"变量的第 j 个水平对 $\ln(f_{ij})$ 的共同影响作用，称为交互效应(interaction effect)。这个交叉项的诸个参数的大小也是相对的，也需要约束条件来得到其"估计"。

二、三维列联表的对数线性模型

三维列联表的对数线性模型，不仅有第一个变量 X 的不同水平和第二个变量 Y 的不同水平，还有第三个变量 Z 的不同水平。若用 f_{ijk} 表示二维列联表第 i 行，第 j 列，第 k 层的频数。那么主效应模型：

$$\ln(f_{ijk}) = \mu + \alpha_i + \beta_j + \gamma_k + \varepsilon_{ijk} \quad (i=1,2,\cdots,r;j=1,2,\cdots,c;k=1,2,\cdots,l) \quad (8.26)$$

其中 α_i 为行变量的第 i 个水平对 $\ln(f_{ijk})$ 的影响，β_j 为列变量的第 j 个水平，而 γ_k 是分层变量的第 k 个水平对 $\ln(f_{ijk})$ 的影响，这三个影响均为主效应(main effect)；ε_{ijk} 代表随机误差。(8.26)式没有交互效应，就意味着变量 X、Y、Z 相互独立，这等价于检验 X、Y、Z 独立性的假设。

但三维列联表的对数线性模型的饱和模型会更加复杂，其中有两两交互项 $(\alpha\beta)_{ij}$，$(\beta\gamma)_{jk}$ 和 $(\gamma\alpha)_{ki}$，还有三个共同作用交互项 $(\alpha\beta\gamma)_{ijk}$。

$$\ln(f_{ijk}) = \mu + \alpha_i + \beta_j + \gamma_k + (\alpha\beta)_{ij} + (\beta\gamma)_{jk} + (\gamma\alpha)_{ki} + (\alpha\beta\gamma)_{ijk} + \varepsilon_{ijk} \qquad (8.27)$$

值得注意的是，无论模型中假定了多少种效应，并不见得全都有意义，有些可能是多余的。本来没有交互影响的作用，但若先都将其写入模型也可以，则在分析过程中一般可以知道哪些影响是显著的，而哪些是不显著的。然后决定舍取变量进入模型。

将三个变量间的关系总结如表 8—21 所示。

表 8—21　三个变量间的关系归纳表

类型	记号	统计意义	相应模型
Ⅰ	(XYZ)	X、Y、Z 相互不独立	饱和模型：(8.27)式
Ⅱ	(Z,XY)	Z 与 (X,Y) 独立	$\mu + \alpha_i + \beta_j + \gamma_k + (\alpha\beta)_{ij}$
	(Y,XZ)	Y 与 (X,Z) 独立	$\mu + \alpha_i + \beta_j + \gamma_k + (\alpha\gamma)_{ik}$
	(X,YZ)	X 与 (Y,Z) 独立	$\mu + \alpha_i + \beta_j + \gamma_k + (\beta\gamma)_{jk}$
Ⅲ	(XZ,YZ)	给定 Z，X 与 Y 独立	$\mu + \alpha_i + \beta_j + \gamma_k + (\alpha\gamma)_{ik} + (\beta\gamma)_{jk}$
	(XY,YZ)	给定 Y，X 与 Z 独立	$\mu + \alpha_i + \beta_j + \gamma_k + (\alpha\beta)_{ij} + (\beta\gamma)_{jk}$
	(XY,XZ)	给定 X，Y 与 Z 独立	$\mu + \alpha_i + \beta_j + \gamma_k + (\alpha\beta)_{ij} + (\alpha\gamma)_{ik}$
Ⅳ	(X,Y,Z)	X、Y、Z 相互独立	$\alpha_i + \beta_j + \gamma_k$

三、对数线性模型的软件实现

【例 8.4】　续前例 8.3，将对数线性模型进行参数估计及预测。

以下使用软件计算：

（Ⅰ）SPSS 操作

1. 独立性检验

续上一节介绍的操作，首先在对数线性模型（General Loglinear Analysis）的 Model 对话框中，先指定模型——点选 Custom 的自定义模式，选择各种模型，输出所有独立性检验结果（Goodness-of-Fit Tests）。

表 8－22　Goodness-of-Fit Tests[a,b]

	Value	df	Sig.
Likelihood Ratio	5.560	5	.351
Pearson Chi-Square	6.191	5	.288

a. Model：Multinomial

b. Design：Constant ＋年龄 ＋ 吸烟状况 ＊ 呼吸情况

表 8－23　Goodness-of-Fit Tests[a,b]

	Value	df	Sig.
Likelihood Ratio	12.763	5	.026
Pearson Chi-Square	12.645	5	.027

a. Model：Multinomial

b. Design：Constant ＋吸烟状况 ＋ 年龄 ＊ 呼吸情况

表 8－24　Goodness-of-Fit Tests[a,b]

	Value	df	Sig.
Likelihood Ratio	14.977	6	.020
Pearson Chi-Square	15.068	6	.020

a. Model：Multinomial

b. Design：Constant ＋呼吸情况 ＋ 年龄 ＊ 吸烟状况

表 8－25　Goodness-of-Fit Tests[a,b]

	Value	df	Sig.
Likelihood Ratio	11.321	4	.023
Pearson Chi-Square	11.166	4	.025

a. Model：Multinomial

b. Design：Constant ＋年龄 ＊ 吸烟状况 ＋ 年龄 ＊ 呼吸情况

表 8－26　Goodness-of-Fit Tests[a,b]

	Value	df	Sig.
Likelihood Ratio	4.118	4	.390
Pearson Chi-Square	4.510	4	.341

a. Model：Multinomial

b. Design：Constant ＋年龄 ＊ 吸烟状况 ＋ 吸烟状况 ＊ 呼吸情况

表 8－27 **Goodness-of-Fit Tests**[a,b]

	Value	df	Sig.
Likelihood Ratio	1.904	3	.593
Pearson Chi-Square	1.871	3	.600

a. Model：Multinomial

b. Design：Constant ＋年龄 ＊ 呼吸情况 ＋ 吸烟状况 ＊ 呼吸情况

饱和模型的检验结果：

表 8－28 **Goodness-of-Fit Tests**[a,b]

	Value	df	Sig.
Likelihood Ratio	.000	0	.
Pearson Chi-Square	.000	0	.

a. Model：Multinomial

b. Design：Constant ＋年龄 ＋ 吸烟状况 ＋ 呼吸情况 ＋ 年龄 ＊ 吸烟状况 ＋ 年龄 ＊ 呼吸情况 ＋ 吸烟状况 ＊ 呼吸情况 ＋ 年龄 ＊ 吸烟状况 ＊ 呼吸情况

若设年龄为 X，吸烟状况为 Y，呼吸情况为 Z，则将以上结果集中整理为表 8－29。

表 8－29 独立性检验小结表

模型	df	Likelihood Ratio		Pearson χ²		结论
		值	P 值	值	P 值	
(X,Y,Z)	7	16.419	0.022	17.304	0.016	X、Y、Z 之间不独立
(X,YZ)	5	5.56	0.351	6.191	0.288	X 与(Y,Z)之间独立
(Y,XZ)	5	12.763	0.026	12.645	0.027	Y 与(X,Z)之间不独立
(Z,XY)	6	14.977	0.02	15.068	0.02	Z 与(X,Y)之间不独立
(XY,XZ)	4	11.321	0.023	11.166	0.025	给定 X,Y 与 Z 之间不独立
(XY,YZ)	4	4.118	0.39	4.51	0.341	给定 Y,X 与 Z 之间独立
(XZ,YZ)	3	1.904	0.593	1.871	0.60	给定 Z,X 与 Y 之间独立
(XYZ)	0	0		0		

X 与 Y、Z 之间独立：即年龄 X 与吸烟状况 Y，呼吸情况 Z 是独立的；且在给定 X 的情况下，Y 与 Z 之间不独立，即表示在任何年龄段吸烟状况与呼吸情况是相关的。

2. 参数估计

在对数线性模型（General Loglinear Analysis）对话框上，见图 8－15：点击右侧的 Options 按钮，打开其对话框，如图 8－18 所示，勾选 Estimates 选项以输出参数估计。点击 Continue 返回 General Loglinear Analysis 主对话框。

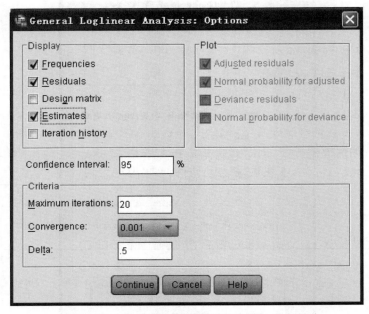

图 8—18

（1）主效应模型的参数估计结果

表 8—30　**Parameter Estimates**[c, d]

Parameter	Estimate	Std. Error	Z	Sig.	95% Confidence Interval	
					Lower Bound	Upper Bound
Constant	.194[a]					
[年龄 ＝ 1]	1.549	.267	5.800	.000	1.025	2.072
[年龄 ＝ 2]	0[b]	.	.	.	.	.
[吸烟状况 ＝ 1]	−.312	.206	−1.517	.129	−.715	.091
[吸烟状况 ＝ 2]	0[b]	.	.	.	.	.
[呼吸状况 ＝ 1]	.734	.351	2.090	.037	.046	1.422
[呼吸状况 ＝ 2]	1.609	.316	5.089	.000	.990	2.229
[呼吸状况 ＝ 3]	0[b]	.	.	.	.	.

a. Constants are not parameters under the multinomial assumption. Therefore，their standard errors are not calculated.

b. This parameter is set to zero because it is redundant.

c. Model：Multinomial

d. Design：Constant ＋年龄 ＋ 吸烟状况 ＋ 呼吸状况

（2）饱和模型的参数估计结果

表 8－31　ParameterEstimates[c,d]

Parameter	Estimate	Std. Error	Z	Sig.	95% Confidence Interval	
					Lower Bound	Upper Bound
Constant	1.253[a]					
［年龄 ＝ 1］	−3.574E−015	.756	.000	1.000	−1.482	1.482
［年龄 ＝ 2］	0[b]	.	.	.	.	.
［吸烟状况 ＝ 1］	−.847	.976	−.868	.385	−2.760	1.065
［吸烟状况 ＝ 2］	0[b]	.	.	.	.	.
［呼吸状况 ＝ 1］	−.847	.976	−.868	.385	−2.760	1.065
［呼吸状况 ＝ 2］	.887	.635	1.397	.162	−.357	2.132
［呼吸状况 ＝ 3］	0[b]	.	.	.	.	.
［年龄 ＝ 1］ ＊ ［吸烟状况 ＝ 1］	1.299	1.192	1.090	.276	−1.036	3.635
［年龄 ＝ 1］ ＊ ［吸烟状况 ＝ 2］	0[b]	.	.	.	.	.
［年龄 ＝ 2］ ＊ ［吸烟状况 ＝ 1］	0[b]	.	.	.	.	.
［年龄 ＝ 2］ ＊ ［吸烟状况 ＝ 2］	0[b]	.	.	.	.	.
［年龄 ＝ 1］ ＊ ［呼吸状况 ＝ 1］	1.609	1.171	1.374	.169	−.686	3.905
［年龄 ＝ 1］ ＊ ［呼吸状况 ＝ 2］	1.401	.847	1.653	.098	−.260	3.062
［年龄 ＝ 1］ ＊ ［呼吸状况 ＝ 3］	0[b]	.	.	.	.	.
［年龄 ＝ 2］ ＊ ［呼吸状况 ＝ 1］	0[b]	.	.	.	.	.
［年龄 ＝ 2］ ＊ ［呼吸状况 ＝ 2］	0[b]	.	.	.	.	.
［年龄 ＝ 2］ ＊ ［呼吸状况 ＝ 3］	0[b]	.	.	.	.	.
［吸烟状况 ＝ 1］ ＊ ［呼吸状况 ＝ 1］	.847	1.512	.560	.575	−2.116	3.810
［吸烟状况 ＝ 1］ ＊ ［呼吸状况 ＝ 2］	−.040	1.164	−.034	.973	−2.322	2.242
［吸烟状况 ＝ 1］ ＊ ［呼吸状况 ＝ 3］	0[b]	.	.	.	.	.
［吸烟状况 ＝ 2］ ＊ ［呼吸状况 ＝ 1］	0[b]	.	.	.	.	.
［吸烟状况 ＝ 2］ ＊ ［呼吸状况 ＝ 2］	0[b]	.	.	.	.	.
［吸烟状况 ＝ 2］ ＊ ［呼吸状况 ＝ 3］	0[b]	.	.	.	.	.
［年龄 ＝ 1］ ＊ ［吸烟状况 ＝ 1］ ＊ 呼吸状况 ＝ 1］	−.511	1.717	−.298	.766	−3.876	2.854
［年龄 ＝ 1］ ＊ ［吸烟状况 ＝ 1］ ＊ 呼吸状况 ＝ 2］	−1.212	1.384	−.875	.381	−3.926	1.501
［年龄 ＝ 1］ ＊ ［吸烟状况 ＝ 1］ ＊ 呼吸状况 ＝ 3］	0[b]	.	.	.	.	.
［年龄 ＝ 1］ ＊ ［吸烟状况 ＝ 2］ ＊ 呼吸状况 ＝ 1］	0[b]	.	.	.	.	.
［年龄 ＝ 1］ ＊ ［吸烟状况 ＝ 2］ ＊ 呼吸状况 ＝ 2］	0[b]	.	.	.	.	.
［年龄 ＝ 1］ ＊ ［吸烟状况 ＝ 2］ ＊ 呼吸状况 ＝ 3］	0[b]	.	.	.	.	.
［年龄 ＝ 2］ ＊ ［吸烟状况 ＝ 1］ ＊ 呼吸状况 ＝ 1］	0[b]	.	.	.	.	.
［年龄 ＝ 2］ ＊ ［吸烟状况 ＝ 1］ ＊ 呼吸状况 ＝ 2］	0[b]	.	.	.	.	.
［年龄 ＝ 2］ ＊ ［吸烟状况 ＝ 1］ ＊ 呼吸状况 ＝ 3］	0[b]	.	.	.	.	.
［年龄 ＝ 2］ ＊ ［吸烟状况 ＝ 2］ ＊ 呼吸状况 ＝ 1］	0[b]	.	.	.	.	.
［年龄 ＝ 2］ ＊ ［吸烟状况 ＝ 2］ ＊ 呼吸状况 ＝ 2］	0[b]	.	.	.	.	.
［年龄 ＝ 2］ ＊ ［吸烟状况 ＝ 2］ ＊ 呼吸状况 ＝ 3］	0[b]	.	.	.	.	.

a. Constants are not parameters under the multinomial assumption. Therefore，their standard errors are not calculated.

b. This parameter is set to zero because it is redundant.

c. Model：Multinomial

d. Design：Constant ＋年龄 ＋ 吸烟状况 ＋ 呼吸状况 ＋ 年龄 ＊ 吸烟状况 ＋ 年龄 ＊ 呼吸状况 ＋ 吸烟状况 ＊ 呼吸状况 ＋ 年龄 ＊ 吸烟状况 ＊ 呼吸状况

3. 预测

再在对数线性模型（General Loglinear Analysis）对话框上，见图 8－15：点击右侧的 Save 按钮，打开其对话框，如图 8－19 所示，勾选 Predicted values 选项以输出预测值。也可以选择其他的选项以便对模型进行检验。

图 8－19

点击 Continue 返回 General Loglinear Analysis 主对话框。最后，点击 OK 按钮执行。

如图 8－20 所示，在数据编辑窗口看到新生成的预测值 PRE，其中 PRE_1、PRE_2 分别为主效应模型和饱和模型得到的预测值。

	年龄	吸烟状况	呼吸状况	人数	PRE_1	PRE_2	var
1	1	1	1	16	8.72	16.50	
2	1	1	2	15	20.92	15.50	
3	1	1	3	5	4.18	5.50	
4	1	2	1	7	11.90	7.50	
5	1	2	2	34	28.57	34.50	
6	1	2	3	3	5.71	3.50	
7	2	1	1	1	1.85	1.50	
8	2	1	2	3	4.44	3.50	
9	2	1	3	1	.89	1.50	
10	2	2	1	1	2.53	1.50	
11	2	2	2	8	6.07	8.50	
12	2	2	3	3	1.21	3.50	
13							

图 8－20

其算法以主效应模型为例，根据表 8－30，可以得到每个 $\ln(f_{ijk})$ 的预测值：

$\ln(f_{111})=0.194+1.549-0.312+0.734=2.165$；年龄＝1，吸烟状况＝1，呼吸状况＝1

$\ln(f_{112})=0.194+1.549-0.312+1.609$；年龄＝1，吸烟状况＝1，呼吸状况＝2

$\ln(f_{113})=0.194+1.549-0.312$；年龄＝1，吸烟状况＝1，呼吸状况＝3

$\ln(f_{121})=0.194+1.549+0.734$；年龄＝1，吸烟状况＝2，呼吸状况＝1

$\ln(f_{122})=0.194+1.549+1.609$；年龄＝1，吸烟状况＝2，呼吸状况＝2

$\ln(f_{123})=0.194+1.549$；年龄＝1，吸烟状况＝2，呼吸状况＝3

$\ln(f_{211})=0.194-0.312+0.734$；年龄＝2，吸烟状况＝1，呼吸状况＝1

$\ln(f_{212})=0.194-0.312+1.609$；年龄＝2，吸烟状况＝1，呼吸状况＝2

$\ln(f_{213})=0.194-0.312$；年龄＝2，吸烟状况＝1，呼吸状况＝3

$\ln(f_{221})=0.194+0.734$；年龄＝2，吸烟状况＝2，呼吸状况＝1

$\ln(f_{222})=0.194+1.609$；年龄＝2，吸烟状况＝2，呼吸状况＝2

$\ln(f_{223})=0.194$；年龄＝2，吸烟状况＝2，呼吸状况＝3

求其指数，从而得到如 $\hat{f}_{111}=\exp(2.165)=8.71$ 等，即为 SPSS 软件得到的 PRE_1。

事实上，根据独立性检验的小结表可知：最适合的对数线性模型应为：

$$\ln(f_{ijk})=\mu+\alpha_i+\beta_j+(\gamma\alpha)_{ki}+(\beta\gamma)_{jk}+\varepsilon_{ijk}$$

注意 Model 的选择，如图 8－21 所示。

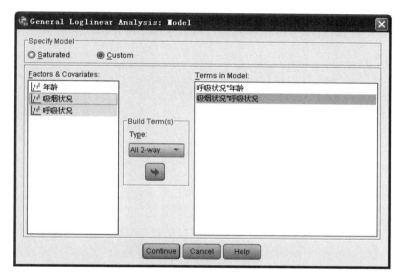

图 8－21

用 SPSS 软件得到的参数估计结果：

表 8－32　ParameterEstimates[c,d]

Parameter	Estimate	Std. Error	Z	Sig.	95% Confidence Interval	
					Lower Bound	Upper Bound
Constant	.693[a]					
［年龄＝1］＊［呼吸状况＝1］	1.303	.680	1.917	.055	−.029	2.635
［年龄＝1］＊［呼吸状况＝2］	2.842	.601	4.731	.000	1.665	4.019
［年龄＝1］＊［呼吸状况＝3］	.693	.612	1.132	.258	−.507	1.893
［年龄＝2］＊［呼吸状况＝1］	−1.139	.958	−1.189	.234	−3.018	.739
［年龄＝2］＊［呼吸状况＝2］	1.348	.657	2.052	.040	.061	2.635
［年龄＝2］＊［呼吸状况＝3］	0[b]	.	.	.	.	.

续表

Parameter	Estimate	Std. Error	Z	Sig.	95% Confidence Interval	
					Lower Bound	Upper Bound
[吸烟状况 = 1] * [呼吸状况 = 1]	.754	.429	1.758	.079	−.087	1.594
[吸烟状况 = 1] * [呼吸状况 = 2]	−.847	.282	−3.008	.003	−1.399	−.295
[吸烟状况 = 1] * [呼吸状况 = 3]	2.238E−015	.577	.000	1.000	−1.132	1.132
[吸烟状况 = 2] * [呼吸状况 = 1]	0^b	.	.	.	.	.
[吸烟状况 = 2] * [呼吸状况 = 2]	0^b	.	.	.	.	.
[吸烟状况 = 2] * [呼吸状况 = 3]	0^b	.	.	.	.	.

a. Constants are not parameters under the multinomial assumption. Therefore, their standard errors are not calculated.

b. This parameter is set to zero because it is redundant.

c. Model：Multinomial

d. Design：Constant ＋年龄 * 呼吸状况 ＋ 吸烟状况 * 呼吸状况

　　如图 8－22 所示,最终预测值:PRE_3,人数－ PRE_3 得到的残差应该是最小的,可以进一步分析。

	年龄	吸烟状况	呼吸状况	人数	PRE_1	PRE_2	PRE_3
1	1	1	1	16	8.72	16.50	15.64
2	1	1	2	15	20.92	15.50	14.70
3	1	1	3	5	4.18	5.50	4.00
4	1	2	1	7	11.90	7.50	7.36
5	1	2	2	34	28.57	34.50	34.30
6	1	2	3	3	5.71	3.50	4.00
7	2	1	1	1	1.85	1.50	1.36
8	2	1	2	3	4.44	3.50	3.30
9	2	1	3	1	.89	1.50	2.00
10	2	2	1	1	2.53	1.50	.64
11	2	2	2	8	6.07	8.50	7.70
12	2	2	3	3	1.21	3.50	2.00

图 8－22

（Ⅱ）SAS 操作

　　三个变量年龄(age)、吸烟状况(smoke)、呼吸情况(breathe),其中:age ＝0,表示"＜40";age ＝1,表示"40—59"。smoke＝0,表示"从不吸烟";smoke＝1,表示"吸烟"。breathe ＝1、2、3 分别表示正常、尚可、异常。以下是对数线性模型程序。

　　SAS 程序:

```
data log;
input age smoke breathe f;
cards;
0 0 1 16
0 1 1 7
1 0 1 1
1 1 1 1
0 0 2 15
0 1 2 34
```

```
1  0  2  3
1  1  2  8
0  0  3  5
0  1  3  3
1  0  3  1
1  1  3  3
;
proc catmod ;
weight f;
model age* smoke* breathe= _response_;
loglin age|smoke|breathe;
run ;
```

运行结果：

The SAS System

The CATMOD Procedure

Data Summary			
Response	age*smoke*breathe	Response Levels	12
Weight Variable	f	Populations	1
Data Set	LOG	Total Frequency	97
Frequency Missing	0	Observations	12

Population Profiles	
Sample	Sample Size
1	97

Response Profiles			
Response	age	smoke	breathe
1	0	0	1
2	0	0	2
3	0	0	3
4	0	1	1
5	0	1	2
6	0	1	3
7	1	0	1
8	1	0	2
9	1	0	3
10	1	1	1
11	1	1	2
12	1	1	3

Maximum Likelihood Analysis

Maximum likelihood computations converged.

Maximum Likelihood Analysis of Variance			
Source	DF	Chi-Square	Pr > ChiSq
age	1	19.04	<.0001
smoke	1	0.53	0.4682
age*smoke	1	1.46	0.2270
breathe	2	17.40	0.0002
age*breathe	2	2.37	0.3051
smoke*breathe	2	2.70	0.2591
age*smoke*breathe	2	0.91	0.6355
Likelihood Ratio	0	.	.

Analysis of Maximum Likelihood Estimates					
Parameter		Estimate	Standard Error	Chi-Square	Pr > ChiSq
age	0	0.7820	0.1792	19.04	<.0001
smoke	0	-0.1300	0.1792	0.53	0.4682
age*smoke	0 0	0.2166	0.1792	1.46	0.2270
breathe	1	-0.3152	0.2794	1.27	0.2593
	2	0.8583	0.2090	16.87	<.0001
age*breathe	0 1	0.3976	0.2794	2.02	0.1547
	0 2	-0.0179	0.2090	0.01	0.9316
smoke*breathe	0 1	0.3367	0.2794	1.45	0.2282
	0 2	-0.3198	0.2090	2.34	0.1260
age*smoke*breathe	0 0 1	-0.00988	0.2794	0.00	0.9718
	0 0 2	-0.1759	0.2090	0.71	0.3999

这里,SAS 结果与 R 的一致,但与 SPSS 关于对数线性模型的算法不同。

(Ⅲ)R 操作

将对数线性模型检验的 R 语句整理成表 8—33。

表 8—33　独立性检验的 R 语句表

模型记号	检验目的	R 语句
(X,Y,Z)	X、Y、Z 相互独立	loglin(xt,list(1,2,3))
(X,YZ)	X 与(Y,Z)独立	loglin(xt,list(1,c(2,3)))
(Y,XZ)	Y 与(X,Z)独立	loglin(xt,list(2,c(1,3)))
(Z,XY)	Z 与(X,Y)独立	loglin(xt,list(3,c(1,2)))

续表

模型记号	检验目的	R 语句
(XY, XZ)	给定 X, Y 与 Z 独立	$\mathrm{loglin}(\mathrm{xt}, \mathrm{list}(c(1,2), c(1,3)))$
(XY, YZ)	给定 Y, X 与 Z 独立	$\mathrm{loglin}(\mathrm{xt}, \mathrm{list}(c(1,2), c(2,3)))$
(XZ, YZ)	给定 Z, X 与 Y 独立	$\mathrm{loglin}(\mathrm{xt}, \mathrm{list}(c(1,3), c(2,3)))$

1. 独立性检验

上一节已经建立 asb.txt 文件,以下为R 代码(大于号＞提示符下的)与运行结果:

```
> d < -read.table("C:/My Documents/DONGHQ/asb.txt",sep="",header=T)
> b=xtabs(f~.,d)
> loglin(b,list(1,2,3))
2 iterations: deviation 1.421085e-14
$ lrt
[1] 16.41922

$ pearson
[1] 17.30382

$ df
[1] 7

$ margin
$ margin[[1]]
[1] "age"

$ margin[[2]]
[1] "smoke"

$ margin[[3]]
[1] "breathe"

> loglin(b,list(1,c(2,3)))
2 iterations: deviation 7.105427e-15
$ lrt
[1] 5.560306

$ pearson
[1] 6.191387

$ df
```

[1] 5

$ margin
$ margin[[1]]
[1] "age"

$ margin[[2]]
[1] "smoke"   "breathe"


```
> loglin(b,list(2,c(1,3)))
2 iterations: deviation 7.105427e-15
```
$ lrt
[1] 12.76287

$ pearson
[1] 12.6446

$ df
[1] 5

$ margin
$ margin[[1]]
[1] "smoke"

$ margin[[2]]
[1] "age"   "breathe"


```
> loglin(b,list(3,c(1,2)))
2 iterations: deviation 3.552714e-15
```
$ lrt
[1] 14.97691

$ pearson
[1] 15.06799

$ df
[1] 6

$ margin
$ margin[[1]]
[1] "breathe"

```
$ margin[[2]]
[1] "age"    "smoke"


> loglin(b,list(c(1,2),c(1,3)))
2 iterations: deviation 0
$ lrt
[1] 11.32057


$ pearson
[1] 11.16612


$ df
[1] 4


$ margin
$ margin[[1]]
[1] "age"    "smoke"


$ margin[[2]]
[1] "age"       "breathe"


> loglin(b,list(c(1,2),c(2,3)))
2 iterations: deviation 0
$ lrt
[1] 4.118


$ pearson
[1] 4.510121


$ df
[1] 4


$ margin
$ margin[[1]]
[1] "age"    "smoke"


$ margin[[2]]
[1] "smoke"    "breathe"


> loglin(b,list(c(1,3),c(2,3)))
2 iterations: deviation 0
```

```
$ lrt
[1] 1.903962

$ pearson
[1] 1.871397

$ df
[1] 3

$ margin
$ margin[[1]]
[1] "age"      "breathe"

$ margin[[2]]
[1] "smoke"    "breathe"
```

也可以计算 P 值,如:令 a= loglin(b,list(c(1,3),c(2,3)))。

```
>   a=loglin(b,list(c(1,3),c(2,3)))
2 iterations: deviation 0
> pchisq(a$ lrt,a$ df,low=F)
[1] 0.592577
> pchisq(a$ pearson,a$ df,low=F)
[1] 0.5995228
```

仿照上述代码,将其他模型的 P 值均可计算出来,最终整理所有结果成表 8−29 的形式,以便分析之用。

2. 参数估计的 R 实现

(1)主效应模型

```
> d < -read.table("C:/My Documents/DONGHQ/asb.txt",sep=" ",header= T)
> library(MASS)
>   a1=loglm(f~age+smoke+breathe,d)
>   a1 $ para
```

运行结果:

```
$ `(Intercept)`
[1] 1.593702

$ age
          0                    1
0.7744066            -0.7744066

$ smoke
```

	0	1
	-0.1558898	0.1558898

$ breathe

	1	2	3
	-0.04716652	.82830222	-0.78113570

（2）考虑交互作用——饱和模型

R 代码：

```
> a=loglm(f~age*smoke*breathe,d)
> a $ para
```

运行结果：

$ `(Intercept)`

［1］1.494802

$ age

	0	1
	0.7820245	-0.7820245

$ smoke

	0	1
	-0.1300206	0.1300206

$ breathe

	1	2	3
	-0.3151774	0.8583140	-0.5431365

$ age.smoke

	smoke	
age	0	1
0	0.216553	-0.216553
1	-0.216553	0.216553

$ age.breathe

	breathe		
age	1	2	3
0	0.3976002	-0.01793525	-0.379665
1	-0.3976002	0.01793525	0.379665

$ smoke.breathe

```
          breathe
smoke           1           2           3
    0     0.3366903   -0.3197643   -0.01692603
    1    -0.3366903    0.3197643    0.01692603


$ age.smoke.breathe
, , breathe= 1


      smoke
age             0           1
    0    -0.009883308    0.009883308
    1     0.009883308   -0.009883308


, , breathe= 2


      smoke
age             0           1
    0    -0.1759232    0.1759232
    1     0.1759232   -0.1759232


, , breathe= 3


      smoke
age             0           1
    0     0.1858065   -0.1858065
    1    -0.1858065    0.1858065
```

可将以上结果整理成如前 SPSS 或 SAS 所示的表,以便分析之用。

第 9 章　非参数密度估计与非参数回归简介

非参数估计是指在概率密度函数形式未知的情况下,利用样本数据直接对概率密度进行的估计。其常用的方法有 Parzen 窗法和 K-N 近邻法等。

非参数密度估计和非参数回归的计算量很大,本章将借助于 R 软件实现。

§ 9.1　非参数密度估计

在描述统计中,常常用直方图作为描述分布的图形,这里也可以将直方图作为初等的非参数密度估计。在画直方图时,组距的选择非常关键:如果分组的组距太大分组就会少,可能看不清分布的情况,因此组距要减小,区间变细,此时直方图的边缘才能看起来接近密度函数。

一、密度估计的概念

设数据 x_1、$x_2\cdots$、x_n,在任意点 x 处的核密度估计为:

$$\hat{f}(x) = \frac{1}{nh}\sum_{i=1}^{n}K(\frac{x_i - x}{h}) \tag{9.1}$$

其中 $K(\cdot)$ 称为核函数(Kernel function), n 为样本量; h 是一个平滑参数称为带宽(bandwidth),它类似于直方图的组距,当 h 越大,估计的密度函数越平滑,但偏差会较大;反之,当 h 较小时,估计的密度曲线和样本拟合得较好。$2h$ 有时被称为窗宽。

二、核函数

为了得到一个连续的密度函数积分为 1,核函数 $K(u)$ 必须满足以下几点:

1. 连续的非负且零对称: $K(u) \geqslant 0$

2. $\int_{-\infty}^{\infty}K(u)du = 1, \int_{-\infty}^{\infty}uK(u)du = 0$,且 $\int_{-\infty}^{\infty}|K(u)|du < \infty$

3. 对于一些 u_0,若 $|u| \geqslant u_0$, $K(u) = 0$;或者 $|u| \to \infty$, $|u|K(u) \to 0$

4. $\int_{-\infty}^{\infty}u^2K(u)du = c$,这里 c 为某个常数。

常用的核函数如下:

表 9—1　常用的核函数

核函数名称	R 软件中的名称	核函数 K(u)
均匀核（Parzen 窗法）	uniform	$\frac{1}{2}I(|u| \leqslant 1)$
三角核	triangular	$(1-|u|)I(|u| \leqslant 1)$

续表

核函数名称	R 软件中的名称	核函数 K(u)
Epanechikov	epan	$\frac{3}{4}(1-u^2)I(\mid u\mid\leqslant 1)$
四次方核	quartic	$\frac{15}{16}(1-u^2)^2 I(\mid u\mid\leqslant 1)$
三权核	triweight	$\frac{35}{32}(1-u^2)^3 I(\mid u\mid\leqslant 1)$
高斯(正态)核	gauss	$\frac{1}{\sqrt{2\pi}}e^{-\frac{u^2}{2}}$
余弦核	cosine	$\frac{\pi}{4}\cos(\frac{\pi}{2}u)I(\mid u\mid\leqslant 1)$
指数核	exponent	$e^{\mid u\mid}$

注:上述的 $I(u)$ 为示性函数。

如 Epanechikov 核函数图形如图 9—1。

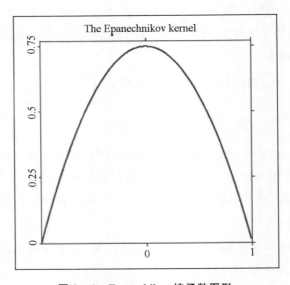

图 9—1　Epanechikov 核函数图形

三、应用

【例 9.1】　随机产生均值为 165,标准差为 15 的模拟人身高的 1000 个数据。R 代码如下:

```
x< - rnorm(1000,165,15)

> x
[1] 160.6253 157.5066 152.1415 157.1094 170.0373 156.0692 153.0263
[8] 198.8352 174.0017 153.9189 174.9735 154.5764 168.3886 178.8865
[15] 186.3508 149.4672 155.2786 177.2118 170.4369 173.2815 167.4296
[22] 163.8489 170.3185 178.4666 185.9035 175.7843 152.6097 135.4631
```

… … … …

[981] 131.3808 197.2907 151.4517 157.1809 181.4317 147.7606 173.3684

[988] 155.7297 157.6425 176.0188 174.0053 194.0245 142.7234 157.6059

[995] 174.5606 151.1121 178.9729 176.4968 119.4822 180.6164

画直方图：

```
> hist(x,breaks=10,freq=F)
```

注意：在 R 语句中，hist(x,breaks=10，freq=F)，breaks 决定了组数的多少，从而也确定了组距的大小。这里 breaks 分别取 10、20 和 50，画出图 9－2 和图 9－3，比较它们，可以看出组距的大小对直方图的影响。

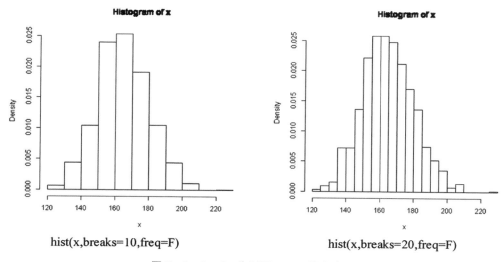

hist(x,breaks=10,freq=F)　　　　hist(x,breaks=20,freq=F)

图 9－2　breaks 分别取 10、20 的直方图

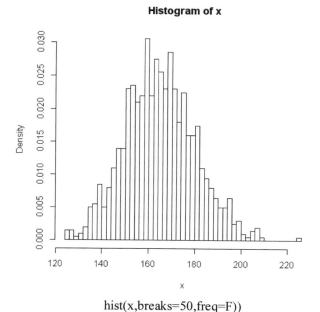

hist(x,breaks=50,freq=F))

图 9－3　breaks 为 50 的直方图

　　与直方图相配的是核密度估计函数 density()，它的功能是用已知的样本数据估计其密度。这里要注意带宽 bw 大小的选取，并选择不同的核函数 kernel。

　　R 代码：

```
> den1< -density(x,bw=0.45,kernel="epan")
> den2< -density(x,bw=0.45,kernel="gauss")
> lines(den1,lty=1,col="blue")
> lines(den2,lty=2, col="green")
```

　　在直方图的基础上，成功画出第一条蓝色密度曲线带宽 bw 为 0.45，核函数 kernel 选择为 Epanechikov，第二条绿色密度曲线带宽 bw 也为 0.45，核函数 kernel 选择为 gauss，如图 9—4所示（图 9—4 彩色形式见书后附录）。

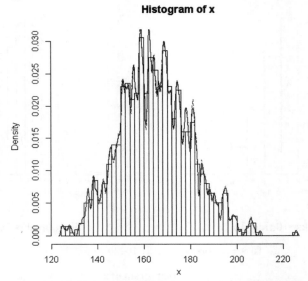

图 9—4　h＝0.45 的 Gauss 核函数与 Epanechnikov 核函数的密度曲线

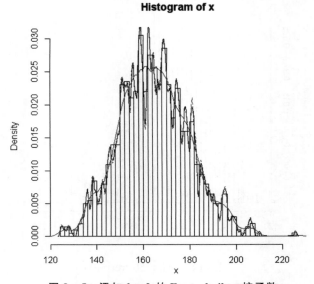

图 9—5　添加 h＝2 的 Epanechnikov 核函数

如果改变带宽 bw 为 2,核函数 kernel 选择为 Epanechikov,以红色画出密度曲线,如图 9－5所示(图 9－5 彩色形式见书后附录),可以看到这条曲线更加平滑,但与原始数据分布的偏差大于带宽 bw 为 0.45 的密度曲线。

R 代码:

```
>   den3 < -density(x,bw=2,kernel="epan")
>   lines(den3,lty=2, col="red")
```

§9.2　非参数回归

非参数回归(Nonparametric Regression)作为新兴的一种函数估计方法,它是与分布无关(distribution free)的,即不依赖于数据的任何先验假设。与此相对应的是参数回归(Parametric Regression)。非参数方法的本质在于:回归函数形式自由,受约束少,模型不是通过先验知识而是通过数据决定,但要注意的是,"非参数"并不表示没有参数,只是表示参数的数目、特征是可变的。

由于非参方法无需数据先验知识,因此它的应用范围就更广;其适应能力强,所以性能更稳健。另外,是使用非参方法的过程较参数方法更为简单。

一、非参数回归的概念

设 Y 为被解释变量,X 为解释变量,当 X 为 d 维随机变量时,(x_i,y_i) 为 (X,Y) 的相互独立的观测样本。回归模型如下:

$$y = m(X_i) + ei \qquad (i = 1, 2, \cdots, n) \tag{9.2}$$

其中 ε_i 为相互度系统分部随机干扰项,满足期望 $E(\varepsilon_i)=0$,方差 $Var(\varepsilon_i)=\sigma^2$ 可以不必是常数,$m(x_i)$ 是未知的函数,目标就是将它估计出来。

非参数回归函数形式是不确定的,但拟合效果却比较好。现实问题研究中,变量之间的关系往往呈现出很难确定的复杂关系,因此非参数回归得到广泛应用。

二、权函数

非参数回归的基本方法包括核函数法、最近邻函数法、样条函数法、小波函数法。这些方法尽管数学形式相距甚远,但都可以视为关于 Y_i 的线性组合的某种权函数。回归函数 $m(x)$ 的估计 $\hat{m}(x)$ 总可以表为下述形式:

$$\hat{m}(x) = \sum_{i=1}^{n} W_i(x) Y_i$$

其中,$W_i(x)$ 称为权函数。这个表达式表明总是 Y_i 的线性组合,一个 Y_i 对应一个 W_i。即用点 x 附近的 Y_i 的加权平均表示 $\hat{m}(x)$。W_i 的生成,也许不仅与 x_i 有关,而且可能与全体的 $\{x_i\}$ 或部分有关,要视具体函数而定。在一般实际问题中,权函数都满足下述条件:

$$W_i(x) \geqslant 0, \ \sum_{i=1}^{n} W_i(x) = 1$$

三、核估计

选定 d 维实数空间上的核函数 K，一般取概率密度。

令：$W_i(x) = K(\frac{x-x_i}{h}) / \sum_{i=1}^{n} K\left(\frac{x-x_i}{n}\right)$

则 $\sum_{i=1}^{n} W_i(x) = 1$。

其中，h 是光滑参数，也称为带宽；K 是一个核函数，且满足：

1. $K(x) \geqslant 0$；

2. $\int_{-\infty}^{+\infty} K(x) dx = 1$；

3. $\int_{-\infty}^{+\infty} x K(x) dx = 0$；

4. $\sigma^2(k) = \int_{-\infty}^{+\infty} x^2 K(x) < \infty$；

5. $c(k) = \int_{-\infty}^{+\infty} K(x)^2 dx < \infty$

窗宽 h 控制着局部邻域的大小，对估计的影响很敏感。窗宽太大，会引起较大估计偏差，造成信息丢失过多，窗宽太小，则会导致较大的估计方差，致使估计不够平滑。所以，取一个合适的窗宽是尤为重要的。窗宽可以分为常窗宽和变窗宽（随着 X_i 变动），当在整个估计区间上 $m(*)$ 的光滑程度相差不多时，采用常窗宽，反之，则采用变窗宽。

为了确定光滑参数，定义风险（均方误差）（mean squared error，MSE）：

$$R(h) = E\left(\frac{1}{n} \sum_{i=1}^{n} \left[\hat{m}_h(x_i) - m(x_i)\right]^2\right)$$

希望选择合适的光滑参数 h，使得风险达到最小——即通过样本数据拟合的回归曲线能够最好地逼近真实的回归曲线，而真实回归函数 $m(x)$ 一般是未知的。因此可以用平均残差平方和来估计风险 $R(h)$。

$$\hat{R}(h) = \frac{1}{n} \sum_{i=1}^{n} \left[y_i - \hat{m}_h(x_i)\right]^2$$

四、N-W 估计

由 Nadaraya 和 Watson 于 1964 年分别提出

$$\hat{m}_h^{NW}(x) = \sum_{i=1}^{n} \frac{K(\frac{x_i-x}{h})}{\sum_{j=1}^{n} K(\frac{x_j-x}{h})} Y_i \quad (0 \leqslant x \leqslant 1)$$

其中，$K_h(\cdot)$ 为核函数，h 为带宽。

事实上，N-W 估计是一种简单的加权平均估计，可以写成线性光滑器：

$$\hat{m}_h^{NW}(x) = \left[\frac{1}{nh} \sum_{i=1}^{n} K(\frac{x_i-x}{h}) Y_i\right] \Big/ \left[\frac{1}{nh} \sum_{j=1}^{n} K(\frac{x_j-x}{h})\right]$$

显然:

$$\frac{1}{nh}\sum_{j=1}^{n}K\left(\frac{x-x_j}{h}\right)$$ 是核密度估计。

五、用 R 实现的例

【例 9.2 】　上市公司深万科 A[000002]股票 2013 年 8 月 22 日－2013 年 1 月 28 日的 106 个交易日收盘价 y,解释变量 x 为时间序号即自然数序列,$n=106$。

现选用 N-W 法,这里取核函数为 Epanechikov 核。

表 9－2　深万科 A 股 2013 年 8 月 22 日－2014 年 1 月 28 日的 106 个交易日收盘价

单位:元

日期	序号	收盘价	日期	序号	收盘价
08/22/2013	1	9.17	11/14/2013	54	8.27
08/23/2013	2	9.15	11/15/2013	55	8.50
08/26/2013	3	9.31	11/18/2013	56	8.78
08/27/2013	4	9.22	11/19/2013	57	8.67
08/28/2013	5	9.03	11/20/2013	58	8.69
08/29/2013	6	9.06	11/21/2013	59	8.42
08/30/2013	7	9.05	11/22/2013	60	8.28
09/02/2013	8	8.88	11/25/2013	61	8.19
09/03/2013	9	9.30	11/26/2013	62	8.13
09/04/2013	10	9.22	11/27/2013	63	8.15
09/05/2013	11	9.25	11/28/2013	64	8.27
09/06/2013	12	9.14	11/29/2013	65	8.35
09/09/2013	13	9.52	12/02/2013	66	8.15
09/10/2013	14	9.67	12/03/2013	67	8.23
09/11/2013	15	9.81	12/04/2013	68	8.32
09/12/2013	16	9.81	12/05/2013	69	8.32
09/13/2013	17	9.73	12/06/2013	70	8.26
09/16/2013	18	9.51	12/09/2013	71	8.21
09/17/2013	19	9.19	12/10/2013	72	8.26
09/18/2013	20	9.22	12/11/2013	73	8.13
09/23/2013	21	9.27	12/12/2013	74	8.11
09/24/2013	22	8.98	12/13/2013	75	8.13
09/25/2013	23	8.77	12/16/2013	76	8.02
09/26/2013	24	8.60	12/17/2013	77	7.86
09/27/2013	25	8.65	12/18/2013	78	7.85
09/30/2013	26	8.72	12/19/2013	79	7.73

续表

日期	序号	收盘价	日期	序号	收盘价
10/08/2013	27	9.14	12/20/2013	80	7.44
10/09/2013	28	8.98	12/23/2013	81	7.38
10/10/2013	29	9.00	12/24/2013	82	7.42
10/11/2013	30	9.02	12/25/2013	83	7.50
10/14/2013	31	8.78	12/26/2013	84	7.39
10/15/2013	32	8.77	12/27/2013	85	7.61
10/16/2013	33	8.65	12/30/2013	86	7.45
10/17/2013	34	8.65	12/31/2013	87	7.61
10/18/2013	35	8.76	01/02/2014	88	7.57
10/21/2013	36	8.77	01/03/2014	89	7.43
10/22/2013	37	8.67	01/06/2014	90	7.07
10/23/2013	38	8.65	01/07/2014	91	7.01
10/24/2013	39	8.55	01/08/2014	92	7.01
10/25/2013	40	8.48	01/09/2014	93	7.05
10/28/2013	41	8.31	01/10/2014	94	6.97
10/29/2013	42	8.44	01/13/2014	95	6.82
10/30/2013	43	8.67	01/14/2014	96	6.82
10/31/2013	44	8.80	01/15/2014	97	6.76
11/01/2013	45	8.98	01/16/2014	98	6.78
11/04/2013	46	8.78	01/17/2014	99	6.67
11/05/2013	47	8.78	01/20/2014	100	6.72
11/06/2013	48	8.61	01/21/2014	101	6.80
11/07/2013	49	8.56	01/22/2014	102	7.21
11/08/2013	50	8.46	01/23/2014	103	7.07
11/11/2013	51	8.30	01/24/2014	104	7.38
11/12/2013	52	8.40	01/27/2014	105	7.24
11/13/2013	53	8.35	01/28/2014	106	7.23

根据如下的 R 代码编程：

```
> require(KernSmooth)
> w=read.table("C:/My Documents/DONGHQ/000002.txt",head=TRUE)
> plot(x,y)
> h=dpill(x,y)
> fit< -locpoly(x,y,kernel="Epanechnikov",bandwidth=h,)
> lines(fit)
```

可以画出如图 9—6 所示的核回归拟合图：

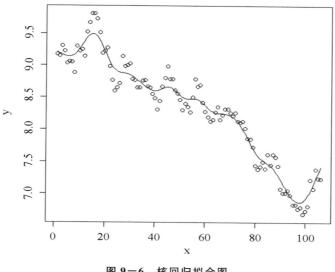

图 9-6　核回归拟合图

若核函数选用其他核,如 Gauss 核, $K(u) = \dfrac{1}{\sqrt{2\pi}} e^{-\frac{u^2}{2}}$,则前面 R 代码中的 kernel 方法可以替换成 kernel＝"normal"。

以上也可以看到非参数回归的缺点是不能进行外推,光滑参数的选取一般较复杂。另外,一般在大样本的情况下才能得到很好的回归效果,而小样本的效果较差。

如前面所看到的,非参数回归对于非线性问题,有非常好的拟合效果。

【例 9.3】　将例 9.2 的数据量扩大,选取万科 A 自 2013 年 8 月 22 日延伸至 2014 年 6 月 20 日的每日收盘价,采用另外两种方法:局部多项式回归法和样条法对万科数据作非参数拟合,给出 R 程序画图。

首先画出数据的散点图:

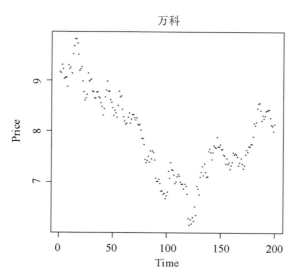

图 9-7　万科 A 自 2013/8/22 至 2014/6/20 日的每日收盘价散点图

1. 局部多项式回归法

R 代码：

```
library(locfit)
library(KernSmooth)
h=dpill(x,y) # Use direct plug-in methodology to select the bandwidth
locresult=locfit(y~x,alpha=c(0,h),deg=1)
plot(x,y,pch=20,cex=0.2,main="Local polynomial")
lines(fitted(locresult),col="red")
n=length(x)
nu=as.numeric(locresult$ dp[6])
nutilde=as.numeric(locresult$ dp[7])
sigmasqrhat=sum(residuals(locresult)^2)/(n-2*nu+nutilde)
sigmasqrhat    # constant variance
diaghat=predict(locresult,where="data",what="infl")
normell=predict(locresult,where="data",what="vari")
critval=kappa0(locresult)$ crit.val
z=log(residuals(locresult)^2)
h=dpill(x,z)
q=locfit(z~x, alpha=c(0,h),deg=1)
q=locfit(z~x, alpha=c(0,h),deg=1)
variance=exp(fitted(q)) # nonconstant variance
plot(x,y,xlab="Time",ylab="Price",pch=20,cex=0.2,main="Local polynomial")
lines(fitted(locresult),col="red",lwd=2)
lines(x,fitted(locresult)+critval* sqrt(sigmasqrhat* normell),col="blue",lty=2,lwd=2)
lines(x,fitted(locresult)- critval* sqrt(sigmasqrhat* normell),col="blue",lty=2,lwd=2)
lines(x,fitted(locresult)+critval* sqrt(variance* normell),col="green",lty=3,lwd=2)
lines(x,fitted(locresult)- critval* sqrt(variance* normell),col="green",lty=3,lwd=2)
legend("topright", legend=c("nonconstant variance","constant variance"),
col=c("green","blue"),lty=c(3,2),lwd=c(2,2))
```

图 9-8 中红线是拟合值，蓝线是在等方差假设下计算出的序列 95% 的置信区间，绿线是在异方差假设下计算出的序列 95% 的置信区间（图 9-8 彩色形式见书后附录）。从图上可以看出在异方差假设下得到的置信区间更精确。

2. 样条法

R 代码：

```
library(splines)
smosplresult=smooth.spline(x,y,cv=FALSE, all.knots=TRUE) # Use Generalized Cross-Validation
plot(x,y,xlab="Time",ylab="Price",pch=20,cex=0.2,main="Spline")
lines(predict(smosplresult),col="blue",lwd=2)
```

图 9-9 中，曲线是样条法的拟合值。从图中可以直观地看出总体上样条法拟合的序列

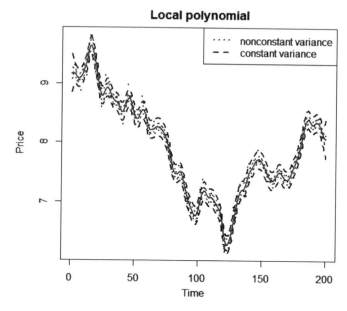

图 9—8　局部多项式回归法的拟合值及置信区间

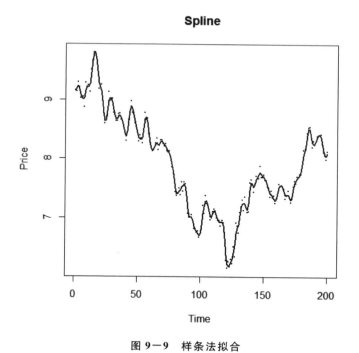

图 9—9　样条法拟合

值比局部多项式回归法稍好些,但是在峰值处的拟合值往往比实际值偏低。

附表 I：χ² 分布表

右尾概率

df	.99	.98	.95	.90	.80	.70	.50	.30	.20	.10	.05	.02	.01	.001
1	.00016	.00063	.0039	.016	.064	.15	.46	1.07	1.64	2.71	3.84	5.41	6.64	10.83
2	.02	.04	.10	.21	.45	.71	1.39	2.41	3.22	4.60	5.99	7.82	9.21	13.82
3	.12	.18	.35	.58	1.00	1.42	2.37	3.66	4.64	6.25	7.82	9.84	11.34	16.27
4	.30	.43	.71	1.06	1.65	2.20	3.36	4.88	5.99	7.78	9.49	11.67	13.28	18.46
5	.55	.75	1.14	1.61	2.34	3.00	4.35	6.06	7.29	9.24	11.07	13.39	15.09	20.52
6	.87	1.13	1.64	2.20	3.07	3.83	5.35	7.23	8.56	10.64	12.59	15.03	16.81	22.46
7	1.24	1.56	2.17	2.83	3.82	4.67	6.35	8.38	9.80	12.02	14.07	16.62	18.48	24.32
8	1.65	2.03	2.73	3.49	4.59	5.53	7.34	9.52	11.03	13.36	15.51	18.17	20.09	26.12
9	2.09	2.53	3.32	4.17	5.38	6.39	8.34	10.66	12.24	14.68	16.92	19.68	21.67	27.88
10	2.56	3.06	3.94	4.86	6.18	7.27	9.34	11.78	13.44	15.99	18.31	21.16	23.21	29.59
11	3.05	3.61	4.58	5.58	6.99	8.15	10.34	12.90	14.63	17.28	19.68	22.62	24.72	31.26
12	3.57	4.18	5.23	6.30	7.81	9.03	11.34	14.01	15.81	18.55	21.03	24.05	26.22	32.91
13	4.11	4.76	5.89	7.04	8.63	9.93	12.34	15.12	16.98	19.81	22.36	25.47	27.69	34.53
14	4.66	5.37	6.57	7.79	9.47	10.82	13.34	16.22	18.15	21.06	23.68	26.87	29.14	36.12
15	5.23	5.89	7.26	8.55	10.31	11.72	14.34	17.32	19.31	22.31	25.00	28.26	30.58	37.70

(附表 I 续)

右尾概率

df	.99	.98	.95	.90	.80	.70	.50	.30	.20	.10	.05	.02	.01	.001
16	5.81	6.61	7.96	9.31	11.15	12.62	15.34	18.42	20.46	23.54	26.30	29.63	32.00	39.29
17	6.41	7.26	8.67	10.08	12.00	13.53	16.34	19.51	21.62	24.77	27.59	31.00	33.41	40.75
18	7.02	7.91	9.39	10.86	12.86	14.44	17.34	20.60	22.76	25.99	28.87	32.35	34.80	42.31
19	7.63	8.57	10.12	11.65	13.72	15.35	18.34	21.69	23.90	27.20	30.14	33.69	36.19	43.82
20	8.26	9.24	10.85	12.44	14.58	16.27	19.34	22.78	25.04	28.41	31.41	35.02	37.57	45.32
21	8.90	9.92	11.59	13.24	15.44	17.18	20.34	23.86	26.17	29.62	32.67	36.34	38.93	46.80
22	9.54	10.60	12.34	14.04	16.31	18.10	21.34	24.94	27.30	30.81	33.92	37.66	40.29	48.27
23	10.20	11.29	13.09	14.58	17.10	19.02	22.34	26.02	28.43	32.01	35.17	38.97	41.64	49.73
24	10.86	11.99	13.85	15.66	18.06	19.94	23.34	27.10	29.55	33.20	36.42	40.27	42.98	51.18
25	11.52	12.70	14.61	16.47	18.94	20.87	24.34	28.17	30.68	34.38	37.65	41.57	44.31	52.62
26	12.20	13.41	15.38	17.29	19.82	21.79	25.34	29.25	31.80	35.56	38.88	42.86	45.64	54.05
27	12.88	14.12	16.15	18.11	20.70	22.72	26.34	30.32	32.91	36.74	40.11	44.14	46.96	55.48
28	13.56	14.86	16.93	18.94	21.59	23.65	27.34	31.39	34.03	37.92	41.34	45.42	48.28	56.89
29	14.26	15.57	17.71	19.77	22.48	24.58	28.34	32.46	35.14	39.09	42.56	46.69	49.59	58.30
30	14.95	16.31	18.49	20.60	23.36	25.51	29.34	33.53	36.25	40.26	43.77	47.96	50.89	59.70

如果 $df>30$，则按 $Z=\sqrt{2Q}-\sqrt{2(df)-1}$ 计算，在附表 IV 中查找相应的近似右尾或左尾概率。

附表 II：二项分布表

n	x	.05	.10	.15	.20	θ .25	.30	.35	.40	.45
1	0	.9500	.9000	.8500	.8000	.7500	.7000	.6500	.6000	.5500
	1	1.0000	1.0000	1.0000	1.0000	1.0000	1.0000	1.0000	1.0000	1.0000
2	0	.9025	.8100	.7225	.6400	.5625	.4900	.4225	.3600	.3025
	1	.9975	.9900	.9775	.9600	.9375	.9100	.8775	.8400	.7975
	2	1.0000	1.0000	1.0000	1.0000	1.0000	1.0000	1.0000	1.0000	1.0000
3	0	.8574	.7290	.6141	.5120	.4219	.3430	.2746	.2160	.1664
	1	.9928	.9720	.9392	.8960	.8438	.7840	.7182	.6480	.5748
	2	.9999	.9990	.9966	.9920	.9844	.9730	.9571	.9360	.9089
	3	1.0000	1.0000	1.0000	1.0000	1.0000	1.0000	1.0000	1.0000	1.0000
4	0	.8145	.6561	.5220	.4096	.3164	.2401	.1785	.1296	.0915
	1	.9860	.9477	.8905	.8192	.7383	.6517	.5630	.4752	.3910
	2	.9995	.9963	.9880	.9728	.9492	.9163	.8735	.8208	.7585
	3	1.0000	.9999	.9995	.9984	.9961	.9919	.9850	.9744	.9590
	4	1.0000	1.0000	1.0000	1.0000	1.0000	1.0000	1.0000	1.0000	1.0000
5	0	.7738	.5905	.4437	.3277	.2373	.1681	.1160	.0778	.0503
	1	.9774	.9185	.8352	.7373	.6328	.5282	.4284	.3370	.2562
	2	.9988	.9914	.9734	.9421	.8965	.8369	.7648	.6826	.5931
	3	1.0000	.9995	.9978	.9933	.9844	.9692	.9460	.9130	.8688
	4	1.0000	1.0000	.9999	.9997	.9990	.9976	.9947	.9898	.9815
	5	1.0000	1.0000	1.0000	1.0000	1.0000	1.0000	1.0000	1.0000	1.0000
6	0	.7351	.5314	.3771	.2621	.1780	.1176	.0754	.0467	.0277
	1	.9672	.8857	.7765	.6554	.5339	.4202	.3191	.2333	.1636
	2	.9978	.9842	.9527	.9011	.8306	.7443	.6471	.5443	.4415
	3	.9999	.9987	.9941	.9830	.9624	.9295	.8826	.8208	.7447
	4	1.0000	.9999	.9996	.9984	.9954	.9891	.9777	.9590	.9308
	5	1.0000	1.0000	1.0000	.9999	.9998	.9993	.9982	.9959	.9917
	6	1.0000	1.0000	1.0000	1.0000	1.0000	1.0000	1.0000	1.0000	1.0000
7	0	.6983	.4783	.3206	.2097	.1335	.0824	.0490	.0280	.0152
	1	.9556	.8503	.7166	.5767	.4449	.3294	.2338	.1586	.1024
	2	.9962	.9743	.9262	.8520	.7564	.6471	.5323	.4199	.3164
	3	.9998	.9973	.9879	.9667	.9294	.8740	.8002	.7102	.6083
	4	1.0000	.9998	.9988	.9953	.9871	.9712	.9444	.9037	.8471
	5	1.0000	1.0000	.9999	.9996	.9987	.9962	.9910	.9812	.9643
	6	1.0000	1.0000	1.0000	1.0000	.9999	.9998	.9994	.9984	.9963
	7	1.0000	1.0000	1.0000	1.0000	1.0000	1.0000	1.0000	1.0000	1.0000

（附表Ⅱ续1）

n	x	θ									
		.50	.55	.60	.65	.70	.75	.80	.85	.90	.95
1	0	.5000	.4500	.4000	.3500	.3000	.2500	.2000	.1500	.1000	.0500
	1	1.0000	1.0000	1.0000	1.0000	1.0000	1.0000	1.0000	1.0000	1.0000	1.0000
2	0	.2500	.2025	.1600	.1225	.0900	.0625	.0400	.0225	.0100	.0025
	1	.7500	.6975	.6400	.5775	.5100	.4375	.3600	.2775	.1900	.0975
	2	1.0000	1.0000	1.0000	1.0000	1.0000	1.0000	1.0000	1.0000	1.0000	1.0000
3	0	.1250	.0911	.0640	.0429	.0270	.0156	.0080	.0034	.0010	.0001
	1	.5000	.4252	.3520	.2818	.2160	.1562	.1040	.0608	.0280	.0072
	2	.8750	.8336	.7840	.7254	.6570	..5781	.4880	.3859	.2710	.1426
	3	1.0000	1.0000	1.0000	1.0000	1.0000	1.0000	1.0000	1.0000	1.0000	1.0000
4	0	.0625	.0410	.0256	.0150	.0081	.0039	.0016	.0005	.0001	.0000
	1	.3125	.2415	.1792	.1265	.0837	.0508	.0272	.0120	.0037	.0005
	2	.6875	.6090	.5248	.4370	.3483	.2617	.1808	.1095	.0523	.0140
	3	.9375	.9085	.8704	.8215	.7599	.6836	.5904	.4780	.3439	.1855
	4	1.0000	1.0000	1.0000	1.0000	1.0000	1.0000	1.0000	1.0000	1.0000	1.0000
5	0	.0312	.0185	.0102	.0053	.0024	.0010	.0003	.0001	.0000	.0000
	1	.1857	1312	.0870	.0540	.0308	.0156	.0067	.0022	.0005	.0000
	2	.5000	.4069	.3174	.2352	.1631	.1035	.0579	.0266	.0086	.0012
	3	.8125	.7438	.6630	.5716	.4718	.3672	.2627	.1648	.0815	.0226
	4	9688	.9497	.9222	.8840	.8319	.7627	.6723	.5563	.4095	.2262
	5	1.0000	1.0000	1.0000	1.0000	1.0000	1.0000	1.0000	1.0000	1.0000	1.0000
6	0	.0156	.0083	.0041	.0018	.0007	.0002	.0001	.0000	.0000	.0000
	1	.1094	.0692	.0410	.0223	.0109	.0046	.0016	.0004	.0001	.0000
	2	.3438	.2553	.1792	.1174	.0705	.0376	.0170	.0059	.0013	.0001
	3	.6562	.5585	.4557	.3529	.2557	.1694	.0989	.0473	.0158	.0022
	4	.8906	.8364	.7667	.6809	.5798	.4661	.3446	.2235	.1143	.0328
	5	.9844	.9723	.9533	.9246	.8824	.8220	.7379	.6229	.4686	.2649
	6	1.0000	1.0000	1.0000	1.0000	1.0000	1.0000	1.0000	1.0000	1.0000	1.0000
7	0	.0078	.0037	.0016	.0006	.0002	.0001	.0000	.0000	.0000	.0000
	1	.0625	.0357	.0188	.0090	.0038	.0013	.0004	.0001	.0000	.0000
	2	.2266	.1529	.0963	.0556	.0288	.0129	.0047	.0012	.0002	.0000
	3	.5000	.3917	.2898	.1998	.1260	.0706	.0333	.0121	.0027	.0002
	4	.7734	.6836	.5801	.4677	.3529	.2436	.1480	.0738	.0257	.0038
	5	.9375	.8976	.8414	.7662	.6706	.5551	.4233	.2834	.1497	.0444
	6	.9922	.9848	.9720	.9510	.9176	.8665	.7903	.6794	.5217	.3017
	7	1.0000	1.0000	1.0000	1.0000	1.0000	1.0000	1.0000	1.0000	1.0000	1.0000

(附表Ⅱ续2)

n	x	.05	.10	.15	.20	.25	.30	.35	.40	.45
						θ				
8	0	.6634	.4305	.2725	.1678	.1001	.0576	.0319	.0168	.0084
	1	.9428	.8131	.6572	.5033	.3671	.2553	.1691	.1064	.0632
	2	.9942	.9619	.8948	.7969	.6785	.5518	.4271	.3154	.2201
	3	.9996	.9950	.9786	.9437	.8862	.8059	.7064	.5941	.4770
	4	1.0000	.9996	.9971	.9896	.9727	.9420	.8939	.8263	.7396
	5	1.0000	1.0000	.9998	.9988	.9958	.9887	.9747	.9502	.9115
	6	1.0000	1.0000	1.0000	.9999	.9996	.9987	.9964	.9915	.9819
	7	1.0000	1.0000	1.0000	1.0000	1.0000	.9999	.9998	.9993	.9983
	8	1.0000	1.0000	1.0000	1.0000	1.0000	1.0000	1.0000	1.0000	1.0000
9	0	.6302	.3874	.2316	.1342	.0751	.0404	.0207	.0101	.0046
	1	.9288	.7748	.5995	.4362	.3003	.1960	.1211	.0705	.0385
	2	.9916	.9470	.8591	.7382	.6007	.4628	.3373	.2318	.1495
	3	.9994	.9917	.9661	.9144	.8343	.7297	.6089	.4826	.3614
	4	1.0000	.9991	.9944	.9804	.9511	.9012	.8283	.7334	.6214
	5	1.0000	.9999	.9994	.9969	.9900	.9747	.9464	.9006	.8342
	6	1.0000	1.0000	1.0000	.9997	.9987	.9957	.9888	.9750	.9502
	7	1.0000	1.0000	1.0000	1.0000	.9999	.9996	.9986	.9962	.9909
	8	1.0000	1.0000	1.0000	1.0000	1.0000	1.0000	.9999	.9997	.9992
	9	1.0000	1.0000	1.0000	1.0000	1.0000	1.0000	1.0000	1.0000	1.0000
10	0	.5987	.3487	.1969	.1074	.0563	.0282	.0135	.0060	.0025
	1	.9139	.7361	.5443	.3758	.2440	.1493	.0860	.0464	.0233
	2	.9885	.9298	.8202	.6778	.5256	.3828	.2616	.1673	.0996
	3	.9990	.9872	.9500	.8791	.7759	.6496	.5138	.3823	.2660
	4	.9999	.9984	.9901	.9672	.9219	.8497	.7515	.6331	.5044
	5	1.0000	.9999	.9986	.9936	.9803	.9527	.9051	.8338	.7384
	6	1.0000	1.0000	.9999	.9991	.9965	.9894	.9740	.9452	.8980
	7	1.0000	1.0000	1.0000	.9999	.9996	.9984	.9952	.9877	.9726
	8	1.0000	1.0000	1.0000	1.0000	1.0000	.9999	.9995	.9983	.9955
	9	1.0000	1.0000	1.0000	1.0000	1.0000	1.0000	1.0000	.9999	.9997
	10	1.0000	1.0000	1.0000	1.0000	1.0000	1.0000	1.0000	1.0000	1.0000
11	0	.5688	.3138	.1673	.0859	.0422	.0198	.0088	.0036	.0014
	1	.8981	.6974	.4922	.3221	.1971	.1130	.0606	.0302	.0139
	2	.9848	.9104	.7788	.6174	.4552	.3127	.2001	.1189	.0652
	3	.9984	.9815	.9306	.8389	.7133	.5696	.4256	.2963	.1911
	4	.9999	.9972	.9841	.9496	.8854	.7897	.6683	.5328	.3971
	5	1.0000	.9997	.9973	.9883	.9657	.9218	.8513	.7535	.6331
	6	1.0000	1.0000	.9997	.9980	.9924	.9784	.9499	.9006	.8262
	7	1.0000	1.0000	1.0000	.9998	.9988	.9957	.9878	.9707	.9390
	8	1.0000	1.0000	1.0000	1.0000	.9999	.9994	.9980	.9941	.9852
	9	1.0000	1.0000	1.0000	1.0000	1.0000	1.0000	.9998	.9993	.9978
	10	1.0000	1.0000	1.0000	1.0000	1.0000	1.0000	1.0000	1.0000	.9998
	11	1.0000	1.0000	1.0000	1.0000	1.0000	1.0000	1.0000	1.0000	1.0000

（附表Ⅱ续3）

n	x	.50	.55	.60	.65	θ .70	.75	.80	.85	.90	.95
8	0	.0039	.0017	.0007	.0002	.0001	.0000	.0000	.0000	.0000	.0000
	1	.0352	.0181	.0085	.0036	.0013	.0004	.0001	.0000	.0000	.0000
	2	.1445	.0885	.0498	.0253	.0113	.0042	.0012	.0002	.0000	.0000
	3	.3633	.2604	.1737	.1061	.0580	.0273	.0104	.0029	.0004	.0000
	4	.6367	.5230	.4059	.2936	.1941	.1138	.0563	.0214	.0050	.0004
	5	.8555	.7799	.6846	.5722	.4482	.3215	.2031	.1052	.0381	.0058
	6	.9648	.9368	.8936	.8309	.7447	.6329	.4967	.3428	.1869	.0572
	7	.9961	.9916	.9832	.9681	.9424	.8999	.8322	.7275	.5695	.3366
	8	1.0000	1.0000	1.0000	1.0000	1.0000	1.0000	1.0000	1.0000	1.0000	1.0000
9	0	.0020	.0008	.0003	.0001	.0000	.0000	.0000	.0000	.0000	.0000
	1	.0195	.0091	.0038	.0014	.0004	.0001	.0000	.0000	.0000	.0000
	2	.0898	.0498	.0250	.0112	.0043	.0013	.0003	.0000	.0000	.0000
	3	.2539	.1658	.0994	.0536	.0253	.0100	.0031	.0006	.0001	.0000
	4	.5000	.3786	.2666	.1717	.0988	.0489	.0196	.0056	.0009	.0000
	5	.7461	.6386	.5174	.3911	.2703	.1657	.0856	.0339	.0083	.0006
	6	.9102	.8505	.7682	.6627	.5372	.3993	.2618	.1409	.0530	.0084
	7	.9805	.9615	.9295	.8789	.8040	.6997	.5638	.4005	.2252	.0712
	8	.9980	.9954	.9899	.9793	.9596	.9249	.8658	.7684	.6126	.3698
	9	1.0000	1.0000	1.0000	1.0000	1.0000	1.0000	1.0000	1.0000	1.0000	1.0000
10	0	.0010	.0003	.0001	.0000	.0000	.0000	.0000	.0000	.0000	.0000
	1	.0107	.0045	.0017	.0005	.0001	.0000	.0000	.0000	.0000	.0000
	2	.0547	.0274	.0123	.0048	.0016	.0004	.0001	.0000	.0000	.0000
	3	.1719	.1020	.0548	.0260	.0106	.0035	.0009	.0001	.0000	.0000
	4	.3770	.2616	.1662	.0949	.0473	.0197	.0064	.0014	.0001	.0000
	5	.6230	.4956	.3669	.2485	.1503	.0781	.0328	.0099	.0016	.0001
	6	.8281	.7340	.6177	.4862	.3504	.2241	.1209	.0500	.0128	.0010
	7	.9453	.9004	.8327	.7384	.6172	.4744	.3222	.1798	.0702	.0115
	8	.9893	.9767	.9536	.9140	.8507	.7560	.6242	.4557	.2639	.0861
	9	.9990	.9975	.9940	.9865	.9718	.9437	.8926	.8031	.6513	.4013
	10	1.0000	1.0000	1.0000	1.0000	1.0000	1.0000	1.0000	1.0000	1.0000	1.0000
11	0	.0005	.0002	.0000	.0000	.0000	.0000	.0000	.0000	.0000	.0000
	1	.0059	.0022	.0007	.0002	.0000	.0000	.0000	.0000	.0000	.0000
	2	.0327	.0148	.0059	.0020	.0006	.0001	.0000	.0000	.0000	.0000
	3	.1133	.0610	.0293	.0122	.0043	.0012	.0002	.0000	.0000	.0000
	4	.2744	.1738	.0994	.0501	.0216	.0076	.0020	.0003	.0000	.0000
	5	.5000	.3669	.2465	.1487	.0782	.0343	.0117	.0027	.0003	.0000
	6	.7256	.6029	.4672	.3317	.2103	.1146	.0504	.0159	.0028	.0001
	7	.8867	.8089	.7037	.5744	.4304	.2867	.1611	.0694	.0185	.0016
	8	.9673	.9348	.8811	.7999	.6873	.5448	.3826	.2212	.0896	.0152
	9	.9941	.9861	.9698	.9394	.8870	.8029	.6779	.5078	.3026	.1019
	10	.9995	.9986	.9964	.9912	.9802	.9578	.9141	.8327	.6862	.4312
	11	1.0000	1.0000	1.0000	1.0000	1.0000	1.0000	1.0000	1.0000	1.0000	1.0000

（附表 Ⅱ 续 4）

						θ				
n	x	.05	.10	.15	.20	.25	.30	.35	.40	.45
12	0	.5404	.2824	.1422	.0689	.0317	.0138	.0057	.0022	.0008
	1	.8816	.6590	.4435	.2749	.1584	.0850	.0424	.0196	.0083
	2	.9804	.8891	.7358	.5583	.3907	.2528	.1513	.0834	.0421
	3	.9978	.9744	.9078	.7946	.6488	.4925	.3467	.2253	.1345
	4	.9998	.9957	.9761	.9274	.8424	.7237	.5833	.4382	.3044
	5	1.0000	.9995	.9954	.9806	.9456	.8822	.7873	.6652	.5269
	6	1.0000	.9999	.9993	.9961	.9857	.9614	.9154	.8418	.7393
	7	1.0000	1.0000	.9999	.9994	.9972	.9905	.9745	.9427	.8883
	8	1.0000	1.0000	1.0000	.9999	.9996	.9983	.9944	.9847	.9644
	9	1.0000	1.0000	1.0000	1.0000	1.0000	.9998	.9992	.9972	.9921
	10	1.0000	1.0000	1.0000	1.0000	1.0000	1.0000	.9999	.9997	.9989
	11	1.0000	1.0000	1.0000	1.0000	1.0000	1.0000	1.0000	1.0000	.9999
	12	1.0000	1.0000	1.0000	1.0000	1.0000	1.0000	1.0000	1.0000	1.0000
13	0	.5133	.2542	.1209	.0550	.0238	.0097	.0037	.0013	.0004
	1	.8646	.6213	.3983	.2336	.1267	.0637	.0296	.0126	.0049
	2	.9755	.8661	.7296	.5017	.3326	.2025	.1132	.0579	.0269
	3	.9969	.9658	.9033	.7473	.5843	.4206	.2783	.1686	.0929
	4	.9997	.9935	.9740	.9009	.7940	.6543	.5005	.3530	.2279
	5	1.0000	.9991	.9947	.9700	.9198	.8346	.7159	.5744	.4268
	6	1.0000	.9999	.9987	.9930	.9757	.9376	.8705	.7712	.6437
	7	1.0000	1.0000	.9998	.9988	.9944	.9818	.9538	.9023	.8212
	8	1.0000	1.0000	1.0000	.9998	.9990	.9960	.9874	.9679	.9302
	9	1.0000	1.0000	1.0000	1.0000	.9999	.9993	.9975	.9922	.9797
	10	1.0000	1.0000	1.0000	1.0000	1.0000	.9999	.9997	.9987	.9959
	11	1.0000	1.0000	1.0000	1.0000	1.0000	1.0000	1.0000	.9999	.9995
	12	1.0000	1.0000	1.0000	1.0000	1.0000	1.0000	1.0000	1.0000	1.0000
	13	1.0000	1.0000	1.0000	1.0000	1.0000	1.0000	1.0000	1.0000	1.0000
14	0	.4877	.2288	.1028	.0440	.0178	.0068	.0024	.0008	.0002
	1	.8470	.5846	.3567	.1979	.1010	.0475	.0205	.0081	.0029
	2	.9699	.8416	.6479	.4481	.2811	.1608	.0839	.0398	.0170
	3	.9958	.9559	.8535	.6982	.5213	.3552	.2205	.1243	.0632
	4	.9996	.9908	.9533	.8702	.7415	.5842	.4227	.2793	.1672
	5	1.0000	.9985	.9885	.9561	.8883	.7805	.6405	.4859	.3373
	6	1.0000	.9998	.9978	.9884	.9617	.9067	.8164	.6925	.5461
	7	1.0000	1.0000	.9997	.9976	.9897	.9685	.9247	.8499	.7414
	8	1.0000	1.0000	1.0000	.9996	.9978	.9917	.9757	.9417	.8811
	9	1.0000	1.0000	1.0000	1.0000	.9997	.9983	.9940	.9825	.9574
	10	1.0000	1.0000	1.0000	1.0000	1.0000	.9998	.9989	.9961	.9886
	11	1.0000	1.0000	1.0000	1.0000	1.0000	1.0000	.9999	.9994	.9978
	12	1.0000	1.0000	1.0000	1.0000	1.0000	1.0000	1.0000	.9999	.9997
	13	1.0000	1.0000	1.0000	1.0000	1.0000	1.0000	1.0000	1.0000	1.0000
	14	1.0000	1.0000	1.0000	1.0000	1.0000	1.0000	1.0000	1.0000	1.0000

（附表 Ⅱ 续 5）

n	x	θ									
		.50	.55	.60	.65	.70	.75	.80	.85	.90	.95
12	0	.0002	.0001	.0000	.0000	.0000	.0000	.0000	.0000	.0000	.0000
	1	.0032	.0011	.0003	.0001	.0000	.0000	.0000	.0000	.0000	.0000
	2	.0193	.0079	.0028	.0008	.0002	.0000	.0000	.0000	.0000	.0000
	3	.0730	.0356	.0153	.0056	.0017	.0004	.0001	.0000	.0000	.0000
	4	.1938	.1117	.0573	.0255	.0095	.0028	.0006	.0001	.0000	.0000
	5	.3872	.2607	.1582	.0846	.0386	.0143	.0039	.0007	.0001	.0000
	6	.6128	.4731	.3348	.2127	.1178	.0544	.0194	.0046	.0005	.0000
	7	.8062	.6956	.5618	.4167	.2763	.1576	.0726	.0239	.0043	.0002
	8	.9270	.8655	.7747	.6533	.5075	.3512	.2054	.0922	.0256	.0022
	9	.9807	.9579	.9166	.8487	.7472	.6093	.4417	.2642	.1109	.0196
	10	.9968	.9917	.9804	.9576	.9150	.8416	.7251	.5565	.3410	.1184
	11	.9998	.9992	.9978	.9943	.9862	.9683	.9313	.8578	.7176	.4596
	12	1.0000	1.0000	1.0000	1.0000	1.0000	1.0000	1.0000	1.0000	1.0000	1.0000
13	0	.0001	.0000	.0000	.0000	.0000	.0000	.0000	.0000	.0000	.0000
	1	.0017	.0005	.0001	.0000	.0000	.0000	.0000	.0000	.0000	.0000
	2	.0112	.0041	.0013	.0003	.0001	.0000	.0000	.0000	.0000	.0000
	3	.0461	.0203	.0078	.0025	.0007	.0001	.0000	.0000	.0000	.0000
	4	.1334	.0698	.0321	.0126	.0040	.0010	.0002	.0000	.0000	.0000
	5	.2905	.1788	.0977	.0462	.0182	.0056	.0012	.0002	.0000	.0000
	6	.5000	.3563	.2288	.1295	.0624	.0243	.0070	.0013	.0001	.0000
	7	.7095	.5732	.4256	.2841	.1654	.0802	.0300	.0053	.0009	.0000
	8	.8666	.7721	.6470	.4995	.3457	.2060	.0991	.0260	.0065	.0003
	9	.9539	.9071	.8314	.7217	.5794	.4157	.2527	.0967	.0342	.0031
	10	.9888	.9731	.9421	.8868	.7975	.6674	.4983	.2704	.1339	.0245
	11	.9983	.9951	.9874	.9704	.9363	.8733	.7664	.6017	.3787	.1354
	12	.9999	.9996	.9987	.9963	.9903	.9762	.9450	.8791	.7458	.4867
	13	1.0000	1.0000	1.0000	1.0000	1.0000	1.0000	1.0000	1.0000	1.0000	1.0000
14	0	.0000	.0000	.0000	.0000	.0000	.0000	.0000	.0000	.0000	.0000
	1	.0009	.0003	.0001	.0000	.0000	.0000	.0000	.0000	.0000	.0000
	2	.0065	.0022	.0006	.0001	.0000	.0000	.0000	.0000	.0000	.0000
	3	.0287	.0114	.0039	.0011	.0002	.0000	.0000	.0000	.0000	.0000
	4	.0898	.0462	.0175	.0060	.0017	.0003	.0000	.0000	.0000	.0000
	5	.2120	.1189	.0583	.0243	.0083	.0022	.0004	.0000	.0000	.0000
	6	.3953	.2586	.1501	.0753	.0315	.0103	.0024	.0003	.0000	.0000
	7	.6047	.4539	.3075	.1836	.0933	.0383	.0116	.0022	.0002	.0000
	8	.7880	.6627	.5141	.3595	.2195	.1117	.0439	.0115	.0015	.0000
	9	.9102	.8328	.7207	.5773	.4158	.2585	.1298	.0467	.0092	.0004
	10	.9713	.9368	.8757	.7795	.6448	.4787	.3018	.1465	.0441	.0042
	11	.9935	.9830	.9602	.9161	.8392	.7189	.5519	.3521	.1584	.0301
	12	.9991	.9971	.9919	.9795	.9525	.8990	.8021	.6433	.4154	.1530
	13	.9999	.9998	.9992	.9976	.9932	.9822	.9560	.8972	.7712	.5123
	14	1.0000	1.0000	1.0000	1.0000	1.0000	1.0000	1.0000	1.0000	1.0000	1.0000

（附表Ⅱ续6）

n	x	.05	.10	.15	.20	θ .25	.30	.35	.40	.45
15	0	.4633	.2059	.0874	.0352	.0134	.0047	.0016	.0005	.0001
	1	.8290	.5490	.3186	.1671	.0802	.0353	.0142	.0052	.0017
	2	.9638	.8159	.6042	.3980	.2361	.1268	.0617	.0271	.0107
	3	.9945	.9444	.8227	.6482	.4613	.2969	.1772	.0905	.0424
	4	.9994	.9873	.9383	.8358	.6865	.5155	.3519	.2173	.1204
	5	.9999	.9978	.9832	.9389	.8516	.7216	.5643	.4032	.2608
	6	1.0000	.9997	.9964	.9819	.9434	.8689	.7548	.6098	.4522
	7	1.0000	1.0000	.9994	.9958	.9827	.9500	.8868	.7869	.6535
	8	1.0000	1.0000	.9999	.9992	.9958	.9848	.9578	.9050	.8182
	9	1.0000	1.0000	1.0000	.9999	.9992	.9963	.9876	.9662	.9231
	10	1.0000	1.0000	1.0000	1.0000	.9999	.9993	.9972	.9907	.9745
	11	1.0000	1.0000	1.0000	1.0000	1.0000	.9999	.9995	.9981	.9937
	12	1.0000	1.0000	1.0000	1.0000	1.0000	1.0000	.9999	.9997	.9989
	13	1.0000	1.0000	1.0000	1.0000	1.0000	1.0000	1.0000	1.0000	.9999
	14	1.0000	1.0000	1.0000	1.0000	1.0000	1.0000	1.0000	1.0000	1.0000
	15	1.0000	1.0000	1.0000	1.0000	1.0000	1.0000	1.0000	1.0000	1.0000
16	0	.4401	.1853	.0743	.0281	.0100	.0033	.0010	.0003	.0001
	1	.8108	.5147	.2839	.1407	.0635	.0261	.0098	.0033	.0010
	2	.9571	.7892	.5614	.3518	.1971	.0994	.0451	.0183	.0066
	3	.9930	.9316	.7899	.5981	.4050	.2459	.1339	.0651	.0281
	4	.9991	.9830	.9209	.7982	.6302	.4499	.2892	.1666	.0853
	5	.9999	.9967	.9765	.9183	.8103	.6598	.4900	.3288	.1976
	6	1.0000	.9995	.9944	.9733	.9204	.8247	.6881	.5272	.3660
	7	1.0000	.9999	.9989	.9930	.9729	.9256	.8406	.7161	.5629
	8	1.0000	1.0000	.9998	.9985	.9925	.9743	.9329	.8577	.7441
	9	1.0000	1.0000	1.0000	.9998	.9984	.9929	.9771	.9417	.8759
	10	1.0000	1.0000	1.0000	1.0000	.9997	.9984	.9938	.9809	.9514
	11	1.0000	1.0000	1.0000	1.0000	1.0000	.9997	.9987	.9951	.9851
	12	1.0000	1.0000	1.0000	1.0000	1.0000	1.0000	.9998	.9991	.9965
	13	1.0000	1.0000	1.0000	1.0000	1.0000	1.0000	1.0000	.9999	.9994
	14	1.0000	1.0000	1.0000	1.0000	1.0000	1.0000	1.0000	1.0000	.9999
	15	1.0000	1.0000	1.0000	1.0000	1.0000	1.0000	1.0000	1.0000	1.0000
	16	1.0000	1.0000	1.0000	1.0000	1.0000	1.0000	1.0000	1.0000	1.0000

（附表 II 续 7）

n	x	.50	.55	.60	.65	.70	.75	.80	85	.90	.95
15	0	.0000	.0000	.0000	.0000	.0000	.0000	.0000	.0000	.0000	.0000
	1	.0005	.0001	.0000	.0000	.0000	.0000	.0000	.0000	.0000	.0000
	2	.0037	.0011	.0003	.0001	.0000	.0000	.0000	.0000	.0000	.0000
	3	.0176	.0063	.0019	.0005	.0001	.0000	.0000	.0000	.0000	.0000
	4	.0592	.0255	.0093	.0028	.0007	.0001	.0000	.0000	.0000	.0000
	5	.1509	.0769	.0338	.0124	.0037	.0008	.0001	.0000	.0000	.0000
	6	.3036	.1818	.0950	.0422	.0152	.0042	.0008	.0001	.0000	.0000
	7	.5000	.3465	.2131	.1132	.0500	.0173	.0042	.0006	.0000	.0000
	8	.6964	.5478	.3902	.2452	.1311	.0566	.0181	.0036	.0003	.0000
	9	.8491	.7392	.5968	.4357	.2784	.1484	.0611	.0168	.0022	.0001
	10	.9408	.8796	.7827	.6481	.4845	.3135	.1642	.0617	.0127	.0006
	11	.9824	.9576	.9095	.8273	.7031	.5387	.3518	.1773	.0556	.0055
	12	.9963	.9893	.9729	.9383	.8732	.7639	.6020	.3958	.1841	.0362
	13	.9995	.9983	.9948	.9858	.9647	.9198	.8329	.6814	.4510	.1710
	14	1.0000	.9999	.9995	.9984	.9953	.9866	.9648	.9126	.7941	.5367
	15	1.0000	1.0000	1.0000	1.0000	1.0000	1.0000	1.0000	1.0000	1.0000	1.0000
16	0	.0000	.0000	.0000	.0000	.0000	.0000	.0000	.0000	.0000	.0000
	1	.0003	.0001	.0000	.0000	.0000	.0000	.0000	.0000	.0000	.0000
	2	.0021	.0006	.0001	.0000	.0000	.0000	.0000	.0000	.0000	.0000
	3	.0106	.0035	.0009	.0002	.0000	.0000	.0000	.0000	.0000	.0000
	4	.0384	.0149	.0049	.0013	.0003	.0000	.0000	.0000	.0000	.0000
	5	.1051	.0486	.0191	.0062	.0016	.0003	.0000	.0000	.0000	.0000
	6	.2272	.1241	.0583	.0229	.0071	.0016	.0002	.0000	.0000	.0000
	7	.4018	.2559	.1423	.0671	.0257	.0075	.0015	.0002	.0000	.0000
	8	.5982	.4371	.2839	.1594	.0744	.0271	.0070	.0011	.0001	.0000
	9	.7728	.6340	.4728	.3119	.1753	.0796	.0267	.0056	.0005	.0000
	10	.8949	.8024	.6712	.5100	.3402	.1897	.0817	.0235	.0033	.0001
	11	.9616	.9147	.8334	.7108	.5501	.3698	.2018	.0791	.0170	.0009
	12	.9894	.9719	.9349	.8661	.7541	.5950	.4019	.2101	.0684	.0070
	13	.9979	.9934	.9817	.9549	.9006	.8729	.6482	.4386	.2108	.0429
	14	.9997	.9990	.9967	.9902	.9739	.9365	.8593	.7161	.4853	.1892
	15	1.0000	.9999	.9997	.9990	.9967	.9900	.9719	.9257	.8147	.5599
	16	1.0000	1.0000	1.0000	1.0000	1.0000	1.0000	1.0000	1.0000	1.0000	1.0000

（附表 II 续 8）

n	x	.05	.10	.15	.20	θ .25	.30	.35	.40	.45
17	0	.4181	.1668	.0631	.0225	.0075	.0023	.0007	.0002	.0000
	1	.7922	.4818	.2525	.1182	.0501	.0193	.0067	.0021	.0006
	2	.9497	.7618	.5198	.3096	.1637	.0774	.0327	.0123	.0041
	3	.9912	.9174	.7556	.5489	.3530	.2019	.1028	.0464	.0184
	4	.9988	.9779	.9013	.7582	.5739	.3887	.2348	.1260	.0596
	5	.9999	.9953	.9681	.8943	.7653	.5968	.4197	.2639	.1471
	6	1.0000	.9992	.9917	.9623	.8929	.7752	.6188	.4478	.2902
	7	1.0000	.9999	.9983	.9891	.9598	.8954	.7872	.6405	.4743
	8	1.0000	1.0000	.9997	.9974	.9876	.9597	.9006	.8011	.6626
	9	1.0000	1.0000	1.0000	.9995	.9969	.9873	.9617	.9081	.8166
	10	1.0000	1.0000	1.0000	.9999	.9994	.9968	.9880	.9652	.9174
	11	1.0000	1.0000	1.0000	1.0000	.9999	.9993	.9970	.9894	.9699
	12	1.0000	1.0000	1.0000	1.0000	1.0000	.9999	.9994	.9975	.9914
	13	1.0000	1.0000	1.0000	1.0000	1.0000	1.0000	.9999	.9995	.9981
	14	1.0000	1.0000	1.0000	1.0000	1.0000	1.0000	1.0000	.9999	.9997
	15	1.0000	1.0000	1.0000	1.0000	1.0000	1.0000	1.0000	1.0000	1.0000
	16	1.0000	1.0000	1.0000	1.0000	1.0000	1.0000	1.0000	1.0000	1.0000
	17	1.0000	1.0000	1.0000	1.0000	1.0000	1.0000	1.0000	1.0000	1.0000
18	0	.3972	.1501	.0536	.0180	.0056	.0016	.0004	.0001	.0000
	1	.7735	.4503	.2241	.0991	.0395	.0142	.0046	.0013	.0003
	2	.9419	.7338	.4797	.2713	.1353	.0600	.0236	.0082	.0025
	3	.9891	.9018	.7202	.5010	.3057	.1646	.0783	.0328	.0120
	4	.9985	.9718	.8794	.7164	.5187	.3327	.1886	.0942	.0411
	5	.9998	.9936	.9581	.8671	.7175	.5344	.3550	.2088	.1077
	6	1.0000	.9988	.9882	.9487	.8610	.7217	.5491	.3743	.2258
	7	1.0000	.9998	.9973	.9837	.9431	.8593	.7283	.5634	.3915
	8	1.0000	1.0000	.9995	.9957	.9807	.9404	.8609	.7368	.5778
	9	1.0000	1.0000	.9999	.9991	.9946	.9790	.9403	.8653	.7473
	10	1.0000	1.0000	1.0000	.9998	.9988	.9939	.9788	.9424	.8720
	11	1.0000	1.0000	1.0000	1.0000	.9998	.9986	.9938	.9797	.9463
	12	1.0000	1.0000	1.0000	1.0000	1.0000	.9997	.9986	.9942	.9817
	13	1.0000	1.0000	1.0000	1.0000	1.0000	1.0000	.9997	.9987	.9951
	14	1.0000	1.0000	1.0000	1.0000	1.0000	1.0000	1.0000	.9998	.9990
	15	1.0000	1.0000	1.0000	1.0000	1.0000	1.0000	1.0000	1.0000	.9999
	16	1.0000	1.0000	1.0000	1.0000	1.0000	1.0000	1.0000	1.0000	1.0000
	17	1.0000	1.0000	1.0000	1.0000	1.0000	1.0000	1.0000	1.0000	1.0000
	18	1.0000	1.0000	1.0000	1.0000	1.0000	1.0000	1.0000	1.0000	1.0000

（附表 II 续 9）

						θ					
n	x	.50	.55	.60	.65	.70	.75	.80	85	.90	.95
17	0	.0000	.0000	.0000	.0000	.0000	.0000	.0000	.0000	.0000	.0000
	1	.0001	.0000	.0000	.0000	.0000	.0000	.0000	.0000	.0000	.0000
	2	.0012	.0003	.0001	.0000	.0000	.0000	.0000	.0000	.0000	.0000
	3	.0064	.0019	.0005	.0001	.0000	.0000	.0000	.0000	.0000	.0000
	4	.0245	.0086	.0025	.0006	.0001	.0000	.0000	.0000	.0000	.0000
	5	.0717	.301	.0106	.0030	.0070	.0001	.0000	.0000	.0000	.0000
	6	.1662	.0826	.0348	.0120	.0032	.0006	.0001	.0000	.0000	.0000
	7	.3145	.1834	.0919	.0383	.0127	.0031	.0005	.0000	.0000	.0000
	8	.5000	.3374	.1989	.0994	.0403	.0124	.0026	.0003	.0000	.0000
	9	.6855	.5257	.3595	.2128	.1046	.0402	.0109	.0017	.0001	.0000
	10	.8338	.7098	.5522	.3812	.2248	.1071	.0377	.0083	.0008	.0000
	11	.9283	.8529	.7361	.5803	.4032	.2347	.1057	.0319	.0047	.0001
	12	.9755	.9404	.8740	.7652	.6113	.4261	.2418	.0987	.0221	.0012
	13	.9936	.9816	.9536	.8972	.7981	.6470	.4511	.2444	.0826	.0088
	14	.9988	.9959	.9877	.9673	.9226	.8363	.6904	.4802	.2382	.0503
	15	.9999	.9994	.9979	.9933	.9807	.9499	.8818	.7475	.5182	.2078
	16	1.0000	1.0000	.9998	.9993	.9977	.9925	.9775	.9369	.8332	.5819
	17	1.0000	1.0000	1.0000	1.0000	1.0000	1.0000	1.0000	1.0000	1.0000	1.0000
18	0	.0000	.0000	.0000	.0000	.0000	.0000	.0000	.0000	.0000	.0000
	1	.0001	.0000	.0000	.0000	.0000	.0000	.0000	.0000	.0000	.0000
	2	.0007	.0001	.0000	.0000	.0000	.0000	.0000	.0000	.0000	.0000
	3	.0038	.0010	.0002	.0000	.0000	.0000	.0000	.0000	.0000	.0000
	4	.0154	.0049	.0013	.0003	.0000	.0000	.0000	.0000	.0000	.0000
	5	.0481	.0183	.0058	.0014	.0003	.0000	.0000	.0000	.0000	.0000
	6	.1189	.0537	.0203	.0062	.0014	.0002	.0000	.0000	.0000	.0000
	7	.2403	.1280	.0576	.0212	.0061	.0012	.0002	.0000	.0000	.0000
	8	.4073	.2527	.1347	.0597	.0210	.0054	.0009	.0001	.0000	.0000
	9	.5927	.4222	.2632	.1391	.0596	.0193	.0043	.0005	.0000	.0000
	10	.7597	.6085	.4366	.2717	.1407	.0569	.0163	.0027	.0002	.0000
	11	.8811	.7742	.6257	.4509	.2783	.1390	.0513	.0118	.0012	.0000
	12	.9519	.8923	.7912	.6450	.4656	.2825	.1329	.0419	.0064	.0002
	13	.9846	.9589	.9058	.8114	.6673	.4813	.2836	.1206	.0282	.0015
	14	.9962	.9880	.9672	.9217	.8354	.6943	.4990	.2798	.0982	.0109
	15	.9993	.9975	.9918	.9764	.9400	.8647	.7287	.5203	.2662	.0581
	16	.9999	.9997	.9987	.9954	.9858	.9605	.9009	.7759	.5497	.2265
	17	1.0000	1.0000	.9999	.9996	.9984	.9944	.9820	.9464	.8499	.6028
	18	1.0000	1.0000	1.0000	1.0000	1.0000	1.0000	1.0000	1.0000	1.0000	1.0000

（附表 Ⅱ 续 10）

n	x	.05	.10	.15	.20	θ .25	.30	.35	.40	.45
19	0	.3774	.1351	.0456	.0144	.0042	.0011	.0003	.0001	.0000
	1	.7547	.4203	.1985	.0829	.0310	.0104	.0031	.0008	.0002
	2	.9335	.7054	.4413	.2369	.1113	.0462	.0170	.0055	.0015
	3	.9868	.8850	.6841	.4551	.2631	.1332	.0591	.0230	.0077
	4	.9980	.9648	.8556	.6733	.4654	.2822	.1500	.0696	.0280
	5	.9998	.9914	.9463	.8369	.6678	.4739	.2968	.1629	.0777
	6	1.0000	.9983	.9837	.9324	.8251	.6655	.4812	.3081	.1727
	7	1.0000	.9997	.9959	.9767	.9225	.8180	.6656	.4878	.3169
	8	1.0000	1.0000	.9992	.9933	.9713	.9161	.8145	.6675	.4940
	9	1.0000	1.0000	.9999	.9984	.9911	.9674	.9125	.8139	.6710
	10	1.0000	1.0000	1.0000	.9997	.9977	.9895	.9653	.9115	.8159
	11	1.0000	1.0000	1.0000	1.0000	.9995	.9972	.9886	.9648	.9129
	12	1.0000	1.0000	1.0000	1.0000	.9999	.9994	.9969	.9884	.9658
	13	1.0000	1.0000	1.0000	1.0000	1.0000	.9999	.9993	.9969	.9891
	14	1.0000	1.0000	1.0000	1.0000	1.0000	1.0000	.9999	.9994	.9972
	15	1.0000	1.0000	1.0000	1.0000	1.0000	1.0000	1.0000	.9999	.9995
	16	1.0000	1.0000	1.0000	1.0000	1.0000	1.0000	1.0000	1.0000	.9999
	17	1.0000	1.0000	1.0000	1.0000	1.0000	1.0000	1.0000	1.0000	1.0000
	18	1.0000	1.0000	1.0000	1.0000	1.0000	1.0000	1.0000	1.0000	1.0000
	19	1.0000	1.0000	1.0000	1.0000	1.0000	1.0000	1.0000	1.0000	1.0000
20	0	.3585	.1216	.0388	.0115	.0032	.0008	.0002	.0000	.0000
	1	.7358	.3917	.1756	.0692	.0243	.0076	.0021	.0005	.0001
	2	.9245	.6769	.4049	.2061	.0913	.0355	.0121	.0036	.0009
	3	.9841	.8670	.6477	.4114	.2252	.1071	.0444	.0160	.0049
	4	.9974	.9568	.8298	.6296	.4148	.2375	.1182	.0510	.0189
	5	.9997	.9887	.9327	.8042	.6172	.4164	.2454	.1256	.0553
	6	1.0000	.9976	.9781	.9133	.7858	.6080	.4166	.2500	.1299
	7	1.0000	.9996	.9941	.9679	.8982	.7723	.6010	.4159	.2520
	8	1.0000	.9999	.9987	.9900	.9591	.8867	.7624	.5956	.4143
	9	1.0000	1.0000	.9998	.9974	.9861	.9520	.8782	.7553	.5914
	10	1.0000	1.0000	1.0000	.9994	.9961	.9829	.9468	.8725	.7507
	11	1.0000	1.0000	1.0000	.9999	.9991	.9949	.9804	.9435	.8692
	12	1.0000	1.0000	1.0000	1.0000	.9998	.9987	.9940	.9790	.9420
	13	1.0000	1.0000	1.0000	1.0000	1.0000	.9997	.9985	.9935	.9786
	14	1.0000	1.0000	1.0000	1.0000	1.0000	1.0000	.9997	.9984	.9936
	15	1.0000	1.0000	1.0000	1.0000	1.0000	1.0000	1.0000	.9997	.9985
	16	1.0000	1.0000	1.0000	1.0000	1.0000	1.0000	1.0000	1.0000	.9997
	17	1.0000	1.0000	1.0000	1.0000	1.0000	1.0000	1.0000	1.0000	1.0000
	18	1.0000	1.0000	1.0000	1.0000	1.0000	1.0000	1.0000	1.0000	1.0000
	19	1.0000	1.0000	1.0000	1.0000	1.0000	1.0000	1.0000	1.0000	1.0000
	20	1.0000	1.0000	1.0000	1.0000	1.0000	1.0000	1.0000	1.0000	1.0000

（附表 II 续 11）

n	x	.50	.55	.60	.65	θ .70	.75	.80	.85	.90	.95
19	0	.0000	.0000	.0000	.0000	.0000	.0000	.0000	.0000	.0000	.0000
	1	.0000	.0000	.0000	.0000	.0000	.0000	.0000	.0000	.0000	.0000
	2	.0004	.0001	.0000	.0000	.0000	.0000	.0000	.0000	.0000	.0000
	3	.0022	.0005	.0001	.0000	.0000	.0000	.0000	.0000	.0000	.0000
	4	.0096	.0028	.0006	.0001	.0000	.0000	.0000	.0000	.0000	.0000
	5	.0318	.0109	.0031	.0007	.0001	.0000	.0000	.0000	.0000	.0000
	6	.0835	.0342	.0116	.0031	.0006	.0001	.0000	.0000	.0000	.0000
	7	.1796	.0871	.0352	.0114	.0028	.0005	.0000	.0000	.0000	.0000
	8	.3238	.1841	.0885	.0347	.0105	.0023	.0003	.0000	.0000	.0000
	9	.5000	.3290	.1861	.0875	.0326	.0089	.0016	.0001	.0000	.0000
	10	.6762	.5060	.3325	.1855	.0839	.0287	.0067	.0008	.0000	.0000
	11	.8204	.6831	.5122	.3344	.1820	.0775	.0233	.0041	.0003	.0000
	12	.9165	.8273	.6919	.5188	.3345	.1749	.0676	.0163	.0017	.0000
	13	.9682	.9223	.8371	.7032	.5261	.3322	.1631	.0537	.0086	.0002
	14	.9904	.9720	.9304	.8500	.7178	.5346	.3267	.1444	.0352	.0020
	15	.9978	.9923	.9770	.9406	.8668	.7369	.5449	.3159	.1150	.0132
	16	.9996	.9985	.9945	.9830	.9538	.8887	.7631	.5587	.2946	.0665
	17	1.0000	.9998	.9992	.9969	.9896	.9690	.9171	.8015	.5797	.2453
	18	1.0000	1.0000	.9999	.9997	.9989	.9958	.9856	.9544	.8649	.6226
	19	1.0000	1.0000	1.0000	1.0000	1.0000	1.0000	1.0000	1.0000	1.0000	1.0000
20	0	.0000	.0000	.0000	.0000	.0000	.0000	.0000	.0000	.0000	.0000
	1	.0000	.0000	.0000	.0000	.0000	.0000	.0000	.0000	.0000	.0000
	2	.0002	.0000	.0000	.0000	.0000	.0000	.0000	.0000	.0000	.0000
	3	.0013	.0003	.0000	.0000	.0000	.0000	.0000	.0000	.0000	.0000
	4	.0059	.0015	.0003	.0000	.0000	.0000	.0000	.0000	.0000	.0000
	5	.0207	.0064	.0016	.0003	.0000	.0000	.0000	.0000	.0000	.0000
	6	.0577	.0214	.0065	.0015	.0003	.0000	.0000	.0000	.0000	.0000
	7	.1316	.0580	.0210	.0060	.0013	.0002	.0000	.0000	.0000	.0000
	8	.2517	.1308	.0565	.0196	.0051	.0009	.0001	.0000	.0000	.0000
	9	.4119	.2493	.1275	.0532	.0171	.0039	.0006	.0000	.0000	.0000
	10	.5881	.4086	.2447	.1218	.0480	.0139	.0026	.0002	.0000	.0000
	11	.7483	.5857	.4044	.2376	.1133	.0409	.0100	.0013	.0001	.0000
	12	.8684	.7480	.5841	.3990	.2277	.1018	.0321	.0059	.0004	.0000
	13	.9423	.8701	.7500	.5834	.3920	.2142	.0867	.0219	.0024	.0000
	14	.9793	.9447	.8744	.7546	.5836	.3828	.1958	.0673	.0113	.0003
	15	.9941	.9811	.9490	.8818	.7625	.5852	.3704	.1702	.0432	.0026
	16	.9987	.9951	.9840	.9556	.8929	.7748	.5886	.3522	.1330	.0159
	17	.9998	.9991	.9964	.9879	.9645	.9087	.7939	.5951	.3231	.0755
	18	1.0000	.9999	.9995	.9979	.9924	.9757	.9308	.8244	.6083	.2642
	19	1.0000	1.0000	1.0000	.9998	.9992	.9968	.9885	.9612	.8784	.6415
	20	1.0000	1.0000	1.0000	1.0000	1.0000	1.0000	1.0000	1.0000	1.0000	1.0000

附表Ⅲ:单样本 K-S 检验统计量

双侧检验的右尾概率

N	.200	.100	.050	.020	.010	N	.200	.100	.050	.020	.010
1	.900	.950	.975	.990	.995	21	.226	.259	.287	.321	.344
2	.684	.776	.842	.900	.929	22	.221	.253	.281	.314	.337
3	.565	.636	.708	.785	.829	23	.216	.247	.275	.307	.330
4	.493	.565	.624	.689	.734	24	.212	.242	.269	.301	.323
5	.447	.509	.563	.627	.669	25	.208	.238	.264	.295	.317
6	.410	.468	.519	.577	.617	26	.204	.233	.259	.290	.311
7	.381	.436	.483	.538	.576	27	.200	.229	.254	.284	.305
8	.358	.410	.454	.507	.542	28	.197	.225	.250	.279	.300
9	.339	.387	.430	.480	.513	29	.193	.221	.246	.275	.295
10	.323	.369	.409	.457	.489	30	.190	.218	.242	.270	.290
11	.308	.352	.391	.437	.468	31	.187	.214	.238	.266	.285
12	.296	.338	.375	.419	.449	32	.184	.211	.234	.262	.281
13	.285	.325	.361	.404	.432	33	.182	.208	.231	.258	.277
14	.275	.314	.349	.390	.418	34	.179	.205	.227	.254	.273
15	.266	.304	.338	.377	.404	35	.177	.202	.224	.251	.269
16	.258	.295	.327	.366	.392	36	.174	.199	.221	.247	.265
17	.250	.286	.318	.355	.381	37	.172	.196	.218	.244	.262
18	.244	.279	.309	.346	.371	38	.170	.194	.215	.241	.258
19	.237	.271	.310	.337	.361	39	.168	.191	.213	.238	.255
20	.232	.265	.294	.329	.352	40	.165	.189	.210	.235	.252
	.100	.050	.025	.010	.005		.100	.050	.025	.010	.005

单侧检验的右尾概率

如果 $N > 40$,则按下面公式计算,得到近似的概率:

双侧检验的右尾概率

.200	.100	.050	.020	.010
$1.07/\sqrt{N}$	$1.22/\sqrt{N}$	$1.36/\sqrt{N}$	$1.52/\sqrt{N}$	$1.63/\sqrt{N}$
.100	.050	.025	.010	.005

单侧检验的右尾概率

附表 Ⅳ：正态分布表

z	.00	.01	.02	.03	.04	.05	.06	.07	.08	.09
0.0	.5000	.4960	.4920	.4880	.4840	.4801	.4761	.4721	.4681	.4641
0.1	.4602	.4562	.4522	.4483	.4443	.4404	.4364	.4325	.4286	.4247
0.2	.4207	.4168	.4129	.4090	.4052	.4013	.3974	.3936	.3897	.3859
0.3	.3821	.3783	.3745	.3707	.3669	.3632	.3594	.3557	.3520	.3483
0.4	.3446	.3409	.3372	.3336	.3300	.3264	.3228	.3192	.3156	.3121
0.5	.3085	.3050	.3015	.2981	.2946	.2912	.2877	.2843	.2810	.2776
0.6	.2743	.2709	.2676	.2643	.2611	.2578	.2546	.2514	.2483	.2451
0.7	.2420	.2389	.2358	.2327	.2296	.2266	.2236	.2206	.2177	.2143
0.8	.2119	.2090	.2061	.2033	.2005	.1977	.1949	.1922	.1894	.1867
0.9	.1814	.1814	.1788	.1762	.1736	.1711	.1685	.1660	.1635	.1611
1.0	.1587	.1562	.1539	.1515	.1492	.1469	.1446	.1423	.1401	.1379
1.1	.1357	.1335	.1314	.1292	.1271	.1251	.1230	.1210	.1190	.1170
1.2	.1151	.1131	.1112	.1093	.1075	.1056	.1038	.1020	.1003	.0985
1.3	.0968	.0951	.0934	.0918	.0901	.0885	.0869	.0853	.0838	.0823
1.4	.0808	.0793	.0778	.0764	.0749	.0735	.0721	.0708	.0694	.0681
1.5	.0668	.0655	.0643	.0630	.0618	.0606	.0594	.0582	.0571	.0559
1.6	.0548	.0537	.0526	.0516	.0505	.0495	.0485	.0475	.0465	.0455
1.7	.0446	.0436	.0427	.0418	.0409	.0401	.0392	.0384	.0375	.0367
1.8	.0359	.0351	.0344	.0336	.0329	.0322	.0314	.0307	.0301	.0294
1.9	.0287	.0281	.0274	.0268	.0262	.0256	.0250	.0244	.0239	.0233
2.0	.0228	.0222	.0217	.0212	.0207	.0202	.0197	.0192	.0188	.0183
2.1	.0179	.0174	.0170	.0166	.0162	.0158	.0154	.0150	.0146	.0143
2.2	.0139	.0136	.0132	.0129	.0125	.0122	.0119	.0116	.0113	.0110
2.3	.0107	.0104	.0102	.0099	.0096	.0094	.0091	.0089	.0087	.0084
2.4	.0082	.0080	.0078	.0075	.0073	.0071	.0069	.0068	.0066	.0064
2.5	.0062	.0060	.0059	.0057	.0055	.0054	.0052	.0051	.0049	.0048
2.6	.0047	.0045	.0044	.0043	.0041	.0040	.0039	.0038	.0037	.0036
2.7	.0035	.0034	.0033	.0032	.0031	.0030	.0029	.0028	.0027	.0026
2.8	.0026	.0025	.0024	.0023	.0023	.0022	.0021	.0021	.0020	.0019
2.9	.0019	.0018	.0018	.0017	.0016	.0016	.0015	.0015	.0014	.0014
3.0	.0013	.0013	.0013	.0012	.0012	.0011	.0011	.0011	.0010	.0010
3.1	.0010	.0009	.0009	.0009	.0008	.0008	.0008	.0008	.0007	.0007
3.2	.0007	.0007	.0006	.0006	.0006	.0006	.0006	.0005	.0005	.0005
3.3	.0005	.0005	.0005	.0004	.0004	.0004	.0004	.0004	.0004	.0003
3.4	.0003	.0003	.0003	.0003	.0003	.0003	.0003	.0003	.0003	.0002
3.5	.0002	.0002	.0002	.0002	.0002	.0002	.0002	.0002	.0002	.0002

附表 V:标准正态分布表

$$\phi(Z)=\int_{-\infty}^{z}\frac{1}{\sqrt{2\pi}}e^{-\frac{w^2}{2}}dw$$

$$[\phi(-Z)=1-\phi(Z)]$$

Z	0.00	0.01	0.02	0.03	0.04	0.05	0.06	0.07	0.08	0.09
0.0	0.5000	0.5040	0.5080	0.5120	0.5160	0.5199	0.5239	0.5279	0.5319	0.5359
0.1	0.5398	0.5438	0.5478	0.5517	0.5557	0.5596	0.5636	0.6575	0.5714	0.5753
0.2	0.5793	0.5832	0.5871	0.5910	0.5948	0.5987	0.6026	0.6064	0.6103	0.6141
0.3	0.6179	0.6217	0.6255	0.6293	0.6331	0.6368	0.6406	0.6443	0.6480	0.6517
0.4	0.6554	0.6591	0.6628	0.6664	0.6700	0.6736	0.6772	0.6808	0.6844	0.6879
0.5	0.6915	0.6950	0.6985	0.7019	0.7054	0.7088	0.7123	0.7157	0.7190	0.7224
0.6	0.7257	0.7291	0.7324	0.7357	0.7389	0.7422	0.7454	0.7486	0.7517	0.7549
0.7	0.7580	0.7611	0.7642	0.7673	0.7703	0.7734	0.7764	0.7794	0.7823	0.7852
0.8	0.7881	0.7910	0.7939	0.7967	0.7995	0.8023	0.8051	0.8078	0.8106	0.8133
0.9	0.8159	0.8186	0.8212	0.8238	0.8264	0.8289	0.8315	0.8340	0.8365	0.8389
1.0	0.8413	0.8438	0.8461	0.8485	0.8508	0.8531	0.8554	0.8577	0.8599	0.8621
1.1	0.8643	0.8665	0.8686	0.8708	0.8729	0.8749	0.8770	0.8790	0.8810	0.8830
1.2	0.8849	0.8869	0.8888	0.8907	0.8925	0.8944	0.8962	0.8980	0.8997	0.9015
1.3	0.9032	0.9049	0.9066	0.9082	0.9099	0.9115	0.9131	0.9147	0.9162	0.9177
1.4	0.9192	0.9207	0.9222	0.9236	0.9251	0.9265	0.9279	0.9292	0.9306	0.9319
1.5	0.9332	0.9345	0.9357	0.9370	0.9382	0.9394	0.9406	0.9418	0.9429	0.9441
1.6	0.9452	0.9463	0.9474	0.9484	0.9495	0.9505	0.9515	0.9525	0.9535	0.9545
1.7	0.9554	0.9564	0.9573	0.9582	0.9591	0.9599	0.9608	0.9616	0.9625	0.9633
1.8	0.9614	0.9649	0.9656	0.9664	0.9671	0.9678	0.9686	0.9693	0.9699	0.9706
1.9	0.9713	0.9719	0.9726	0.9732	0.9738	0.9744	0.9750	0.9756	0.9761	0.9767
2.0	0.9772	0.9778	0.9783	0.9788	0.9793	0.9798	0.9803	0.9808	0.9812	0.9817
2.1	0.9821	0.9826	0.9830	0.9834	0.9838	0.9842	0.9846	0.8950	0.9854	0.9857
2.2	0.9861	0.9864	0.9868	0.9871	0.9875	0.9878	0.9881	0.9884	0.9887	0.9890
2.3	0.9893	0.9896	0.9898	0.9901	0.9904	0.9906	0.9909	0.9911	0.9913	0.9916
2.4	0.9918	0.9920	0.9922	0.9925	0.9927	0.9929	0.9931	0.9932	0.9934	0.9936
2.5	0.9938	0.9940	0.9941	0.9943	0.9945	0.9946	0.9948	0.9949	0.9951	0.9952
2.6	0.9953	0.9955	0.9956	0.9957	0.9959	0.9960	0.9961	0.9962	0.9963	0.9964
2.7	0.9965	0.9966	0.9967	0.9968	0.9969	0.9970	0.9971	0.9972	0.9973	0.9974
2.8	0.9974	0.9975	0.9976	0.9977	0.9977	0.9978	0.9979	0.9979	0.9980	0.9981
2.9	0.9981	0.9982	0.9982	0.9983	0.9984	0.9984	0.9985	0.9985	0.9986	0.9986
3.0	0.9987	0.9987	0.9987	0.9988	0.9988	0.9989	0.9989	0.9989	0.9990	0.9990

Z	1.282	1.645	1.960	2.326	2.576
$1-\phi(Z)$	0.100	0.050	0.025	0.010	0.005

附表 Ⅵ：带有 $Q=0.5$ 的累积二项分布表（用于符号检验）

n	左 S	P	右 S	n	左 S	P	右 S	n	左 S	P	右 S
1	0	.5000	1		1	.0195	8		2	.0112	11
2	0	.2500	2		2	.0898	7		3	.0461	10
	1	.7500	1		3	.2539	6		4	.1334	9
3	0	.1250	3		4	.5000	5		5	.2905	8
	1	.5000	2	10	0	0010	10		6	.5000	7
4	0	.0625	4		1	.0107	9	14	0	.0000	14
	1	.3125	3		2	.0547	8		1	.0009	13
	2	.6875	2		3	.1719	7		2	.0065	12
5	0	.0312	5		4	.3770	6		3	.0287	11
	1	.1875	4		5	.6230	5		4	.0898	10
	2	.5000	3	11	0	.0005	11		5	.2120	9
6	0	.0156	6		1	.0059	10		6	.3953	8
	1	.1094	5		2	.0327	9		7	.6047	7
	2	.3438	4		3	.1133	8	15	0	.0000	15
	3	.6562	3		4	.2744	7		1	.0005	14
7	0	.0078	7		5	.5000	6		2	.0037	13
	1	.0625	6	12	0	.0002	12		3	.0176	12
	2	.2266	5		1	.0032	11		4	.0592	11
	3	.5000	4		2	.0193	10		5	.1509	10
8	0	.0039	8		3	.0730	9		6	.3036	9
	1	.0352	7		4	.1938	8		7	.5000	8
	2	.1445	6		5	.3872	7	16	0	.0000	16
	3	.3633	5		6	.6128	6		1	.0003	15
	4	.6367	4	13	0	.0001	13		2	.0021	14
9	0	.0020	9		1	.0017	12		3	.0106	13

（附表Ⅵ续）

n	左 S	P	右 S	n	左 S	P	右 S	n	左 S	P	右 S
	4	.0384	12	1	1	.0001	17		6	.0835	13
	5	.1051	11		2	.0007	16		7	.1796	12
	6	.2272	10		3	.0038	15		8	.3238	11
	7	.4018	9		4	.0154	14		9	.5000	10
	8	.5982	8		5	.0481	13	20	0	.0000	20
17	0	.0000	17		6	.1189	12		1	.0000	19
	1	.0001	16		7	.2403	11		2	.0002	18
	2	.0012	15		8	.4073	10		3	.0013	17
	3	.0064	14		9	.5927	9		4	.0059	16
	4	.0245	13	19	0	.0000	19		5	.0207	15
	5	.0717	12		1	.0000	18		6	.0577	14
	6	.1662	11		2	.0004	17		7	.1316	13
	7	.3145	10		3	.0022	16		8	.2517	12
	8	.5000	9		4	.0096	15		9	.4119	11
18	0	.0000	18		5	.0318	14		10	.5881	10

如果 $n > 20$，则按下面公式计算，在附表Ⅳ中查找相应的概率：

$$z_{+,R} = \frac{S_+ - 0.5 - 0.5n}{0.5\sqrt{n}} \qquad\qquad z_{-,R} = \frac{S_- - 0.5 - 0.5n}{0.5\sqrt{n}}$$

预定的	近似的
S_+ 的右尾概率	$z_{+,R}$ 的右尾概率
S_- 的右尾概率	$z_{+,R}$ 的右尾概率

附表Ⅶ：Wilcoxon 符号秩检验统计量

n	左 T	P	右 T	n	左 T	P	右 T	n	左 T	P	右 T
2	0	.250	3		8	.344	13		10	.156	26
	1	.500	2		9	.422	12		11	.191	25
3	0	.125	6		10	.500	11		12	.230	24
	1	.250	5	7	0	.008	28		13	.273	23
	2	.375	4		1	.016	27		14	.320	22
	3	.625	3		2	.023	26		15	.371	21
4	0	.062	10		3	.039	25		16	.422	20
	1	.125	9		4	.055	24		17	.473	19
	2	.188	8		5	.078	23		18	.527	18
	3	.312	7		6	.109	22	9	0	.002	45
	4	.438	6		7	.148	21		1	.004	44
	5	.562	5		8	.188	20		2	.006	43
5	0	.031	15		9	.234	19		3	.010	42
	1	.062	14		10	.289	18		4	.014	41
	2	.094	13		11	.344	17		5	.020	40
	3	.156	12		12	.406	16		6	.027	39
	4	.219	11		13	.469	15		7	.037	38
	5	.312	10		14	.531	14		8	.049	37
	6	.406	9	8	0	.004	36		9	.064	36
	7	.500	8		1	.008	35		10	.082	35
6	0	.016	21		2	.012	34		11	.102	34
	1	.031	20		3	.020	33		12	.125	33
	2	.047	19		4	.027	32		13	.150	32
	3	.078	18		5	.039	31		14	.180	31
	4	.109	17		6	.055	30		15	.213	30
	5	.156	16		7	.074	29		16	.248	29
	6	.219	15		8	.098	28		17	.285	28
	7	.281	14		9	.125	27		18	.326	27

(附表Ⅶ续 1)

n	左 T	P	右 T	n	左 T	P	右 T	n	左 T	P	右 T
	19	.367	36		26	.461	29		28	.350	38
	20	.410	25		27	.500	28		29	.382	37
	21	.455	24	11	0	.000	66		30	.416	36
	22	.500	23		1	.001	65		31	.449	35
10	0	.001	55		2	.001	64		32	.483	34
	1	.002	54		3	.002	63		33	.517	33
	2	.003	53		4	.003	62	12	0	.000	78
	3	.005	52		5	.005	61		1	.000	77
	4	.007	51		6	.007	60		2	.001	76
	5	.010	50		7	.009	59		3	.001	75
	6	.014	49		8	.012	58		4	.002	74
	7	.019	48		9	.016	57		5	.002	73
	8	.024	47		10	.021	56		6	.003	72
	9	.032	46		11	.027	55		7	.005	71
	10	.042	45		12	.034	54		8	.006	70
10	11	.053	44		13	.042	53		9	.008	69
	12	.065	43		14	.051	52		10	.010	68
	13	.080	42		15	.062	51		11	.013	67
	14	.097	41		16	.074	50		12	.017	66
	15	.116	40		17	.087	49		13	.021	65
	16	.138	39		18	.103	48		14	.026	64
	17	.161	38		19	.120	47		15	.032	63
	18	.188	37		20	.139	46		16	.039	62
	19	.216	36		21	.160	45		17	.046	61
	20	.246	35		22	.183	44		18	.055	60
	21	.278	34		23	.207	43		19	.065	59
	22	.312	33		24	.232	42		20	.076	58
	23	.348	32		25	.260	41		21	.088	57
	24	.385	31		26	.289	40		22	.102	56
	25	.423	30		27	.319	39		23	.117	55

（附表Ⅶ续 2）

n	左T	P	右T	n	左T	P	右T	n	左T	P	右T
	24	.133	54		10	.005	81		36	.271	55
	25	.151	53	13	11	.007	80		37	.294	54
	26	.170	52		12	.009	79		38	.318	53
	27	.190	51		13	.011	78		39	.342	52
	28	.212	50		14	.013	77		40	.368	51
	29	.235	49		15	.016	76		41	.393	50
	30	.259	48		16	.020	75		42	.420	49
	31	.285	47		17	.024	74		43	.446	48
	32	.311	46		18	.029	73		44	.473	47
	33	.339	45		19	.034	72		45	.500	46
	34	.367	44		20	.040	71	14	0	.000	105
	35	.396	43		21	.047	70		1	.000	104
	36	.425	42		22	.055	69		2	.000	103
	37	.455	41		23	.064	68		3	.000	102
	38	.485	40		24	.073	67		4	.000	101
	39	.515	39		25	.084	66		5	.001	100
13	0	.000	91		26	.095	65		6	.001	99
	1	.000	90		27	.108	64		7	.001	98
	2	.000	89		28	.122	63		8	.002	97
	3	.001	88		29	.137	62		9	.002	96
	4	.001	87		30	.153	61		10	.003	95
	5	.001	86		31	.170	60		11	.003	94
	6	.002	85		32	.188	59		12	.004	93
	7	.002	84		33	.207	58		13	.005	92
	8	.003	83		34	.227	57		14	.007	91
	9	.004	82		35	.249	56		15	.008	90

（附表Ⅶ续 3）

n	左T	P	右T	n	左T	P	右T	n	左T	P	右T
14	16	.010	89		49	.428	56		29	.042	91
	17	.012	88		50	.452	55		30	.047	90
	18	.015	87		51	.476	54	15	31	.053	89
	19	.018	86		52	.500	53		32	.060	88
	20	.021	85	15	0	.000	120		33	.068	87
	21	.025	84		1	.000	119		34	.076	86
	22	.029	83		2	.000	118		35	.084	85
	23	.034	82		3	.000	117		36	.094	84
	24	.039	81		4	.000	116		37	.104	83
	25	.045	80		5	.000	115		38	.115	82
	26	.052	79		6	.000	114		39	.126	81
	27	.059	78		7	.001	113		40	.138	80
	28	.068	77		8	.001	112		41	.151	79
	29	.077	76		9	.001	111		42	.165	78
	30	.086	75		10	.001	110		43	.180	77
	31	.097	74		11	.002	109		44	.195	76
	32	.108	73		12	.002	108		45	.211	75
	33	.121	72		13	.003	107		46	.227	74
	34	.134	71		14	.003	106		47	.244	73
	35	.148	70		15	.004	105		48	.262	72
	36	.163	69		16	.005	104		49	.281	71
	37	.179	68		17	.006	103		50	.300	70
	38	.196	67		18	.008	102		51	.319	69
	39	.213	66		19	.009	101		52	.339	68
	40	.232	65		20	.011	100		53	.360	67
	41	.251	64		21	.013	99		54	.381	66
	42	.271	63		22	.015	98		55	.402	65
	43	.292	62		23	.018	97		56	.423	64
	44	.313	61		24	.021	96		57	.445	63
	45	.335	60		25	.024	95		58	.467	62
	46	.357	59		26	.028	94		59	.489	61
	47	.380	58		27	.032	93		60	.511	60
	48	.404	57		28	.036	92				

如果 $n > 15$，则按下面公式计算，在附表Ⅳ中查找相应的概率：

$$z_{+,R} = \frac{T_+ - 0.5 - n(n+1)/4}{\sqrt{n(n+1)(2n+1)/24}} \qquad z_{-,R} = \frac{T_- - 0.5 - n(n+1)/4}{\sqrt{n(n+1)(2n+1)/24}}$$

预定的	近似的
T_+ 的右尾概率	$z_{+,R}$ 的右尾概率
T_- 的右尾概率	$z_{+,R}$ 的右尾概率

附表Ⅷ:游程颁布的数目

左尾概率

m	n	U	P	m	n	U	P	m	n	U	P	m	n	U	P
2	2	2	.333	2	18	2	.011			3	.025	4	10	2	.002
2	3	2	.200			3	.105			4	.101			3	.014
		3	.500			4	.284			5	.350			4	.068
2	4	2	.133	3	3	2	.100	3	15	2	.002			5	.203
		3	.400			3	.300			3	.022			6	.419
2	5	2	.095	3	4	2	.057			4	.091	4	11	2	.001
		3	.333			3	.200			5	.331			3	.011
2	6	2	.071	3	5	2	.036	3	16	2	.002			4	.055
		3	.286			3	.143			3	.020			5	.176
2	7	2	.056			4	.429			4	.082			6	.374
		3	.250	3	6	2	.024			5	.314	4	12	2	.001
2	8	2	.044			3	.107	3	17	2	.002			3	.009
		3	.222			4	.345			3	.018			4	.045
2	9	2	.036	3	7	2	.017			4	.074			5	.154
		3	.200			3	.083			5	.298			6	.335
		4	.491			4	.283	4	4	2	.029	4	13	2	.001
2	10	2	.030	3	8	2	.012			3	.114			3	.007
		3	.182			3	.067			4	.371			4	.037
		4	.455			4	.236	4	5	2	.016			5	.136
2	11	2	.026	3	9	2	.009			3	.071			6	.302
		3	.167			3	.055			4	.262	4	14	2	.001
		4	.423			4	.200			5	.500			3	.006
2	12	2	.022			5	.491	4	6	2	.010			4	.031
		3	.154	3	10	2	.007			3	.048			5	.121
		4	.396			3	.045			4	.190			6	.274
2	13	2	.019			4	.171			5	.405	4	15	2	.001
		3	.143			5	.455	4	7	2	.006			3	.005
		4	.371	3	11	2	.005			3	.033			4	.027
2	14	2	.017			3	.038			4	.142			5	.108
		3	.133			4	.148			5	.333			6	.249
		4	.350			5	.423	4	8	2	.004	4	16	2	.000
2	15	2	.015	3	12	2	.004			3	.024			3	.004
		3	.125			3	.033			4	.109			4	.023
		4	.331			4	.130			5	.279			5	.097
2	16	2	.013			5	.396	4	9	2	.003			6	.227
		3	.118	3	13	2	.004			3	.018	5	5	2	.008
		4	.314			3	.029			4	.085			3	.040
2	17	2	.012			4	.114			5	.236			4	.167
		3	.111			5	.371			6	.471			5	.357
		4	.298	3	14	2	.003								

（附表Ⅷ续 1）

左尾概率

m	n	U	P	m	n	U	P	m	n	U	P	m	n	U	P
5	6	2	.004	5	14	2	.000	6	11	2	.000	7	9	2	.000
		3	.024			3	.002			3	.001			3	.001
		4	.110			4	.011			4	.009			4	.010
		5	.262			5	.044			5	.036			5	.035
5	7	2	.003			6	.125			6	.108			6	.108
		3	.015			7	.299			7	.242			7	.231
		4	.076			8	.496			8	.436			8	.427
		5	.197	5	15	2	.000	6	12	2	.000	7	10	2	.000
		6	.424			3	.001			3	.001			3	.001
5	8	2	.002			4	.009			4	.007			4	.006
		3	.010			5	.037			5	.028			5	.024
		4	.054			6	.108			6	.087			6	.080
		5	.152			7	.272			7	.205			7	.182
		6	.347			8	.460			8	.383			8	.355
5	9	2	.001	6	6	2	.002	6	13	2	000	7	11	2	.000
		3	.007			3	.013			3	.001			3	.001
		4	.039			4	.067			4	.005			4	.004
		5	.119			5	.175			5	.022			5	.018
		6	.287			6	.392			6	.070			6	.060
5	10	2	.001	6	7	2	.001			7	.176			7	.145
		3	.005			3	.008			8	.338			8	.296
		4	.029			4	.043	6	14	2	.000			9	.484
		5	.095			5	.121			3	.001	7	12	2	.000
		6	.239			6	.296			4	.004			3	.000
		7	.455			7	.500			5	.017			4	.003
5	11	2	.000	6	8	2	.001			6	.058			5	.013
		3	.004			3	.005			7	.151			6	.046
		4	.022			4	.028			8	.299			7	.117
		5	.077			5	.086	7	7	2	.001			8	.247
		6	.201			6	.226			3	.004			9	.428
		7	.407			7	.413			4	.025	7	13	2	.000
5	12	2	.000	6	9	2	.000			5	.078			3	.000
		3	.003			3	.003			6	.209			4	.002
		4	.017			4	.019			7	.383			5	.010
		5	.063			5	.063	7	8	2	.000			6	.035
		6	.170			6	.175			3	.002			7	.095
		7	.365			7	.343			4	.015			8	.208
5	13	2	.000	6	10	2	.000			5	.051			9	.378
		3	.002			3	.002			6	.149	8	8	2	.000
		4	.013			4	.013			7	.296			3	.001
		5	.053			5	.047							4	.009
		6	.145			6	.137							5	.032
		7	.330			7	.287							6	.100
						8	.497							7	.214
														8	.405

（附表Ⅷ续 2）

左尾概率

m	n	U	P	m	n	U	P	m	n	U	P	m	n	U	P
8	9	2	.000			5	.012			7	.051			4	.000
		3	.001			6	.044			8	.128			5	.001
		4	.005			7	.109			9	.242			6	.005
		5	.020			8	.238			10	.414			7	.015
		6	.069			9	.399	10	11	2	.000			8	.044
		7	.157	9	10	2	.000			3	.000			9	.099
		8	.319			3	.000			4	.001			10	.202
		9	.500			4	.002			5	.003			11	.335
8	10	2	.000			5	.008			6	.012	12	12	2	.000
		3	.000			6	.029			7	.035			3	.000
		4	.003			7	.077			8	.092			4	.000
		5	.013			8	.179			9	.185			5	.001
		6	.048			9	.319			10	.335			6	.003
		7	.117	9	11	2	.000			11	.500			7	.009
		8	.251			3	.000	10	12	2	.000			8	.030
		9	.419			4	.001			3	.000			9	.070
8	11	2	.000			5	.005			4	.000			10	.150
		3	.000			6	.020			5	.002			11	.263
		4	.002			7	.055			6	.008			12	.421
		5	.009			8	.135			7	.024	2	2	4	.333
		6	.034			9	.255			8	.067	2	3	5	.100
		7	.088			10	.430			9	.142			4	.500
		8	.199	9	12	2	.000			10	.271	2	4	5	.200
		9	.352			3	.000			11	.425	2	5	5	.286
8	12	2	.000			4	.001	11	11	2	.000	2	6	5	.357
		3	.000			5	.003			3	.000	2	7	5	.417
		4	.001			6	.014			4	.000	2	8	5	.467
		5	.006			7	.040			5	.002	3	3	6	.100
		6	.025			8	.103			6	.007			5	.300
		7	.067			9	.205			7	.023	3	4	7	.029
		8	.159			10	.362			8	.063			6	.200
		9	.297	10	10	2	.000			9	.135			5	.457
		10	.480			3	.000			10	.260	3	5	7	.071
9	9	2	.000			4	.001			11	.410			6	.286
		3	.000			5	.004	11	12	2	.000	3	6	7	.119
		4	.003			6	.019			3	.000			6	.357

（附表Ⅷ续3）

右尾概率

m	n	U	P	m	n	U	P	m	n	U	P	m	n	U	P
3	7	7	.167			8	.393			10	.208			10	.395
		6	.417	4	14	9	.234			9	.465	6	13	13	.034
3	8	7	.212			8	.421	5	14	11	.111			12	.092
		6	.467	4	15	9	.258			10	.234			11	.257
3	9	7	.255			8	.446	5	15	11	.129			10	.439
3	10	7	.294	4	16	9	.282			10	.258	6	14	13	.044
3	11	7	.330			8	.470	6	6	12	.002			12	.111
3	12	7	.363	5	5	10	.008			11	.013			11	.295
3	13	7	.393			9	.040			10	.067			10	.480
3	14	7	.421			8	.167			9	.175	7	7	14	.001
3	15	7	.446			7	.357			8	.392			13	.004
3	16	7	.470	5	6	11	.002	6	7	13	.001			12	.025
3	17	7	.491			10	.024			12	.008			11	.078
4	4	8	.029			9	.089			11	.034			10	.209
		7	.114			8	.262			10	.121			9	.383
		6	.371			7	.478			9	.267	7	8	15	.000
4	5	9	.008	5	7	11	.008			8	.500			14	.002
		8	.071			10	.045	6	8	13	.002			13	.012
		7	.214			9	.146			12	.016			12	.051
		6	.500			8	.348			11	.063			11	.133
4	6	9	.024	5	8	11	.016			10	.179			10	.296
		8	.119			10	.071			9	.354			9	.486
		7	.310			9	.207	6	9	13	.006	7	9	15	.001
4	7	9	.045			8	.424			12	.028			14	.006
		8	.167	5	9	11	.028			11	.098			13	.025
		7	.394			10	.098			10	.238			12	.084
4	8	9	.071			9	.266			9	.434			11	.194
		8	.212			8	.490	6	10	13	.010			10	.378
		7	.467	5	10	11	.042			12	.042	7	10	15	.002
4	9	9	.098			10	.126			11	.136			14	.010
		8	.255			9	.322			10	.294			13	.043
4	10	9	.126	5	11	11	.058	6	11	13	.017			12	.121
		8	.294			10	.154			12	.058			11	.257
4	11	9	.154			9	.374			11	.176			10	.451
		8	.330	5	12	11	.075			10	.346	7	11	15	.004
4	12	9	.181			10	.181	6	12	13	.025			14	.017
		8	.363			9	.421			12	.075			13	.064
4	13	9	.208	5	13	11	.092			11	.217			12	.160

(附表Ⅷ续4)

m	n	U	P	m	n	U	P	m	n	U	P	m	n	U	P
7	12	11	.318	8	11	17	.001			16	.015			13	.395
		15	.007			16	.004			15	.045	11	11	22	.000
		14	.025			15	.018			14	.115			21	.000
		13	.089			14	.057			13	.227			20	.000
		12	.199			13	.138			12	.395			19	.002
		11	.376			12	.278	10	10	20	.000			18	.007
7	13	15	.010			11	.453			19	.000			17	.023
		14	.034	8	12	17	.001			18	.000			16	.063
		13	.116			16	.007			17	.001			15	.135
		12	.238			15	.029			16	.004			14	.260
		11	.430			14	.080			15	.019			13	.410
8	8	16	.000			13	.183			14	.051	11	12	23	.000
		15	.001			12	.337			13	.128			22	.000
		14	.009	9	9	18	.000			12	.242			21	.000
		13	.032			17	.000			11	.414			20	.001
		12	.100			16	.003	10	11	21	.000			19	.004
		11	.214			15	.012			20	.000			18	.015
		10	.405			14	.044			19	.000			17	.041
8	9	17	.000			13	.109			18	.003			16	.099
		16	.001			12	.238			17	.010			15	.191
		15	.004			11	.399			16	.035			14	.335
		14	.020	9	10	19	.000			15	.085			13	.493
		13	.061			18	.000			14	.185	12	12	24	.000
		12	.157			17	.001			13	.320			23	.000
		11	.298			16	.008			12	.500			22	.000
		10	.500			15	.026	10	12	21	.000			21	.001
8	10	17	.000			14	.077			20	.000			20	.003
		16	.002			13	.166			19	.001			19	.009
		15	.010			12	.319			18	.006			18	.030
		14	.036			11	.490			17	.020			17	.070
		13	.097	9	11	19	.000			16	.056			16	.150
		12	.218			18	.001			15	.125			15	.263
		11	.379			17	.003			14	.245			14	.421

如果 $m+n=N>20$ 和 $m>12,n>12$，则按下面公式计算，在附表Ⅳ中查找相应的概率：

$$z_L = \frac{U+0.5-1-2mn/N}{\sqrt{\dfrac{2mn(2mn-N)}{N^2(N-1)}}} \qquad\qquad z_R = \frac{U-0.5-1-2mn/N}{\sqrt{\dfrac{2mn(2mn-N)}{N^2(N-1)}}}$$

预定的	近似的
U 的左尾概率	z_L 的左尾概率
U 的右尾概率	z_R 的右尾概率

附表 Ⅸ：上下游程分布的数目

N	V	左尾 P	V	右尾 P	N	V	左尾 P	V	右尾 P
3	1	.3333	2	.6667	13	1	.0000		
4			3	.4167		2	.0000		
	1	.0833	2	.9167		3	.0001	12	.0072
5	1	.0167	4	.2667		4	.0026	11	.0568
	2	.2500	3	.7500		5	.0213	10	.2058
6	1	.0028				6	.0964	9	.4587
	2	.0861	5	.1694		7	.2749	8	.7251
	3	.4139	4	.5861	14	1	.0000		
7	1	.0004	6	.1079		2	.0000		
	2	.0250	5	.4417		3	.0000		
	3	.1909	4	.8091		4	.0007	13	.0046
8	1	.0000				5	.0079	12	.0391
	2	.0063	7	.0687		6	.0441	11	.1536
	3	.0749	6	.3250		7	.1534	10	.3722
	4	.3124	5	.6876		8	.3633	9	.6367
9	1	.0000			15	1	.0000		
	2	.0014				2	.0000		
	3	.0257	8	.0437		3	.0000		
	4	.1500	7	.2347		4	.0002		
	5	.4347	6	.5653		5	.0027	14	.0029
10	1	.0000				6	.0186	13	.0267
	2	.0003	9	.0278		7	.0782	12	.1134
	3	.0079	8	.1671		8	.2216	11	.2970
	4	.0633	7	.4524		9	.4520	10	.5480
	5	.2427	6	.7573	16	1	.0000		
11	1	.0000				2	.0000		
	2	.0001				3	.0000		
	3	.0022	10	.0177		4	.0001	15	.0019
	4	.0239	9	.1177		5	.0009	14	.0182
	5	.1196	8	.3540		6	.0072	13	.0828
	6	.3438	7	.6562		7	.0367	12	.2335
12	1	.0000				8	.1238	11	.4631
	2	.0000				9	.2975	10	.7025
	3	.0005							
	4	.0082	11	.0113					
	5	.0529	10	.0821					
	6	.1918	9	.2720					
	7	.4453	8	.5547					

（附表 Ⅸ 续 1）

N	V	左尾 P	V	右尾 P	N	V	左尾 P	V	右尾 P
17	1	.0000			21	1	.0000		
	2	.0000				2	.0000		
	3	.0000				3	.0000		
	4	.0000				4	.0000		
	5	.0003	16	.0012		5	.0000		
	6	.0026	15	.0123		6	.0000		
	7	.0160	14	.0600		7	.0003	20	.0002
	8	.0638	13	.1812		8	.0023	19	.0025
	9	.1799	12	.3850		9	.0117	18	.0154
	10	.3770	11	.6230		10	.0431	17	.0591
18	1	.0000				11	.1202	16	.1602
	2	.0000				12	.2622	15	.3293
	3	.0000				13	.4603	14	.5397
	4	.0000			22	1	.0000		
	5	.0001				2	.0000		
	6	.0009	17	.0008		3	.0000		
	7	.0065	16	.0083		4	.0000		
	8	.0306	15	.0431		5	.0000		
	9	.1006	14	.1389		6	.0000	21	.0001
	10	.2443	13	.3152		7	.0001	20	.0017
	11	.4568	12	.5432		8	.0009	19	.0108
19	1	.0000				9	.0050	18	.0437
	2	.0000				10	.0213	17	.1251
	3	.0000				11	.0674	16	.2714
	4	.0000				12	.1661	15	.4688
	5	.0000	18	.0005		13	.3276	14	.6724
	6	.0003	17	.0056	23	1	.0000		
	7	.0025	16	.0308		2	.0000		
	8	.0137	15	.1055		3	.0000		
	9	.0523	14	.2546		4	.0000		
	10	.1467	13	.4663		5	.0000		
	11	.3144	12	.6856		6	.0000		
20	1	.0000				7	.0000	22	.0001
	2	.0000				8	.0003	21	.0011
	3	.0000				9	.0021	20	.0076
	4	.0000				10	.0099	19	.0321
	5	.0000				11	.0356	18	.0968
	6	.0001	19	.0003		12	.0988	17	.2211
	7	.0009	18	.0038		13	.2188	16	.4020
	8	.0058	17	.0218		14	.3953	15	.6047
	9	.0255	16	.0793					
	10	.0821	15	.2031					
	11	.2012	14	.3945					
	12	.3873	13	.6127					

(附表 Ⅸ续 2)

N	V	左尾 P	V	右尾 P	N	V	左尾 P	V	右尾 P
24	1	.0000			25	1	.0000		
	2	.0000				2	.0000		
	3	.0000				3	.0000		
	4	.0000				4	.0000		
	5	.0000				5	.0000		
	6	.0000				6	.0000		
	7	.0000				7	.0000	24	.0000
	8	.0001	23	.0000		8	.0000	23	.0005
	9	.0008	22	.0007		9	.0003	22	.0037
	10	.0044	21	.0053		10	.0018	21	.0170
	11	.0177	20	.0235		11	.0084	20	.0564
	12	.0554	19	.0742		12	.0294	19	.1423
	13	.1374	18	.1783		13	.0815	18	.2852
	14	.2768	17	.3405		14	.1827	17	.4708
	15	.4631	16	.5369		15	.3384	16	.6616

如果 $N > 25$，则按下面公式计算，在附表 Ⅳ 中查找相应的概率：

$$Z_L = \frac{V + 0.5 - (2N-1)/3}{\sqrt{(16N-29)/90}} \qquad Z_R = \frac{V - 0.5 - (2N-1)/3}{\sqrt{(16N-29)/90}}$$

预定的	近似的
V 的左尾概率	Z_L 的左尾概率
V 的右尾概率	Z_R 的右尾概率

附表 X：Mann-Whitney-Wileoxon 分布表

n	左 T_x	P	右 T_x	n	左 T_x	P	右 T_x	n	左 T_x	P	右 T_x
	$m=1$				$m=2$				$m=2$		
1	1	.500	2	2	3	.167	7	8	3	.022	19
2	1	.333	3		4	.333	6		4	.044	18
	2	.667	2		5	.667	5		5	.089	17
3	1	.250	4	3	3	.100	9		6	.133	16
	2	.500	3		4	.200	8		7	.200	15
4	1	.200	5		5	.400	7		8	.267	14
	2	.400	4		6	.600	6		9	.356	13
	3	.600	3	4	3	.067	11		10	.444	12
5	1	.167	6		4	.133	10		11	.556	11
	2	.333	5		5	.267	9	9	3	.018	21
	3	.500	4		6	.400	8		4	.036	20
6	1	.143	7		7	.600	7		5	.073	19
	2	.286	6	5	3	.048	13		6	.109	18
	3	.429	5		4	.095	12		7	.164	17
	4	.571	4		5	.190	11		8	.218	16
7	1	.125	8		6	.286	10		9	.291	15
	2	.250	7		7	.429	9		10	.364	14
	3	.375	6		8	.571	8		11	.455	13
	4	.500	5	6	3	.036	15		12	.545	12
8	1	.111	9		4	.071	14	10	3	.015	23
	2	.222	8		5	.143	13		4	.030	22
	3	.333	7		6	.214	12		5	.061	21
	4	.444	6		7	.321	11		6	.091	20
	5	.556	5		8	.429	10		7	.136	19
9	1	.100	10		9	.571	9		8	.182	18
	2	.200	9	7	3	.028	17		9	.242	17
	3	.300	8		4	.056	16		10	.303	16
	4	.400	7		5	.111	15		11	.379	15
	5	.500	6		6	.167	14		12	.455	14
10	1	.091	11		7	.250	13		13	.545	13
	2	.182	10		8	.333	12				
	3	.273	9		9	.444	11				
	4	.364	8		10	.556	10				
	5	.455	7								
	6	.545	6								

（附表 X 续 1）

n	左 T_x	P	右 T_x	n	左 T_x	P	右 T_x	n	左 T_x	P	右 T_x
		$m=3$				$m=3$				$m=4$	
3	6	.050	15	8	6	.006	30	4	10	.014	26
	7	.100	14		7	.012	29		11	.029	25
	8	.200	13		8	.024	28		12	.057	24
	9	.350	12		9	.042	27		13	.100	23
	10	.500	11		10	.067	26		14	.171	22
4	6	.029	18		11	.097	25		15	.243	21
	7	.057	17		12	.139	24		16	.343	20
	8	.114	16		13	.188	23		17	.443	19
	9	.200	15		14	.248	22		18	.557	18
	10	.314	14		15	.315	21	5	10	.008	30
	11	.429	13		16	.388	20		11	.016	29
	12	.571	12		17	.461	19		12	.032	28
5	6	.018	21		18	.539	18		13	.056	27
	7	.036	20	9	6	.005	33		14	.095	26
	8	.071	19		7	.009	32		15	.143	25
	9	.125	18		8	.018	31		16	.206	24
	10	.196	17		9	.032	30		17	.278	23
	11	.286	16		10	.050	29		18	.365	22
	12	.393	15		11	.073	28		19	.452	21
	13	.500	14		12	.105	27		20	.548	20
6	6	.012	24		13	.141	26	6	10	.005	34
	7	.024	23		14	.186	25		11	.010	33
	8	.048	22		15	.241	24		12	.019	32
	9	.083	21		16	.300	23		13	.033	31
	10	.131	20		17	.364	22		14	.057	30
	11	.190	19		18	.432	21		15	.086	29
	12	.274	18		19	.500	20		16	.129	28
	13	.357	17	10	6	.003	36		17	.176	27
	14	.452	16		7	.007	35		18	.238	26
	15	.548	15		8	.014	34		19	.305	25
7	6	.008	27		9	.024	33		20	.381	24
	7	.017	26		10	.038	32		21	.457	23
	8	.033	25		11	.056	31		22	.543	22
	9	.058	24		12	.080	30				
	10	.092	23		13	.108	29				
	11	.133	22		14	.143	28				
	12	.192	21		15	.185	27				
	13	.258	20		16	.234	26				
	14	.333	19		17	.287	25				
	15	.417	18		18	.346	24				
	16	.500	17		19	.406	23				
					20	.469	22				
					21	.531	21				

（附表 X 续 2）

n	左 T_x	P	右 T_x	n	左 T_x	P	右 T_x	n	左 T_x	P	右 T_x
		m=4				m=4				m=5	
7	10	.003	38	9	10	.001	46	5	15	.004	40
	11	.006	37		11	.003	45		16	.008	39
	12	.012	36		12	.006	44		17	.016	38
	13	.021	35		13	.010	43		18	.028	37
	14	.036	34		14	.017	42		19	.048	36
	15	.055	33		15	.025	41		20	.075	35
	16	.082	32		16	.038	40		21	.111	34
	17	.115	31		17	.053	39		22	.155	33
	18	.158	30		18	.074	38		23	.210	32
	19	.206	29		19	.099	37		24	.274	31
	20	.264	28		20	.130	36		25	.345	30
	21	.324	27		21	.165	35		26	.421	29
	22	.394	26		22	.207	34		27	.500	28
	23	.464	25		23	.252	33	6	15	.002	45
	24	.536	24		24	.302	32		16	.004	44
8	10	.002	42		25	.355	31		17	.009	43
	11	.004	41		26	.413	30		18	.015	42
	12	.008	40		27	.470	29		19	.026	41
	13	.014	39		28	.530	28		20	.041	40
	14	.024	38	10	10	.001	50		21	.063	39
	15	.036	37		11	.002	49		22	.089	38
	16	.055	36		12	.004	48		23	.123	37
	17	.077	35		13	.007	47		24	.165	36
	18	.107	34		14	.012	46		25	.214	35
	19	.141	33		15	.018	45		26	.268	34
	20	.184	32		16	.027	44		27	.331	33
	21	.230	31		17	.038	43		28	.396	32
	22	.285	30		18	.053	42		29	.465	31
	23	.341	29		19	.071	41		30	.535	30
	24	.404	28		20	.094	40				
	25	.467	27		21	.120	39				
	26	.533	26		22	.152	38				
					23	.187	37				
					24	.227	36				
					25	.270	35				
					26	.318	34				
					27	.367	33				
					28	.420	32				
					29	.473	31				
					30	.527	30				

(附表 X 续 3)

n	左 T_x	P	右 T_x	n	左 T_x	P	右 T_x	n	左 T_x	P	右 T_x
		$m=5$				$m=5$				$m=5$	
7	15	.001	50		23	.047	47		28	.120	47
	16	.003	49		24	.064	46		29	.149	46
	17	.005	48		25	.085	45		30	.182	45
	18	.009	47		26	.111	44		31	.219	44
	19	.015	46		27	.142	43		32	.259	43
	20	.024	45		28	.177	42		33	.303	42
	21	.037	44		29	.218	41		34	.350	41
	22	.053	43		30	.262	40		35	.399	40
	23	.074	42		31	.311	39		36	.449	39
	24	.101	41		32	.362	38		37	.500	38
	25	.134	40		33	.416	37	10	15	.000	65
	26	.172	39		34	.472	36		16	.001	64
	27	.216	38		35	.528	35		17	.001	63
	28	.265	37	9	15	.000	60		18	.002	62
	29	.319	36		16	.001	59		19	.004	61
	30	.378	35		17	.002	58		20	.006	60
	31	.438	34		18	.003	57		21	.010	59
	32	.500	33		19	.006	56		22	.014	58
8	15	.001	55		20	.009	55		23	.020	57
	16	.002	54		21	.014	54		24	.028	56
	17	.003	53		22	.021	53		25	.038	55
	18	.005	52		23	.030	52		26	.050	54
	19	.009	51		24	.041	51		27	.065	53
	20	.015	50		25	.056	50		28	.082	52
	21	.023	49		26	.073	49		29	.103	51
	22	.033	48		27	.095	48		30	.127	50

（附表Ⅹ续 4）

n	左 T_x	P	右 T_x	n	左 T_x	P	右 T_x	n	左 T_x	P	右 T_x
		$m=5$				$m=6$				$m=6$	
10	31	.155	49	6	21	.001	57		28	.026	56
	32	.185	43		22	.002	56		29	.037	55
	33	.220	47		23	.004	55		30	.051	54
	34	.257	46		24	.008	54		31	.069	53
	35	.297	45		25	.013	53		32	.090	52
	36	.339	44		26	.021	52		33	.117	51
	37	.384	43		27	.032	51		34	.147	50
	38	.430	42		28	.047	50		35	.183	49
	39	.477	41		29	.066	49		36	.223	48
	40	.523	40		30	.090	48		37	.267	47
					31	.120	47		38	.314	46
					32	.155	46		39	.365	45
					33	.197	45		40	.418	44
					34	.242	44		41	.473	43
					35	.294	43		42	.527	42
					36	.350	42	8	21	.000	69
					37	.409	41		22	.001	68
					38	.469	40		23	.001	67
					39	.531	39		24	.002	66
				7	21	.001	63		25	.004	65
					22	.001	62		26	.006	64
					23	.002	61		27	.010	63
					24	.004	60		28	.015	62
					25	.007	59		29	.021	61
					26	.011	58		30	.030	60
					27	.017	57		31	.041	59

(附表 X 续 5)

n	左 T_x	P	右 T_x	n	左 T_x	P	右 T_x	n	左 T_x	P	右 T_x
		$m=6$				$m=6$				$m=6$	
8	32	.054	58		33	.044	63		31	.016	71
	33	.071	57		34	.057	62		32	.021	70
	34	.091	56		35	.072	61		33	.028	69
	35	.114	55		36	.091	60		34	.036	68
	36	.141	54		37	.112	59		35	.047	67
	37	.172	53		38	.136	58		36	.059	66
	38	.207	52		39	.164	57		37	.074	65
	39	.245	51		40	.194	56		38	.090	64
	40	.286	50	9	41	.228	55		39	.110	63
	41	.331	49		42	.264	54		40	.132	62
	42	.377	48		43	.303	53		41	.157	61
	43	.426	47		44	.344	52		42	.184	60
	44	.475	46		45	.388	51		43	.214	59
	45	.525	45		46	.432	50		44	.246	58
9	21	.000	75		47	.477	49		45	.281	57
	22	.000	74		48	.523	48		46	.318	56
	23	.001	73	10	21	.000	81		47	.356	55
	24	.001	72		22	.000	80		48	.396	54
	25	.002	71		23	.000	79		49	.437	53
	26	.004	70		24	.001	78		50	.479	52
	27	.006	69		25	.001	77		51	.521	51
	28	.009	68		26	.002	76				
	29	.013	67		27	.004	75				
	30	.018	66		28	.005	74				
	31	.025	65		29	.008	73				
	32	.033	64		30	.011	72				

(附表 X 续 6)

n	左 T_x	P	右 T_x	n	左 T_x	P	右 T_x	n	左 T_x	P	右 T_x
		m＝7				m＝7				m＝7	
7	28	.000	77		29	.000	83		55	.478	57
	29	.001	76		30	.001	82		56	.522	56
	30	.001	75		31	.001	81	9	28	.000	91
	31	.002	74		32	.002	80		29	.000	90
	32	.003	73		33	.003	79		30	.000	89
	33	.006	72		34	.005	78		31	.001	88
	34	.009	71		35	.007	77		32	.001	87
	35	.013	70		36	.010	76		33	.002	86
	36	.019	69		37	.014	75		34	.003	85
	37	.027	68		38	.020	74		35	.004	84
	38	.036	67		39	.027	73		36	.006	83
	39	.049	66		40	.036	72		37	.008	82
	40	.064	65		41	.047	71		38	.011	81
	41	.082	64		42	.060	70		39	.016	80
	42	.104	63		43	.076	69		40	.021	79
	43	.130	62		44	.095	68		41	.027	78
	44	.159	61		45	.116	67		42	.036	77
	45	.191	60		46	.140	66		43	.045	76
	46	.228	59		47	.168	65		44	.057	75
	47	.267	58	8	48	.198	64		45	.071	74
	48	.310	57		49	.232	63		46	.087	73
	49	.355	56		50	.268	62		47	.105	72
	50	.402	55		51	.306	61		48	.126	71
	51	.451	54		52	.347	60		49	.150	70
	52	.500	53		53	.389	59		50	.176	69
8	28	.000	84		54	.433	58		51	.204	68

(附表 X 续 7)

n	左 T_x	P	右 T_x	n	左 T_x	P	右 T_x	n	左 T_x	P	右 T_x
		$m=7$				$m=7$				$m=8$	
9	52	.235	67		46	.054	80	8	36	.000	100
	53	.268	66		47	.067	79		37	.000	99
	54	.303	65		48	.081	78		38	.000	98
	55	.340	64		49	.097	77		39	.001	97
	56	.379	63		50	.115	76		40	.001	96
	57	.419	62		51	.135	75		41	.001	95
	58	.459	61		52	.157	74		42	.002	94
	59	.500	60		53	.182	73		43	.003	93
10	28	.000	98		54	.209	72		44	.005	92
	29	.000	97		55	.237	71		45	.007	91
	30	.000	96		56	.268	70		46	.010	90
	31	.000	95		57	.300	69		47	.014	89
	32	.001	94		58	.335	68		48	.019	88
	33	.001	93		59	.370	67		49	.025	87
	34	.002	92		60	.406	66		50	.032	86
	35	.002	91		61	.443	65		51	.041	85
	36	.003	90		62	.481	64		52	.052	84
	37	.005	89		63	.519	63		53	.065	83
	38	.007	88						54	.080	82
	39	.009	87						55	.097	81
	40	.012	86						56	.117	80
	41	.017	85						57	.139	79
	42	.022	84						58	.164	78
	43	.028	83						59	.191	77
	44	.035	82						60	.221	76
	45	.044	81						61	.253	75

（附表Ⅹ续 **8**）

n	左 T_x	P	右 T_x	n	左 T_x	P	右 T_x	n	左 T_x	P	右 T_x
		$m=8$				$m=8$				$m=8$	
8	62	.287	74		55	.057	89		44	.002	108
	63	.323	73		56	.069	88		45	.002	107
	64	.360	72		57	.084	87		46	.003	106
	65	.399	71		58	.100	86		47	.004	105
	66	.439	70		59	.118	85		48	.006	104
	67	.480	69		60	.138	84		49	.008	103
	68	.520	68		61	.161	83		50	.010	102
9	36	.000	108		62	.185	82		51	.013	101
	37	.000	107		63	.212	81		52	.017	100
	38	.000	106		64	.240	80		53	.022	99
	39	.000	105		65	.271	79		54	.027	98
	40	.000	104		66	.303	78		55	.034	97
	41	.001	103		67	.336	77		56	.042	96
	42	.001	102		68	.371	76		57	.051	95
	43	.002	101		69	.407	75		58	.061	94
9	44	.003	100		70	.444	74		59	.073	93
	45	.004	99		71	.481	73		60	.086	92
	46	.006	98		72	.519	72		61	.102	91
	47	.008	97	10	36	.000	116		62	.118	90
	48	.010	96		37	.000	115		63	.137	89
	49	.014	95		38	.000	114		64	.158	88
	50	.018	94		39	.000	113		65	.180	87
	51	.023	93		40	.000	112		66	.204	86
	52	.030	92		41	.000	111		67	.230	85
	53	.037	91		42	.001	110		68	.257	84
	54	.046	90		43	.001	109		69	.286	83

(附表 X 续 9)

n	左 T_x	P	右 T_x	n	左 T_x	P	右 T_x	n	左 T_x	P	右 T_x
		$m=8$				$m=9$				$m=9$	
10	70	.317	82	9	45	.000	126		71	.111	100
	71	.348	81		46	.000	125		72	.129	99
	72	.381	80		47	.000	124		73	.149	98
	73	.414	79		48	.000	123		74	.170	97
	74	.448	78		49	.000	122		75	.193	96
	75	.483	77		50	.000	121		76	.218	95
	76	.517	76		51	.001	120		77	.245	94
					52	.001	119		78	.273	93
					53	.001	118		79	.302	92
					54	.002	117		80	.333	91
					55	.003	116		81	.365	90
					56	.004	115		82	.398	89
					57	.005	114		83	.432	88
					58	.007	113		84	.466	87
					59	.009	112		85	.500	86
					60	.012	111				
					61	.016	110				
					62	.020	109				
					63	.025	108				
					64	.031	107				
					65	.039	106				
					66	.047	105				
					67	.057	104				
					68	.068	103				
					69	.081	102				
					70	.095	101				

（附表 X 续 10）

n	左 T_x	P	右 T_x	n	左 T_x	P	右 T_x	n	左 T_x	P	右 T_x
		$m=9$				$m=9$				$m=10$	
10	45	.000	135	10	78	.178	102	10	73	.007	137
	46	.000	134		79	.200	101		74	.009	136
	47	.000	133		80	.223	100		75	.012	135
	48	.000	132		81	.248	99		76	.014	134
	49	.000	131		82	.274	98		77	.018	133
	50	.000	130		83	.302	97		78	.022	132
	51	.000	129		84	.330	96		79	.026	131
	52	.000	128		85	.360	95		80	.032	130
	53	.001	127		86	.390	94		81	.038	129
	54	.001	126		87	.421	93		82	.045	128
	55	.001	125		88	.452	92		83	.053	127
	56	.002	124		89	.484	91		84	.062	126
	57	.003	123		90	.516	90		85	.072	125
	58	.004	122						86	.083	124
	59	.005	121			$m=10$			87	.095	123
	60	.007	120						88	.109	122
	61	.009	119						89	.124	121
	62	.011	118	10	55	.000	155		90	.140	120
	63	.014	117		56	.000	154		91	.157	119
	64	.017	116		57	.000	153		92	.176	118
	65	.022	115		58	.000	152		93	.197	117
	66	.027	114		59	.000	151		94	.218	116
	67	.033	113		60	.000	150		95	.241	115
	68	.039	112		61	.000	149		96	.264	114
	69	.047	111		62	.000	148		97	.289	113
	70	.056	110		63	.000	147		98	.915	112
	71	.067	109		64	.001	146		99	.342	111
	72	.078	108		65	.001	145		100	.370	110
	73	.091	107		66	.001	144		101	.398	109
	74	.106	106		67	.001	143		102	.427	108
	75	.121	105		68	.002	142		103	.456	107
	76	.139	104		69	.003	141		104	.485	106
	77	.158	103		70	.003	140		105	.515	105
					71	.004	139				
					72	.006	138				

如果 m 或 n 大于 10，则按下面公式计算，在附表 IV 中查找相应的概率：

$$Z_{x,L} = \frac{T_x + 0.5 - m(N+1)/2}{\sqrt{mn(N+1)/12}} \qquad Z_{x,R} = \frac{T_x - 0.5 - m(N+1)/2}{\sqrt{mn(N+1)/12}}$$

预定的	近似的
T_x 的左尾概率	Z_x 的左尾概率
T_x 的右尾概率	$Z_{x,R}$ 的右尾概率

附表 Ⅺ：两样本 K-S 检验统计量

m	n	mnD	P	m	n	mnD	P	m	n	mnD	P
2	2	4	.333	3	6	18	.024	4	5	20	.016
2	3	6	.200			15	.095			16	.079
2	4	8	.133			12	.333			15	.143
2	5	10	.095	3	7	21	.017	4	6	24	.010
		8	.286			18	.067			20	.048
2	6	12	.071			15	.167			18	.095
		10	.214	3	8	24	0.12			16	.181
2	7	14	.056			21	0.48	4	7	28	.006
		12	.167			18	.121			24	.030
2	8	16	.044	3	9	27	.009			21	.067
		14	.133			24	.036			20	.121
2	9	18	.036			21	.091	4	8	32	.004
		16	.109			18	.236			28	.020
2	10	20	.030	3	10	30	.007			24	.085
		18	.091			27	.028			20	.222
		16	.182			24	.070	4	9	36	.003
2	11	22	.026			21	.140			32	.014
		20	.077	3	11	33	.005			28	.042
		18	.154			30	.022			27	.062
2	12	24	.022			27	.055			24	.115
		22	.066			24	.110	4	10	40	.002
		20	.132	3	12	36	.004			36	.010
3	3	9	.100			33	.018			32	.030
3	4	12	.057			30	.044			30	.046
		9	.229			27	.088			28	.084
3	5	15	.036			24	.189			26	.126
		12	.143	4	4	16	.029				
						12	.229				

(附表 XI 续 1)

m	n	mnD	P	m	n	mnD	P	m	n	mnD	P
4	11	44	.001	5	10	50	.001	6	10	60	.000
		40	.007			45	.004			54	.002
		36	.022			40	.019			50	.004
		33	.035			35	.061			48	.009
		32	.063			30	.166			44	.019
		29	.098	5	11	55	.000			42	.031
		28	.144			50	.003			40	.042
4	12	48	.001			45	.010			38	.066
		44	.005			44	.014			36	.092
		40	.016			40	.029			34	.125
		36	.048			39	.044	7	7	49	.001
		32	.112			35	.074			42	.008
5	5	25	.008			34	.106			35	.053
		20	.079	6	6	36	.002			28	.212
		15	.357			30	.026	7	8	56	.000
5	6	30	.004			24	.143			49	.002
		25	.026	6	7	42	.001			48	.005
		24	.048			36	.008			42	.013
		20	.108			35	.015			41	.024
5	7	35	.003			30	.038			40	.033
		30	.015			29	.068			35	.056
		28	.030			28	.091			34	.087
		25	.066			24	.147			33	.118
		23	.116	6	8	48	.001	7	9	63	.000
5	8	40	.002			42	.005			56	.001
		35	.009			40	.009			54	.003
		32	.020			36	.023			49	.008
		30	.042			34	.043			47	.015
		27	.079			32	.061			45	.021
		25	.126			30	.093			42	.034
5	9	45	.001			28	.139			40	.055
		40	.006	6	9	54	.000			38	.079
		36	.014			48	.003			36	.098
		35	.028			45	.006			35	.127
		31	.056			42	.014	8	8	64	.000
		30	.086			39	.028			56	.002
		27	.119			36	.061			48	.019
						33	.095			40	.087
						30	.176			32	.283

(附表 Ⅺ 续 2)

$m=n$	mnD 的右尾概率（双侧统计量）				
	.200	.100	.050	.020	.010
9	45	54	54	63	63
10	50	60	70	70	80
11	66	66	77	88	88
12	72	72	84	96	96
13	78	91	91	104	117
14	84	98	112	112	126
15	90	105	120	135	135
16	112	112	128	144	160
17	119	136	136	153	170
18	126	144	162	180	180
19	133	152	171	190	190
20	140	160	180	200	220
	.100	.05	.025	.010	.005

mnD_+ 或 mnD_- 的近似右尾概率（单侧统计量）

D 的右尾概率

.200	.100	.050	.020	.010
$1.07\sqrt{N/mn}$	$1.22\sqrt{N/mn}$	$1.36\sqrt{N/mn}$	$1.52\sqrt{N/mn}$	$1.63\sqrt{N/mn}$
.100	.050	.025	.010	.005

D_+ 或 D_- 的右尾概率

附表 Ⅻ : K-W 检验统计量

观测值 H 的相伴概率表[*]

样本容量			H	P	样本容量			H	P
n_1	n_2	n_3			n_1	n_2	n_3		
2	1	1	2.7000	.500	4	3	2	6.4444	.008
2	2	1	3.6000	.200				6.3000	.011
2	2	2	4.5714	.067				5.4444	.046
			3.7143	.200				5.4000	.051
3	1	1	3.2000	.300				4.5111	.098
3	2	1	4.2857	.100				4.4444	.102
			3.8571	.133	4	3	3	6.7455	.010
3	2	2	5.3572	.029				6.7091	.013
			4.7143	.048				5.7909	.046
			4.5000	.067				5.7273	.050
			4.4643	.105				4.7091	.092
2	3	1	5.1429	.043				4.7000	.101
			4.5714	.100	4	4	1	6.6667	.010
			4.0000	.129				6.1667	.022
3	3	2	6.2500	.011				4.9667	.048
			5.3611	.032				4.8667	.054
			5.1389	.061				4.1667	.082
			4.5556	.100				4.0667	.102
			4.2500	.121	4	4	2	7.0364	.006
3	3	3	7.2000	.004				6.8727	.011
			6.4889	.011				5.4545	.046
			5.6889	.029				5.2364	.052
			5.6000	.050				4.5545	.098
			5.0667	.086				4.4455	.103
			4.6222	.100	4	4	3	7.1439	.010
4	1	1	3.5714	.200				7.1364	.011
4	2	1	4.8214	.057				5.5985	.049
			4.5000	.076				5.5758	.051
			4.0179	.114				4.5455	.099
4	2	2	6.0000	.014				4.4773	.102
			5.3333	.033	4	4	4	7.6538	.008
			5.1250	.052				7.5385	.011
			4.4583	.100				5.6923	.049
			4.1667	.105				5.6538	.054
4	3	1	5.8333	.021				4.6539	.097
			5.2083	.050				4.5001	.104
			5.0000	.057	5	1	1	3.8571	.143
			4.0556	.093	5	2	1	5.2500	.036
			3.8889	.129				5.0000	.048

* 本表摘自(并节略)Kruskal,W.H.,and Wallis,W.A.1952.Use of ranks in one-criterion varance analysis.*J.Amer.Statist.Ass.*,47.614—617.(本表已将原著者在 J.Amer.Statist.Ass.,48,910 上所作的勘误包括在内。)

（附表 XII 续）

样本容量			H	P	样本容量			H	P
n_1	n_2	n_3			n_1	n_2	n_3		
			4.4500	.071				5.6564	.049
			4.2000	.095				5.6308	.050
			4.0500	.119				4.5487	.099
5	2	2	6.5333	.008				4.5321	.103
			6.1333	.013	5	4	4	7.7604	.009
			5.1600	.034				7.7440	.011
			5.0400	.056				5.6571	.049
			4.3733	.090				5.6176	.050
			4.2933	.122				4.6187	.100
5	3	1	6.4000	.012				4.5527	.102
			4.9600	.048	5	5	1	7.3091	.009
			4.8711	.052				6.8364	.011
			4.0178	.095				5.1273	.046
			3.8400	.123				4.9091	.053
5	3	2	6.9091	.009				4.1091	.086
			6.8218	.010				4.0364	.105
			5.2509	.040	5	5	2	7.3385	.010
			5.1055	.052				7.2692	.010
			4.6509	.091				5.3385	.047
			4.4945	.101				5.2462	.051
5	3	3	7.0788	.009				4.6231	.097
			6.9818	.011				4.5077	.100
			5.6485	.049	5	5	3	7.5780	.010
			5.5152	.051				7.5429	.010
			4.5333	.097				5.7055	.046
			4.4121	.109				5.6264	.051
5	4	1	6.9545	.008				4.5451	.100
			6.8400	.011				4.5363	.102
			4.9855	.044	5	5	4	7.8229	.010
			4.8600	.056				7.7914	.010
			3.9873	.098				5.6657	.049
			3.9600	.102				5.6429	.050
5	4	2	7.2045	.009				4.5229	.099
			7.1182	.010				4.5200	.101
			5.2727	.049	5	5	5	8.0000	.009
			5.2682	.050				7.9800	.010
			4.5409	.098				5.7800	.049
			4.5182	.101				5.6600	.051
5	4	3	7.4449	.010				4.5600	.100
			7.3949	.011				4.5000	.102

附表 XIII :Spearman 等级相关统计量

n	R	P	n	R	P	n	R	P	n	R	P
3	1.000	.167	7	1.000	.000	8	.810	.011	9	1.000	.000
	.500	.500		.964	.001		.786	.014		.983	.000
4	1.000	.042		.929	.003		.762	.018		.967	.000
	.800	.167		.893	.006		.738	.023		.950	.000
	.600	.208		.857	.012		.714	.029		.933	.000
	.400	.375		.821	.017		.690	.035		.917	.001
	.200	.458		.786	.024		.667	.042		.900	.001
	.000	.542		.750	.033		.643	.048		.883	.002
5	1.000	.008		.714	.044		.619	.057		.867	.002
	.900	.042		.679	.055		.595	.066		.850	.003
	.800	.067		.643	.069		.571	.076		.833	.004
	.700	.117		.607	.083		.548	.085		.817	.005
	.600	.175		.571	.100		.524	.098		.800	.007
	.500	.225		.536	.118		.500	.108		.783	.009
	.400	.258		.500	.133		.476	.122		.767	.011
	.300	.342		.464	.151		.452	.134		.750	.013
	.200	.392		.429	.177		.429	.150		.733	.016
	.100	.475		.393	.198		.405	.163		.717	.018
	.000	.525		.357	.222		.381	.180		.700	.022
6	1.000	.001		.321	.249		.357	.195		.683	.025
	.943	.008		.286	.278		.333	.214		.667	.029
	.886	.017		.250	.297		.310	.231		.650	.033
	.829	.029		.214	.331		.286	.250		.633	.038
	.771	.051		.179	.357		.262	.268		.617	.043
	.714	.068		.143	.391		.238	.291		.600	.048
	.657	.088		.107	.420		.214	.310		.583	.054
	.600	.121		.071	.453		.190	.332		.567	.060
	.543	.149		.036	.482		.167	.352		.550	.066
	.486	.178		.000	.518		.143	.376		.533	.074
	.429	.210	8	1.000	.000		.119	.397		.517	.081
	.371	.249		.976	.000		.095	.420		.500	.089
	.314	.282		.952	.001		.071	.441		.483	.097
	.257	.329		.929	.001		.048	.467		.467	.106
	.200	.357		.905	.002		.024	.488		.450	.115
	.143	.401		.881	.004		.000	.512		.433	.125
	.086	.460		.857	.005					.417	.135
	.029	.500		.833	.008					.400	.146

(附表 XⅢ 续 1)

n	R	P	n	R	P	n	R	P	n	R	P
9	.383	.156	10	.964	.000	10	.636	.027	10	.309	.193
	.367	.168		.952	.000		.624	.030		.297	.203
	.350	.179		.939	.000		.612	.033		.285	.214
	.333	.193		.927	.000		.600	.037		.273	.224
	.317	.205		.915	.000		.588	.040		.261	.235
	.300	.218		.903	.000		.576	.044		.248	.246
	.283	.231		.891	.001		.564	.048		.236	.257
	.267	.247		.879	.001		.552	.052		.224	.268
	.250	.260		.867	.001		.539	.057		.212	.280
	.233	.276		.855	.001		.527	.062		.200	.292
	.217	.290		.842	.002		.515	.067		.188	.304
	.200	.307		.830	.002		.503	.072		.176	.316
	.183	.322		.818	.003		.491	.077		.164	.328
	.167	.339		.806	.004		.479	.083		.152	.341
	.150	.354		.794	.004		.467	.089		.139	.354
	.133	.372		.782	.005		.455	.096		.127	.367
	.117	.388		.770	.007		.442	.102		.115	.379
	.100	.405		.758	.008		.430	.109		.103	.393
	.083	.422		.745	.009		.418	.116		.091	.406
	.067	.440		.733	.010		.406	.124		.079	.419
	.050	.456		.721	.012		.394	.132		.067	.433
	.033	.474		.709	.013		.382	.139		.055	.446
	.017	.491		.697	.015		.370	.148		.042	.459
	.000	.509		.685	.017		.358	.156		.030	.473
10	1.000	.000		.673	.019		.345	.165		.018	.486
	.988	.000		.661	.022		.333	.174		.006	.500
	.976	.000		.648	.025		.321	.184			

(附表 XIII 续 2)

n	单侧检验 $R(-R)$ 右尾（左尾）概率					
	.100	.050	025	.010	.005	.001
11	.427	.536	.618	.709	.764	.855
12	.406	.503	.587	.678	.734	.825
13	.385	.484	.560	.648	.703	.797
14	.367	.464	.538	.626	.679	.771
15	.354	.446	.521	.604	.657	.750
16	.341	.429	.503	.585	.635	.729
17	.329	.414	.488	.566	.618	.711
18	.317	.401	.474	.550	.600	.692
19	.309	.391	.460	.535	.584	.675
20	.299	.380	.447	.522	.570	.660
21	.292	.370	.436	.509	.556	.647
22	.284	.361	.425	.497	.544	.633
23	.278	.353	.416	.486	.532	.620
24	.275	.344	.407	.476	.521	.608
25	.265	.337	.398	.466	.511	.597
26	.260	.331	.390	.457	.501	.586
27	.255	.324	.383	.449	.492	.576
28	.250	.318	.376	.441	.483	.567
29	.245	.312	.369	.433	.475	.557
30	.241	.307	.363	.426	.467	.548
	.200	.100	.050	.020	.010	.002
	双侧检验 $|R|$ 的概率					

如果 $n > 30$，则按 $Z = R\sqrt{n-1}$ 计算，在附表 IV 中查找相应的概率。

附表 XIV : Kendall τ 统计量

n	T	p	n	T	p	n	T	p	n	T	p
3	1.000	.167		.714	.015	9	1.000	.000	10	1.000	.000
	.333	.500		.619	.035		.944	.000		.956	.000
4	1.000	.042		.524	.068		.889	.000		.911	.000
	.667	.167		.429	.119		.833	.000		.867	.000
	.333	.375		.333	.191		.778	.001		.822	.000
	.000	.625		.238	.281		.722	.003		.778	.000
5	1.000	.008		.143	.386		.667	.006		.733	.001
	.800	.042		.048	.500		.611	.012		.689	.002
	.600	.117	8	1.000	.000		.556	.022		.644	.005
	.400	.242		.929	.000		.500	.038		.600	.008
	.200	.408		.857	.001		.444	.060		.556	.014
	.000	.592		.786	.003		.389	.090		.511	.023
6	1.000	.001		.714	.007		.333	.130		.467	.036
	.867	.008		.643	.016		.278	.179		.422	.054
	.733	.028		.571	.031		.222	.238		.378	.078
	.600	.068		.500	.054		.167	.306		.333	.108
	.467	.136		.429	.089		.111	.381		.289	.146
	.333	.235		.357	.138		.056	.460		.244	.190
	.200	.360		.286	.199		.000	.540		.200	.242
	.067	.500		.214	.274					.156	.300
7	1.000	.000		.143	.360					.111	.364
	.905	.001		.071	.452					.067	.431
	.810	.005		.000	.548					.022	.500

（附表 XIV 续）

n	单侧检验 $T(-T)$左尾(左尾)概率				
	.100	.050	.025	.010	.005
11	.345	.418	.491	.564	.600
12	.303	.394	.455	.545	.576
13	.308	.359	.436	.513	.564
14	.275	.363	.407	.473	.516
15	.276	.333	.390	.467	.505
16	.250	.317	.383	.433	.483
17	.250	.309	.368	.426	.471
18	.242	.294	.346	.412	.451
19	.228	.287	.333	.392	.439
20	.221	.274	.326	.379	.421
21	.210	.267	.314	.371	.410
22	.203	.264	.307	.359	.394
23	.202	.257	.396	.352	.391
24	.196	.246	.290	.341	.377
25	.193	.240	.287	.333	.367
26	.188	.237	.280	.329	.360
27	.179	.231	.271	.322	.356
28	.180	.228	.265	.312	.344
29	.172	.222	.261	.310	.340
30	.172	.218	.255	.301	.333
	.200	.100	.050	.020	.010
	双侧检验$\mid T\mid$的概率				

如果 $n>30$，则按 $Z=3T\sqrt{n(n-1)}/\sqrt{n(2n+5)}$ 计算，在附表 IV 中查找相应的概率。

附表 XV : Kendall 协和系数检验的统计量

n	k	S	P	n	k	S	P	n	k	S	P	n	k	S	P
3	2	8	.167	3	7	98	.000	4	2	20	.042	4	4	80	.000
		6	.500			96	.000			18	.167			78	.001
	3	18	.028			86	.000			16	.208			76	.001
		14	.194			78	.001			14	.375			74	.001
		8	.361			74	.003			12	.458			72	.002
	4	32	.005			72	.004		3	45	.002			70	.003
		26	.042			62	.008			43	.002			68	.003
		24	.069			56	.016			41	.017			66	.006
		18	.125			54	.021			37	.033			64	.007
		14	.273			50	.027			35	.054			62	.012
		8	.431			42	.051			33	.075			58	.014
	5	50	.001			38	.085			29	.148			56	.019
		42	.008			32	.112			27	.175			54	.033
		38	.024			26	.192			25	.207			52	.026
		32	.039			24	.237			21	.300			50	.052
		26	.093			18	.305			19	.342			48	.054
		24	.124			14	.486			17	.446			46	.068
		18	.182		8	128	.000							44	.077
		14	.367			126	.000							42	.094
	6	72	.000			122	.000							40	.105
		62	.002			114	.000							38	.141
		56	.006			104	.000							36	.158
		54	.008			98	.001							34	.190
		50	.012			96	.001							32	.200
		42	.029			86	.002							30	.242
		38	.052			78	.005							26	.324
		32	.072			74	.008							24	.355
		26	.142			72	.010							22	.389
		24	.184			62	.018							20	.432
		18	.252			56	.030								
		14	.430			54	.038								
						50	.047								
						42	.079								
						38	.120								
						32	.149								
						26	.236								
						24	.285								
						18	.355								

若 n 和 k 的值在表中范围之外,则按 $Q=\dfrac{12S}{kn(n+1)}$ 在附表 I 中查找相应的右尾概率。

预定的	近似的
S 或 W 的左尾概率	$df=n-1$ 的 Q 的左尾概率

附表 XVI：多重比较的临界值 Z

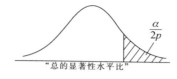

"总的显著性水平比"

总的显著性水平 α

α

P	.30	.25	.20	.15	.10	.05
1	1.036	1.150	1.282	1.440	1.645	1.960
2	1.440	1.534	1.645	1.780	1.960	2.241
3	1.645	1.732	1.834	1.960	2.128	2.394
4	1.780	1.863	1.960	2.080	2.241	2.498
5	1.881	1.960	2.054	2.170	2.326	2.576
6	1.960	2.037	2.128	2.241	2.394	2.638
7	2.026	2.100	2.189	2.300	2.450	2.690
8	2.080	2.154	2.241	2.350	2.498	2.734
9	2.128	2.200	2.287	2.394	2.539	2.773
10	2.170	2.241	2.226	2.432	2.576	2.807
11	2.208	2.278	2.362	2.467	2.608	2.838
12	2.241	2.301	2.394	2.498	2.638	2.866
15	2.326	2.394	2.475	2.576	2.713	2.935
21	2.450	2.515	2.593	2.690	2.823	3.038
28	2.552	2.615	2.690	2.785	2.913	3.125

附表 XⅦ：F 分布表

$$P\{F(n_1,n_2)>Fa(n_1,n_2)\}=\alpha$$

$$\alpha=0.10$$

n_2 \ n_1	1	2	3	4	5	6	7	8	9	10	12	15	20	24	30	40	60	120	∞
1	39.86	49.50	53.59	55.83	57.24	58.20	58.91	59.44	59.86	60.19	60.71	61.22	61.74	62.00	62.26	62.53	62.79	63.06	63.33
2	8.53	9.00	9.16	9.24	9.29	9.33	9.35	9.37	9.38	9.39	9.41	9.42	9.44	9.45	9.46	9.47	9.47	9.48	9.49
3	5.54	5.46	5.39	5.34	5.31	5.28	5.27	5.25	5.24	5.23	5.22	5.20	5.18	5.18	5.17	5.16	5.15	5.14	5.13
4	4.54	4.32	4.19	4.11	4.05	4.01	3.98	3.95	3.94	3.92	3.90	3.87	3.84	3.83	3.82	3.80	3.79	3.78	3.76
5	4.06	3.78	3.62	3.52	3.45	3.40	3.37	3.34	3.32	3.30	3.27	3.24	3.21	3.19	3.17	3.16	3.14	3.12	3.10
6	3.78	3.46	3.29	3.18	3.11	3.05	3.01	2.98	2.96	2.94	2.90	2.87	2.84	2.82	2.80	2.78	2.76	2.74	2.72
7	3.59	3.26	3.07	2.96	2.88	2.83	2.78	2.75	2.72	2.70	2.67	2.63	2.59	2.58	2.56	2.54	2.51	2.49	2.47
8	3.46	3.11	2.92	2.81	2.73	2.67	2.62	2.59	2.56	2.54	2.50	2.46	2.42	2.40	2.38	2.36	2.34	2.32	2.20
9	3.36	3.01	2.81	2.69	2.61	2.55	2.51	2.47	2.44	2.42	2.38	2.34	2.30	2.28	2.25	2.23	2.21	2.18	2.16
10	3.29	2.92	2.73	2.61	2.52	2.46	2.41	2.38	2.35	2.32	2.28	2.24	2.20	2.18	2.16	2.13	2.11	2.08	2.06
11	3.23	2.86	2.66	2.54	2.45	2.39	2.34	2.30	2.27	2.25	2.21	2.17	2.12	2.12	2.08	2.05	2.03	2.00	1.97
12	3.18	2.81	2.61	2.48	2.39	2.33	2.28	2.24	2.21	2.19	2.15	2.10	2.04	5.06	2.01	1.99	1.96	1.93	1.90
13	3.14	2.76	2.56	2.43	2.35	2.28	2.23	2.20	2.16	2.14	2.10	2.05	2.01	1.98	1.96	1.93	1.90	1.88	1.85
14	3.10	2.73	2.52	2.39	2.31	2.24	2.19	2.15	2.12	2.10	2.05	2.01	1.96	1.94	1.91	1.89	1.86	1.83	1.80
15	3.07	2.70	2.49	2.36	2.27	2.21	2.16	2.12	2.09	2.06	2.07	1.97	1.92	1.90	1.87	1.85	1.82	1.79	1.76
16	3.05	2.67	2.46	2.33	2.24	2.18	2.13	2.09	2.06	2.03	1.99	1.94	1.89	1.87	1.84	1.81	1.78	1.75	1.72
17	3.03	2.64	2.46	2.31	2.22	2.16	2.10	2.06	2.03	2.00	1.96	1.91	1.84	1.84	1.81	1.78	1.75	1.73	1.69
18	3.01	2.62	2.42	2.29	2.20	2.13	2.08	2.04	2.00	1.98	1.93	1.89	1.81	1.81	1.78	1.75	1.72	1.69	1.66
19	2.99	2.61	2.40	2.27	2.18	2.11	2.06	2.02	1.98	1.96	1.91	1.86	1.81	1.79	1.76	1.73	1.70	1.67	1.63

（附表 XⅢ 续 1）

$\alpha = 0.10$

n_1 \ n_2	1	2	3	4	5	6	7	8	9	10	12	15	20	24	30	40	60	120	∞
20	2.97	2.59	2.38	2.25	2.16	2.09	2.04	2.00	1.96	1.94	1.89	1.84	1.79	1.77	1.74	1.71	1.68	1.64	1.61
21	2.96	2.57	2.36	2.23	2.14	2.08	2.02	1.98	1.95	1.92	1.87	1.83	1.78	1.75	1.72	1.69	1.66	1.62	1.59
22	2.95	2.56	2.35	2.22	2.13	2.06	2.01	1.97	1.93	1.90	1.86	1.81	1.76	1.73	1.70	1.67	1.64	1.60	1.57
23	2.94	2.55	2.34	2.21	2.11	2.05	1.99	1.95	1.92	1.89	1.84	1.80	1.74	1.72	1.69	1.66	1.62	1.59	1.55
24	2.93	2.54	2.33	2.19	2.10	2.04	1.98	1.94	1.91	1.88	1.83	1.78	1.73	1.70	1.67	1.64	1.61	1.57	1.53
25	2.92	2.53	2.32	2.18	2.09	2.02	1.97	1.93	1.89	1.87	1.82	1.77	1.72	1.69	1.66	1.63	1.59	1.56	1.52
26	2.91	2.52	2.31	2.17	2.08	2.01	1.96	1.92	1.88	1.86	1.81	1.76	1.71	1.68	1.65	1.61	1.58	1.54	1.50
27	2.90	2.51	2.30	2.17	2.07	2.00	1.95	1.91	1.87	1.85	1.80	1.75	1.70	1.67	1.64	1.60	1.57	1.53	1.49
28	2.89	2.50	2.29	2.16	2.06	2.00	1.94	1.90	1.87	1.84	1.79	1.74	1.69	1.66	1.63	1.59	1.56	1.52	1.48
29	2.89	2.50	2.28	2.15	2.06	1.99	1.93	1.89	1.86	1.83	1.78	1.72	1.68	1.65	1.62	1.58	1.55	1.51	1.47
30	2.88	2.49	2.28	2.14	2.05	1.98	1.93	1.88	1.85	1.82	1.77	1.72	1.67	1.64	1.61	1.57	1.54	1.50	1.46
40	2.84	2.44	2.23	2.09	2.00	1.93	1.87	1.83	1.79	1.76	1.71	1.66	1.61	1.57	1.54	1.51	1.47	1.42	1.38
60	2.79	2.39	2.18	2.04	1.95	1.87	1.82	1.77	1.74	1.71	1.66	1.60	1.54	1.51	1.48	1.44	1.40	1.35	1.29
120	2.75	2.35	2.13	1.99	1.90	1.82	1.77	1.72	1.68	1.65	1.60	1.55	1.48	1.45	1.41	1.37	1.32	1.26	1.19
∞	2.71	2.30	2.08	1.94	1.85	1.77	1.72	1.67	1.63	1.60	1.55	1.49	1.42	1.38	1.34	1.30	1.24	1.17	1.00

(附表 XII 续 2)

$\alpha=0.05$

n_2 \ n_1	1	2	3	4	5	6	7	8	9	10	12	15	20	24	30	40	60	120	∞
1	161.4	199.5	215.7	224.6	230.2	234.0	236.8	238.9	240.5	241.9	243.9	245.9	248.0	249.1	250.1	251.1	252.2	253.3	254.3
2	18.51	19.00	19.16	19.25	19.30	19.33	19.35	19.37	19.38	19.40	19.41	19.43	19.45	19.45	19.46	19.47	19.48	19.49	19.50
3	10.13	9.55	9.28	9.12	9.01	8.94	8.89	8.85	8.81	8.79	8.74	8.70	8.66	8.64	8.62	8.59	8.57	8.55	8.53
4	7.71	6.94	6.59	6.39	6.26	6.16	6.09	6.04	6.00	5.96	5.91	5.86	5.80	5.77	5.75	5.72	5.69	5.66	5.63
5	6.61	5.79	5.41	5.19	5.05	4.95	4.88	4.82	4.77	4.74	4.68	4.62	4.56	4.53	4.50	4.46	4.43	4.40	4.36
6	5.99	5.14	4.76	4.53	4.39	4.28	4.21	4.15	4.10	4.06	4.00	3.94	3.87	3.84	3.81	3.77	3.74	3.70	3.67
7	5.59	4.74	4.35	4.12	3.97	3.87	3.79	3.73	3.68	3.64	3.57	3.51	3.44	3.41	3.38	3.34	3.30	3.27	3.23
8	5.32	4.46	4.07	3.84	3.69	3.58	3.50	3.44	3.39	3.35	3.28	3.22	3.15	3.12	3.08	3.04	3.01	2.97	2.93
9	5.12	4.26	3.86	3.63	3.48	3.37	3.29	3.23	3.18	3.14	3.07	3.01	2.94	2.90	2.86	2.83	2.79	2.75	2.71
10	4.96	4.10	3.71	3.48	3.33	3.22	3.14	3.07	3.02	2.98	2.91	2.85	2.77	2.74	2.70	2.66	2.62	2.58	2.54
11	4.84	3.98	3.59	3.36	3.20	3.09	3.01	2.95	2.90	2.85	2.79	2.72	2.65	2.61	2.57	2.53	2.49	2.45	2.40
12	4.75	3.89	3.49	3.26	3.11	3.00	2.91	2.85	2.80	2.75	2.69	2.62	2.54	2.51	2.47	2.43	2.38	2.34	2.30
13	4.67	3.81	3.41	3.18	3.03	2.92	2.83	2.77	2.71	2.67	2.60	2.53	2.46	2.42	2.38	2.34	2.30	2.25	2.21
14	4.60	3.74	3.34	3.11	2.96	2.85	2.76	2.70	2.65	2.60	2.53	2.46	2.39	2.35	2.31	2.27	2.22	2.18	2.13
15	4.54	3.68	3.29	3.06	2.90	2.79	2.71	2.64	2.59	2.54	2.48	2.40	2.33	2.29	2.25	2.20	2.16	2.11	2.07
16	4.49	3.63	3.24	3.01	2.85	2.74	2.66	2.59	2.54	2.49	2.42	2.35	2.28	2.24	2.19	2.15	2.11	2.06	2.01
17	4.45	3.59	3.20	2.96	2.81	2.70	2.61	2.55	2.49	2.45	2.38	2.31	2.23	2.19	2.15	2.10	2.06	2.01	1.96
18	4.41	3.55	3.16	2.93	2.77	2.66	2.58	2.51	2.46	2.41	2.34	2.27	2.19	2.15	2.11	2.06	2.02	1.97	1.92
19	4.38	3.52	3.13	2.90	2.74	2.63	2.54	2.48	2.42	2.38	2.31	2.23	2.16	2.11	2.07	2.03	1.98	1.93	1.88

（附表 XIII 续 3）

$\alpha=0.05$

n_1 \ n_2	1	2	3	4	5	6	7	8	9	10	12	15	20	24	30	40	60	120	∞
20	4.35	3.49	3.10	2.87	2.71	2.60	2.51	2.45	2.39	2.35	2.28	2.20	2.12	2.08	2.04	1.99	1.95	1.90	1.84
21	4.32	3.47	3.07	2.84	2.68	2.57	2.49	2.42	2.37	2.32	2.25	2.18	2.10	2.05	2.01	1.96	1.92	1.87	1.81
22	4.30	3.44	3.05	2.82	2.66	2.55	2.46	2.40	2.34	2.30	2.23	2.15	2.07	2.03	1.98	1.94	1.89	1.84	1.78
23	4.28	3.42	3.03	2.80	2.64	2.53	2.44	2.37	2.32	2.27	2.20	2.13	2.05	2.01	1.96	1.91	1.86	1.81	1.76
24	4.26	3.40	3.01	2.78	2.62	2.51	2.42	2.36	2.30	2.25	2.18	2.11	2.03	1.98	1.94	1.89	1.84	1.79	1.73
25	4.24	3.39	2.99	2.76	2.60	2.49	2.40	2.34	2.28	2.24	2.16	2.09	2.01	1.96	1.92	1.87	1.82	1.77	1.71
26	4.23	3.37	2.98	2.74	2.59	2.47	2.39	2.32	2.27	2.22	2.15	2.07	1.99	1.95	1.90	1.85	1.80	1.75	1.69
27	4.21	3.35	2.96	2.73	2.57	2.46	2.37	2.31	2.25	2.20	2.13	2.06	1.97	1.93	1.88	1.84	1.79	1.73	1.67
28	4.20	3.34	2.95	2.71	2.56	2.45	2.36	2.29	2.24	2.19	2.12	2.04	1.96	1.91	1.87	1.82	1.77	1.71	1.65
29	4.18	3.33	2.93	2.70	2.55	2.43	2.35	2.28	2.22	2.18	2.10	2.03	1.94	1.90	1.85	1.81	1.75	1.70	1.64
30	4.17	3.32	2.92	2.69	2.53	2.42	2.33	2.27	2.21	2.16	2.09	2.01	1.93	1.89	1.84	1.79	1.74	1.68	1.62
40	4.08	3.23	2.84	2.61	2.45	2.34	2.25	2.18	2.12	2.08	2.00	1.92	1.84	1.79	1.74	1.69	1.64	1.58	1.51
60	4.00	3.15	2.76	2.53	2.37	2.25	2.17	2.10	2.04	1.99	1.92	1.84	1.75	1.70	1.65	1.59	1.53	1.47	1.39
120	3.92	3.07	2.68	2.45	2.29	2.17	2.09	2.02	1.96	1.91	1.83	1.75	1.66	1.61	1.55	1.50	1.43	1.35	1.25
∞	3.84	3.00	2.60	2.37	2.21	2.10	2.01	1.94	1.88	1.83	1.75	1.67	1.57	1.52	1.46	1.39	1.32	1.21	1.00

（附表 XII 续 4）

$\alpha=0.025$

n_1 \ n_2	1	2	3	4	5	6	7	8	9	10	12	15	20	24	30	40	60	120	∞
1	647.8	799.5	864.2	899.6	921.8	937.1	489.2	956.7	963.3	968.6	976.7	984.9	993.1	997.2	1001	1006	1010	1014	1018
2	38.51	39.00	39.17	39.25	39.30	39.33	39.36	39.37	39.39	39.40	39.41	39.43	39.45	39.46	39.46	39.47	39.48	39.49	39.50
3	17.44	16.04	15.44	15.10	14.88	14.73	14.62	14.54	14.47	14.42	14.34	14.25	14.17	14.12	14.08	14.04	13.99	13.95	13.90
4	12.22	10.65	9.98	9.60	9.36	9.20	9.07	8.98	8.90	8.84	8.75	8.66	8.56	8.51	8.46	8.41	8.36	8.31	8.26
5	10.01	8.43	7.76	7.36	7.15	6.98	6.85	6.76	6.68	6.62	6.52	6.43	6.33	6.28	6.23	6.18	6.12	6.07	6.02
6	8.81	7.26	6.60	6.23	5.99	5.82	5.70	5.60	5.52	5.46	5.37	5.27	5.17	5.12	5.07	5.01	4.96	4.90	4.85
7	8.07	6.54	5.89	5.52	5.29	5.12	4.99	4.90	4.82	4.76	4.67	4.57	4.47	4.42	4.36	4.31	4.25	4.20	4.14
8	7.57	6.06	5.42	5.05	4.82	4.65	4.53	4.43	4.36	4.30	4.20	4.10	4.00	3.95	3.89	3.84	3.78	3.73	3.67
9	7.21	5.71	5.08	4.72	4.48	4.32	4.20	4.10	4.03	3.96	3.87	3.77	3.67	3.61	3.56	3.51	3.45	3.39	3.33
10	6.94	5.46	4.83	4.47	4.24	4.07	3.95	3.85	3.78	3.72	3.62	3.52	3.42	3.37	3.31	3.26	3.20	3.14	3.08
11	6.72	5.26	4.63	4.28	4.04	3.88	3.76	3.66	3.59	3.53	3.43	3.33	3.23	3.17	3.12	3.06	3.00	2.94	2.88
12	6.55	5.10	4.47	4.12	3.89	3.73	3.61	3.51	3.44	3.37	3.28	3.18	3.07	3.02	2.96	2.91	2.85	2.79	2.72
13	6.41	4.97	4.35	4.00	3.77	3.60	3.48	3.39	3.31	3.25	3.15	3.05	2.95	2.89	2.84	2.78	2.72	2.66	2.60
14	6.30	4.86	4.24	3.89	3.66	3.50	3.38	3.29	3.22	3.15	3.05	2.95	2.84	2.79	2.73	2.67	2.61	2.55	2.49
15	6.20	4.77	4.15	3.80	3.58	3.41	3.29	3.20	3.12	3.06	2.96	2.86	2.76	2.70	2.64	2.59	2.52	2.46	2.40
16	6.12	4.69	4.08	3.73	3.50	3.34	3.22	3.12	3.05	2.99	2.89	2.79	2.68	2.63	2.57	2.51	2.45	2.38	2.32
17	6.04	4.62	4.01	3.66	3.44	3.28	3.16	3.06	2.98	2.92	2.82	2.72	2.62	2.56	2.50	2.44	2.38	2.32	2.25
18	5.98	4.56	3.95	3.61	3.38	3.22	3.10	3.01	2.93	2.87	2.77	2.67	2.56	2.50	2.44	2.38	2.32	2.26	2.19
19	5.92	4.51	3.90	3.56	3.33	3.17	3.05	2.96	2.88	2.82	2.72	2.62	2.51	2.45	2.39	2.33	2.27	2.20	2.13
20	5.87	4.46	3.86	3.51	3.29	3.13	3.01	2.91	2.84	2.77	2.68	2.57	2.46	2.41	2.35	2.29	2.22	2.16	2.09
21	5.83	4.42	3.82	3.48	3.25	3.09	2.97	2.87	2.80	2.73	2.64	2.56	2.42	2.37	2.31	2.25	2.18	2.11	2.04
22	5.79	4.38	3.78	3.44	3.22	3.05	2.93	2.84	2.76	2.70	2.60	2.50	2.39	2.33	2.27	2.21	2.14	2.08	2.00
23	5.75	4.35	3.75	3.41	3.18	3.02	2.90	2.81	2.73	2.67	2.57	2.47	2.36	2.30	2.24	2.18	2.11	2.04	1.97
24	5.72	4.32	3.72	3.38	3.15	2.99	2.87	2.78	2.70	2.64	2.54	2.44	2.33	2.27	2.21	2.15	2.08	2.01	1.91

(附表 XII 续 5)

$\alpha = 0.025$

n_2 \ n_1	1	2	3	4	5	6	7	8	9	10	12	15	20	24	30	40	60	120	∞
25	5.69	4.29	3.69	3.35	3.13	2.97	2.85	2.75	2.68	2.61	2.51	2.41	2.30	2.24	2.18	2.12	2.05	1.98	1.91
26	5.66	4.27	3.67	3.33	3.10	2.94	2.82	2.73	2.65	2.59	2.49	2.39	2.28	2.22	2.16	2.09	2.03	1.95	1.88
27	5.63	4.24	3.65	3.31	3.08	2.92	2.80	2.71	2.63	2.57	2.47	2.36	2.25	2.19	2.13	2.07	2.00	1.93	1.85
28	5.61	4.22	3.63	3.29	3.06	2.90	2.78	2.69	2.61	2.55	2.45	2.34	2.23	2.17	2.11	2.05	1.98	1.91	1.83
29	5.59	4.20	3.61	3.27	3.04	2.88	2.76	2.67	2.59	2.53	2.43	2.32	2.21	2.15	2.09	2.03	1.96	1.89	1.81
30	5.57	4.18	3.59	3.25	3.03	2.87	2.75	2.65	2.57	2.51	2.41	2.31	2.20	2.14	2.07	2.01	1.94	1.87	1.79
40	5.42	4.05	3.46	3.13	2.90	2.74	2.62	2.53	2.45	2.39	2.29	2.18	2.07	2.01	1.94	1.88	1.80	1.72	1.64
60	5.29	3.93	3.34	3.01	2.79	2.63	2.51	2.41	2.33	2.27	2.17	2.6	1.94	1.88	1.82	1.74	1.67	1.58	1.48
120	5.15	3.80	3.23	2.89	2.67	2.52	2.39	2.30	2.22	2.16	2.05	1.94	1.82	1.76	1.69	1.61	1.53	1.43	1.31
∞	5.02	3.69	3.12	2.79	2.57	2.41	2.29	2.19	2.11	2.05	1.94	1.83	1.71	1.64	1.57	1.48	1.39	1.27	1.00

$\alpha = 0.01$

n_2 \ n_1	1	2	3	4	5	6	7	8	9	10	12	15	20	24	30	40	60	120	∞
1	4052	4999.5	5403	5625	5764	5859	5928	5982	6022	6056	6106	6157	6209	6235	6261	6287	6313	6339	6366
2	98.50	99.00	99.17	99.25	99.30	99.33	99.36	99.37	99.39	99.40	99.42	99.43	99.45	99.46	99.47	99.47	99.48	99.49	99.50
3	34.12	30.82	29.46	28.71	28.24	27.91	27.67	27.49	27.35	27.23	27.05	26.87	26.69	26.60	26.50	26.41	26.32	26.22	26.13
4	21.20	18.00	16.69	15.98	15.52	15.21	14.98	14.80	14.66	14.55	14.37	14.20	14.02	13.93	13.84	13.75	13.65	13.56	13.46
5	16.26	13.27	12.06	11.39	10.97	10.67	10.46	10.29	10.17	10.05	9.89	9.72	9.55	9.47	9.38	9.29	9.20	9.11	9.02
6	13.75	10.92	9.78	9.15	8.75	8.47	8.26	8.10	7.98	7.87	7.72	7.56	7.40	7.31	7.23	7.14	7.06	6.97	6.88
7	12.25	9.55	8.45	7.85	7.46	7.19	6.99	6.84	6.72	6.62	6.47	6.31	6.16	6.07	5.99	5.91	5.82	5.74	5.65
8	11.26	8.65	7.59	7.01	6.63	6.37	6.18	6.03	5.91	5.81	5.67	5.52	5.36	5.28	5.20	5.12	5.03	4.95	4.86
9	10.56	8.02	6.99	6.42	6.06	5.80	5.61	5.47	5.35	5.26	5.11	4.96	4.81	4.73	4.65	4.57	4.48	4.40	4.31

（附表 XII 续 6）

$\alpha = 0.01$

n_2 \ n_1	1	2	3	4	5	6	7	8	9	10	12	15	20	24	30	40	60	120	∞
10	10.04	7.56	6.55	5.99	5.64	5.39	5.20	5.06	4.94	4.85	4.71	4.50	4.41	4.33	4.25	4.17	4.08	4.00	3.91
11	9.65	7.21	6.22	5.67	5.32	5.07	4.89	4.74	4.63	4.54	4.40	4.25	4.10	4.02	3.94	3.86	3.78	3.69	3.60
12	9.33	6.93	5.95	5.41	5.06	4.82	4.64	4.50	4.39	4.30	4.16	4.01	3.86	3.73	3.70	3.62	3.54	3.45	3.36
13	9.07	6.70	5.74	5.21	4.86	4.62	4.44	4.30	4.19	4.10	3.96	3.82	3.66	3.59	3.51	3.43	3.34	3.25	3.17
14	8.86	6.51	5.56	5.04	4.69	4.46	4.28	4.14	4.03	3.94	3.80	3.66	3.51	3.43	3.35	3.27	3.18	3.09	3.00
15	8.68	6.36	5.42	4.89	4.56	4.32	4.14	4.00	3.89	3.80	3.67	3.52	3.37	3.29	3.21	3.13	3.05	2.96	2.87
16	8.53	6.23	5.29	4.77	4.44	4.20	4.03	3.89	3.78	3.69	3.55	3.41	3.26	3.18	3.10	3.02	2.93	2.84	2.75
17	8.40	6.11	5.18	4.67	4.34	4.10	3.93	3.79	3.68	3.59	3.46	3.31	3.16	3.08	3.00	2.92	2.83	2.75	2.65
18	8.29	6.01	5.09	4.58	4.25	4.01	3.84	3.71	3.60	3.51	3.37	3.23	3.08	3.00	2.92	2.84	2.75	2.66	2.57
19	8.18	5.93	5.01	4.50	4.17	3.94	3.77	3.63	3.52	3.43	3.30	3.15	3.00	2.92	2.84	2.76	2.67	2.58	2.49
20	8.10	5.85	4.94	4.43	4.10	3.87	3.70	3.56	3.46	3.37	3.23	3.09	2.94	2.86	2.78	2.69	2.61	2.52	2.42
21	8.02	5.78	4.87	4.37	4.04	3.81	3.64	3.51	3.40	3.31	3.17	3.03	2.88	2.80	2.72	2.64	2.55	2.46	2.36
22	7.95	5.72	4.82	4.31	3.99	3.76	3.59	3.45	3.35	3.26	3.12	2.98	2.83	2.75	2.67	2.58	2.50	2.40	2.31
23	7.88	5.66	4.76	4.26	3.94	3.71	3.54	3.41	3.30	3.21	3.07	2.93	2.78	2.70	2.62	2.54	2.45	2.35	2.26
24	7.82	5.61	4.72	4.22	3.90	3.67	3.50	3.36	3.26	3.17	3.03	2.89	2.74	2.66	2.58	2.49	2.40	2.31	2.21
25	7.77	5.57	4.68	4.18	3.85	3.63	3.46	3.32	3.22	3.13	2.99	2.85	2.70	2.62	2.54	2.45	2.36	2.27	2.17
26	7.72	5.53	4.64	4.14	3.82	3.59	3.42	3.29	3.18	3.09	2.96	2.81	2.66	2.58	2.50	2.42	2.33	2.23	2.13
27	7.68	5.49	4.60	4.11	3.78	3.56	3.39	3.26	3.15	3.06	2.93	2.78	2.63	2.55	2.47	2.38	2.29	2.20	2.10
28	7.64	5.45	4.57	4.07	3.75	3.53	3.36	3.23	3.12	3.03	2.90	2.75	2.60	2.52	2.44	2.35	2.26	2.17	2.06
29	7.60	5.42	4.54	4.04	3.73	3.50	3.33	3.20	3.09	3.00	2.87	2.73	2.57	2.49	2.41	2.33	2.23	2.14	2.03
30	7.56	5.39	4.51	4.02	3.70	3.47	3.30	3.17	3.07	2.98	2.84	2.70	2.55	2.47	2.39	2.30	2.21	2.11	2.01
40	7.31	5.18	4.31	3.83	3.51	3.29	3.12	2.99	2.89	2.80	2.66	2.52	2.37	2.29	2.20	2.11	2.02	1.92	1.80
60	7.08	4.98	4.13	3.65	3.34	3.12	2.95	2.82	2.72	2.63	2.50	2.35	2.20	2.12	2.03	1.94	1.84	1.73	1.60
120	6.85	4.79	3.95	3.48	3.17	2.96	2.79	2.66	2.56	2.47	2.34	2.19	2.00	1.95	1.86	1.76	1.66	1.53	1.38
∞	6.63	4.61	3.78	3.32	3.02	2.80	2.64	2.51	2.41	2.32	2.18	2.04	1.88	1.79	1.70	1.59	1.47	1.32	1.00

附录:彩色图形

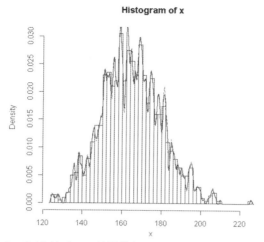

图 9-4 h=0.45 的 Gauss 核函数与 Epanechnikov 核函数的密度曲线

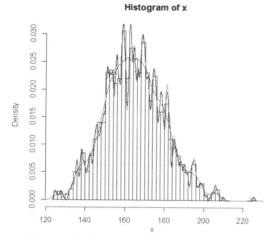

图 9-5 添加 h=2 的 Epanechnikov 核函数

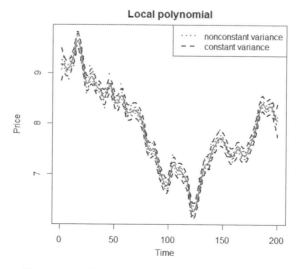

图 9-8 局部多项式回归法的拟合值及置信区间

参考文献

[1]易丹辉,董寒青.非参数统计——方法与应用[M].北京:中国统计出版社,2009.

[2]吴喜之.非参数统计[M].2 版．北京:中国统计出版社,2009.

[3]吴喜之.统计学:从数据到结论[M].北京:中国统计出版社,2004.

[4]王星.非参数统计学[M].北京:清华大学出版社,2009.

[5]高祥宝,董寒青.数据分析与 SPSS 应用[M].北京:清华大学出版社,2007.

[6](美)希金斯.现代非参数统计导论(影印版)/外国统计学教材系列丛书[M].北京:中国统计出版社,2005.

[7](美) W.J.Conover. 实用非参数统计[M].崔恒健,译. 3 版．北京:人民邮电出版社,2006.

[8](美)卡巴科弗(Robert I. Kabacoff). R 语言实战[M]. 高涛,等译．北京:人民邮电出版社,2013.

[9]薛毅,陈立萍. 统计建模与 R 软件[M].北京:清华大学出版社,2007.

[10]汪海波,罗莉,等. SAS 统计分析与应用从入门到精通[M].2 版．北京:人民邮电出版社,2013.

[11](美) 戴维.诺克,彼得.J.伯克．对数线性模型[M].盛智明,译.格致出版社 & 上海人民出版社,2012.

[12]薛留根．现代非参数统计[M]. 北京:科学出版社,2015.